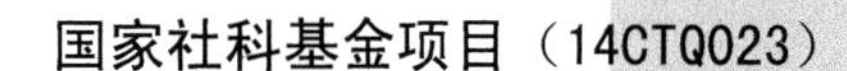




# 人机交互环境下文献数据库用户心智模型演进机理研究

韩正彪　著

南京大学出版社

**图书在版编目(CIP)数据**

人机交互环境下文献数据库用户心智模型演进机理研究/韩正彪著. —南京：南京大学出版社，2020.11

ISBN 978-7-305-18799-5

Ⅰ. ①人… Ⅱ. ①韩… Ⅲ. ①文献数据库—人—机系统—研究 Ⅳ. ①TP311.135.9

中国版本图书馆 CIP 数据核字(2020)第 148124 号

出版发行 南京大学出版社
社　　址 南京市汉口路 22 号　　邮编 210093
出 版 人 金鑫荣

**书　　名 人机交互环境下文献数据库用户心智模型演进机理研究**
著　　者 韩正彪
责任编辑 陈　佳　　编辑热线 025-83621450

照　　排 南京开卷文化传媒有限公司
印　　刷 江苏凤凰数码印务有限公司
开　　本 787×960 1/16 印张 18.75 字数 316 千
版　　次 2020 年 11 月第 1 版 2020 年 11 月第 1 次印刷
ISBN 978-7-305-18799-5
定　　价 98.00 元

网　　址：http://www.njupco.com
官方微博：http://weibo.com/njupco
官方微信号：njupress
销售咨询热线：(025)83594756

---

# 前 言

文献数据库作为以实现全社会知识资源传播共享和增值利用为目标的信息化建设产品，发展的规模越来越大，并且越来越为人们熟知和使用。为了满足用户的信息需求，文献数据库开发商投入了巨大的人力、财力和物力，不断地为用户提供功能效果各异的检索资源，而各类具有知识提供功能的新型产品还在不断问世。文献数据库的采购单位每年也会花费高额的经费来维持其可获取性。但遗憾的是，即使是受过信息素养培训的用户，在其使用文献数据库时仍旧常常存在问题。信息用户利用文献数据库时存在认知和使用上的障碍，表面上归结为用户检索行为的失败，但本质上却是文献数据库的实现模型或设计师的表现模型与用户心智模型不一致所造成的。文献数据库用户心智模型是指用户在自身的信念和知识结构基础上，描述文献数据库的目标和形式、解释文献数据库的功能、观察文献数据库的状态以及预测文献数据库未来状态的心理机制。

在人机交互环境下，当用户与文献数据库交互时，其心智模型会随着界面反馈、检索任务刺激、信息素养培训等因素的驱动，不断强化、修正和完善，呈现出演进趋势。用户心智模型得到有效的演进后，用户才能真正地主动检索信息，从而解决面临的现实问题。本书以文献数据库用户心智模型为研究对象，旨在从动态视角分析其演进的核心驱动因素、过程和模式等问题，并将这些演进机理的研究结果应用于文献数据库的评价中。本书有助于揭示文献数据库用户从初级水平逐步演进为专家水平的内在认知和评价型情感状态的演进模式，即用户如何接受、学习和利用文献数据库，从而为文献数据库的设计和信息素养的培训提供指导建议。

本书共分8章。第1章为绪论。首先，重点介绍本研究的理论背景和现实背景；其次，在分析研究背景的基础上，提出了研究的问题和目标；最后，对本书的内容安排进行了介绍。第2章为研究综述。主要对文献数据库用户心智模型的相关研究进行回顾，以全面梳理已有研究的进展。首先，从情报学、认知心理学、人类工效学等多个学科梳理了用户心智模型概念的发展脉络；其次，在此基础上重点对文献数据库用户心智模型的构成、测量、影响因素、分类和效应分别进行了回顾。第3章为文献数据库用户心智模型演进驱动因素识别研究。主要侧重全面地提取每种可能的驱动因素，以及了解这些驱动因素是如何驱动用户心智模型发生演进的。第4章为文献数据库用户心智模型演进驱动因素探索性研究。主要是对演进驱动因素进行探索性因子分析，以验证分布式认知理论指导文献数据库用户心智模型演进的合理性。第5章为文献数据库用户心智模型演进驱动因素验证性研究。这一章采用问卷调查法收集用户心智模型驱动因素的数据，采用结构方程建模法成功识别了驱动因素的结构及驱动力度。同时研究发现了驱动因素的个体差异问题。第6章为基于任务驱动的文献数据库用户心智模型演进实验研究。通过基于任务的信息检索实验法模拟了新手用户心智模型的演进过程。通过综合采用绘图法、概念列表法和问卷调查法收集了用户关于文献数据库心智模型和用户体验等的数据，并采用可视化方法和内容分析法成功地揭示了用户心智模型的演进过程。第7章为基于用户心智模型演进视角的文献数据库评价。研究从文献数据库用户心智模型情感维度的演进结果中提取了用户评价文献数据库的相关指标，采用问卷调查法收集了初级用户、中级用户和专家用户对于文献数据库的评价结果。第8章为研究结论与展望。对全书进行了总结，归纳了主要研究结论，分析了研究的局限性，并在此基础上进行了研究展望，提出了后续的研究方向与思路。

与以往同类成果相比，本书的创新点有以下几个方面。

第一，系统性地构建了人机交互环境下文献数据库用户心智模型的驱动因素结构模型。该模型能够解释哪些因素会对用户心智模型的演进产生驱动力，哪些因素的驱动力较大。

第二，研究识别了文献数据库用户心智模型的演进包括认知和评价型情感的演进两个方面，以及进一步总结了演进曲线。这些研究成果有利于为今后从定量的角度揭示用户心智模型的演进提供理论基础和可操作性的测量。

第三，揭示了任务类型对用户心智模型的影响机理。事实型检索任务会驱使用户重点关注系统的响应性、信息组织和信息检索方法。探索型检索任务会驱使用户产生大量的与文献数据库有关的负向情感。干涉型检索任务驱使被试对检索方法的认识有了实质性的进步，进而内化为自身的心智模型。这些成果可为“基于任务的信息检索行为实验”的开展提供理论基础。

第四，本书首次从用户心智模型演进视角对文献数据库进行评价，做到了同时从“用户”和“动态”视角出发，拓宽了当前对文献数据库评价的理论视角。

本书系2013年国家社会科学基金青年项目“人机交互环境下文献数据库用户心智模型演进机理研究”(项目编号:14CTQ023)的最终研究成果,受该项目资助出版。

在本书的著述过程中,参考和借鉴了大量中外文书刊和网站资料,在此对这些参考文献的作者表示诚挚的谢意!此外,南京农业大学信息管理系的庄倩副教授、学生崔斌、罗瑞等参与了项目的部分数据分析和收集工作,在此一并致谢!

由于时间和作者的水平关系,书中难免有错漏之处,谨请专家和读者对书中的不足和错误予以批评指正。

**韩正彪**

**2020年6月于南京农业大学**

# 目　录


**第 1 章　绪　论** …… 001

1.1　研究背景与问题提出 …… 001

1.1.1　研究背景 …… 001

1.1.2　现实背景 …… 003

1.1.3　问题提出 …… 004

1.2　研究目标与意义 …… 006

1.2.1　研究目标 …… 006

1.2.2　研究意义 …… 006

1.3　研究思路与内容安排 …… 007

1.3.1　研究思路 …… 007

1.3.2　内容安排 …… 008

**第 2 章　研究综述** …… 010

2.1　用户心智模型概念与特征 …… 010

2.1.1　用户心智模型概念 …… 010

2.1.2　用户心智模型特征 …… 013

2.2　用户心智模型构成与测量 …… 015

2.2.1　用户心智模型的构成维度 …… 015

2.2.2　用户心智模型的测量方法 …… 018

2.3 用户心智模型影响因素 …… 021
2.3.1 个体差异因素 …… 021
2.3.2 演进驱动因素 …… 023
2.4 用户心智模型分类与效应 …… 026
2.4.1 用户心智模型分类 …… 026
2.4.2 用户心智模型效应 …… 027
2.5 已有研究贡献与不足 …… 028
2.5.1 已有研究贡献 …… 028
2.5.2 已有研究不足 …… 029
2.6 小结 …… 030

**第 3 章 文献数据库用户心智模型演进驱动因素识别研究 …… 031**

3.1 研究问题 …… 031
3.2 研究设计 …… 032
3.2.1 调查对象 …… 032
3.2.2 数据收集与分析方法 …… 034
3.3 研究结果分析与讨论 …… 034
3.3.1 受访者利用文献数据库现状 …… 034
3.3.2 用户心智模型演进历程分析 …… 036
3.3.3 用户心智模型演进的驱动因素 …… 038
3.4 研究结论与建议 …… 046
3.4.1 研究结论 …… 046
3.4.2 研究建议 …… 048
3.5 小结 …… 049

**第 4 章 文献数据库用户心智模型演进驱动因素探索性研究 …… 050**

4.1 理论基础与研究问题 …… 050

4.1.1 引入分布式认知理论的可行性 …………………… 050
4.1.2 研究问题 …………………………………………… 051
4.2 研究设计…………………………………………………… 052
4.2.1 数据收集方法 ……………………………………… 052
4.2.2 数据分析方法 ……………………………………… 053
4.3 研究结果分析……………………………………………… 054
4.3.1 信度与因子分析 …………………………………… 054
4.3.2 因子得分计算 ……………………………………… 058
4.4 研究结论与建议…………………………………………… 060
4.4.1 研究结论 …………………………………………… 060
4.4.2 研究建议 …………………………………………… 060
4.5 小结………………………………………………………… 061

**第 5 章　文献数据库用户心智模型演进驱动因素验证性研究……** 062

5.1 研究问题…………………………………………………… 062
5.2 研究设计…………………………………………………… 064
5.2.1 数据收集方法 ……………………………………… 064
5.2.2 数据分析方法 ……………………………………… 065
5.3 研究结果分析……………………………………………… 065
5.3.1 信度分析 …………………………………………… 065
5.3.2 数据正态分布检验 ………………………………… 066
5.3.3 结构方程模型验证分析 …………………………… 068
5.3.4 个体差异分析 ……………………………………… 076
5.4 研究结论与建议…………………………………………… 079
5.4.1 研究结论 …………………………………………… 079
5.4.2 研究建议 …………………………………………… 081
5.5 小结………………………………………………………… 082

**第 6 章　基于任务驱动的文献数据库用户心智模型演进实验研究** ………………………………………………… 083

6.1　研究问题 ………………………………………………… 083
6.2　实验设计 ………………………………………………… 084
6.2.1　被试 ………………………………………………… 084
6.2.2　平台:CNKI ………………………………………………… 086
6.2.3　心智模型测量方法 ………………………………………………… 086
6.2.4　任务设计 ………………………………………………… 087
6.2.5　程序 ………………………………………………… 088
6.2.6　数据分析方法 ………………………………………………… 089
6.3　被试完成实验任务的基本情况 ………………………………………………… 091
6.3.1　被试对任务难度的评估结果 ………………………………………………… 091
6.3.2　被试对系统的感知结果 ………………………………………………… 092
6.3.3　被试完成任务的时间与绩效 ………………………………………………… 094
6.4　基于概念列表的用户心智模型演进分析 ………………………………………………… 096
6.4.1　认知概念的演进分析 ………………………………………………… 096
6.4.2　评价型情感概念的演进分析 ………………………………………………… 118
6.5　基于心智图的用户心智模型分类与演进分析 ………………………………………………… 129
6.5.1　用户心智模型分类 ………………………………………………… 129
6.5.2　用户心智模型演进过程 ………………………………………………… 139
6.5.3　用户心智模型演进模式 ………………………………………………… 145
6.6　研究结论与讨论 ………………………………………………… 147
6.6.1　用户心智模型认知维度的演进规律 ………………………………………………… 147
6.6.2　用户心智模型评价型情感维度的演进规律 ………………………………………………… 149
6.6.3　用户心智模型分类体系 ………………………………………………… 151
6.6.4　基于分类的用户心智模型演进模式 ………………………………………………… 152

6.7 小结 …… 154

第 7 章 基于用户心智模型演进视角的文献数据库评价 …… 155

7.1 文献数据库评价相关研究 …… 155
7.2 研究问题 …… 157
7.3 研究设计 …… 158
7.3.1 调查问卷设计 …… 158
7.3.2 调查问卷发放 …… 160
7.4 研究结果分析与讨论 …… 161
7.4.1 信度分析 …… 161
7.4.2 评价指标得分 …… 161
7.4.3 三类用户在评分维度的个体差异分析 …… 167
7.5 文献数据库优化方向的建议 …… 170
7.5.1 面向情感化的文献数据库优化建议 …… 170
7.5.2 基于符号学的界面引导设计建议 …… 171
7.5.3 面向用户学习行为的设计建议 …… 172
7.6 小结 …… 174

第 8 章 研究结论与展望 …… 175

8.1 研究结论与启示 …… 175
8.1.1 研究结论 …… 175
8.1.2 研究启示 …… 178
8.2 研究局限与展望 …… 180
8.2.1 研究局限 …… 180
8.2.2 研究展望 …… 181

**参考文献** …………………………………………………… 184

**附　录**………………………………………………………… 204

附录 A　文献数据库用户心智模型演进驱动因素研究访谈提纲…… 204
附录 B　文献数据库用户心智模型演进驱动因素探索性研究调查问卷 ………………………………………………………… 208
附录 C　文献数据库用户心智模型认知与评价型情感编码体系 …… 214
附录 D　文献数据库用户心智模型演进机理实验指导手册 ……… 217
附录 E　文献数据库用户心智模型演进机理实验平台界面 ……… 228
附录 F　用户绘制的文献数据库心智图 …………………………… 233
附录 G　基于用户心智模型演进视角的文献数据库评价调查问卷 ………………………………………………………… 279

# 图目录

图 1－1　课题研究思路图 …… 008
图 2－1　文献数据库用户心智模型的关键活动 …… 012
图 2－2　文献数据库用户心智模型发展示意图 …… 015
图 3－1　受访者利用文献数据库类型的情况 …… 035
图 3－2　受访者学会利用文献数据库的途径 …… 035
图 4－1　文献数据库用户心智模型及其检索行为理论架构 …… 052
图 4－2　文献数据库用户心智模型驱动因素因子碎石图 …… 055
图 4－3　文献数据库用户心智模型驱动因素重要性 …… 059
图 5－1　文献数据库用户心智模型演进驱动因素结构测量概念模型 …… 063
图 5－2　文献数据库用户心智模型驱动因素结构测量模型初次拟合结果 …… 069
图 5－3　文献数据库用户心智模型驱动因素结构测量模型二次拟合结果 …… 072
图 5－4　建构信度计算软件界面 …… 073
图 5－5　驱动因素对用户心智模型构成维度的驱动力度均值图 …… 075
图 5－6　文献数据库用户心智模型驱动因素重要性排序 …… 079
图 6－1　被试对任务评估的结果 …… 092
图 6－2　被试对系统的感知结果 …… 094
图 6－3　被试对不同任务的完成时间 …… 094
图 6－4　被试对文献数据库宏观定位认知的演进可视化示意图 …… 098
图 6－5　被试对文献数据库信息资源认知的演进可视化示意图 …… 100

图 6－6　CNKI 资源列表 …… 101
图 6－7　被试对文献数据库检索方法认知的演进可视化示意图 …… 102
图 6－8　信息检索方法二级维度概念数量演进示意图 …… 103
图 6－9　被试对文献数据库信息组织认知的演进可视化示意图 …… 104
图 6－10　CNKI 高级检索结果界面 …… 105
图 6－11　被试对文献数据库后台系统认知的演进可视化示意图 …… 106
图 6－12　被试对文献数据库检索界面认知的演进可视化示意图 …… 107
图 6－13　情感概念在文献数据库宏观定位维度的演进 …… 121
图 6－14　情感概念在文献数据库系统维度的演进 …… 122
图 6－15　情感概念在信息资源维度的演进 …… 124
图 6－16　情感概念在信息组织维度的演进 …… 125
图 6－17　情感概念在信息检索方法维度的演进 …… 127
图 6－18　情感概念在检索界面维度的演进 …… 128
图 6－19　宏观功能观结构 …… 130
图 6－20　信息资源观结构 …… 131
图 6－21　系统观结构 …… 132
图 6－22　信息组织观结构 …… 134
图 6－23　信息检索方法观结构 …… 135
图 6－24　界面观结构 …… 136
图 6－25　人机距离观心智模型图实例 …… 137
图 6－26　各类用户心智模型在 5 个时期的演进 …… 140
图 6－27　评估型心智模型类型分布情况 …… 143
图 6－28　正向情感的演进 …… 143
图 6－29　负向情感的演进 …… 144
图 6－30　用户心智模型演进模式 …… 145
图 6－31　新手用户心智模型演进曲线图 …… 146
图 6－32　用户信息检索中的认知演进示意图 …… 148
图 6－33　用户信息检索中的情感演进示意图 …… 150
图 7－1　宏观定位二级指标得分均值图 …… 163

图 7 - 2　后台系统二级指标得分均值图 …………………………………… 163
图 7 - 3　文献数据库推荐功能示意图 ………………………………………… 164
图 7 - 4　信息资源二级指标得分均值图 …………………………………… 164
图 7 - 5　信息组织二级指标得分均值图 …………………………………… 165
图 7 - 6　检索方法二级指标得分均值图 …………………………………… 166
图 7 - 7　检索界面二级指标得分均值图 …………………………………… 166
图 7 - 8　CNKI 检索结果分析功能展示 …………………………………… 174
图 8 - 1　信息搜索中用户心智模型与学习行为的关系框架图………… 183

# 表目录


表 3-1　访谈样本基本信息 …… 032
表 3-2　用户初次接触文献数据库的时间及目的 …… 036
表 3-3　数据库界面设计对用户情感的影响 …… 040
表 3-4　受访者采用的检索方法统计 …… 042
表 3-5　文献数据库隐喻图标顺序位次数 …… 043
表 4-1　调查样本特征分布 …… 053
表 4-2　探索性因子分析的 KMO 和 Bartlett 球体检验 …… 054
表 4-3　文献数据库用户心智模型演进驱动因子一览表 …… 055
表 5-1　样本特征分布 …… 064
表 5-2　问项与观测变量一览表 …… 065
表 5-3　验证性因子分析数据的信度分析结果 …… 066
表 5-4　观测变量描述性统计指标得分 …… 067
表 5-5　模型初次拟合指数 …… 070
表 5-6　修正指标值 …… 070
表 5-7　最终模型拟合指数 …… 071
表 5-8　测量模型检验 …… 073
表 5-9　结构变量检验结果 …… 076
表 5-10　文献数据库用户演进驱动因素个体差异检验结果 …… 077
表 6-1　被试的人口统计学特征分布 …… 084
表 6-2　三组任务评估配对样本 $t$ 检验结果 …… 091
表 6-3　被试对系统的感知配对样本 $t$ 检验结果 …… 092
表 6-4　被试完成检索任务时间的配对样本 $t$ 检验结果 …… 095

表 6 - 5　被试在三组任务上的检索绩效得分 …………………………… 096
表 6 - 6　被试检索绩效的配对样本 $t$ 检验 …………………………… 096
表 6 - 7　被试有关文献数据库用户认知的演进 ………………………… 097
表 6 - 8　信息素养概念演进分布一览表 ……………………………… 107
表 6 - 9　宏观定位概念演进分布一览表 ……………………………… 108
表 6 - 10　信息资源概念演进分布一览表 …………………………… 110
表 6 - 11　检索方法概念演进分布一览表 …………………………… 113
表 6 - 12　信息组织等维度概念演进分布一览表 …………………… 115
表 6 - 13　检索任务概念演进分布一览表 …………………………… 117
表 6 - 14　情感概念占心智模型概念的比例 ………………………… 119
表 6 - 15　用户情感概念数量的演进分布 …………………………… 120
表 6 - 16　不同性别的用户心智模型类型分布情况 ………………… 138
表 6 - 17　不同搜索引擎和淘宝使用年限的用户心智模型类型分布情况
…………………………………………………………………… 139
表 6 - 18　各类用户心智模型在五个阶段的数量分布 ……………… 139
表 7 - 1　基于用户心智模型的文献数据库评价指标体系 ………… 159
表 7 - 2　人口统计学特征 ……………………………………………… 160
表 7 - 3　评价指标均值与标准差一览表 ……………………………… 161
表 7 - 4　不同用户类型在一级评价指标上的差异 …………………… 167
表 7 - 5　LSD 多重比较检验结果 ……………………………………… 168

# 第1章 绪 论

## 1.1 研究背景与问题提出

### 1.1.1 研究背景

随着情报学认知范式的不断发展和人机交互领域“以用户为中心”设计理念的热推，不少学者开始深入到用户的认知和情感等隐性层面挖掘用户信息检索行为规律背后的机理。在用户认知方面，早在20世纪80年代初，便有学者逐步开始利用知识结构、知识状态、认知状态和认知结构来描述用户接触文献数据库的心智状态。[1-4]用户的认知结构常常决定着他们利用信息元素（如：作者、标题、关键词等）的能力，以评估哪些文献与他们的信息需求相关。在用户的情感方面，学术用户在与文献数据库交互的过程中，会受到两种情感状态的影响。一种是学术用户个体情感特征的影响，如情绪控制（emotion control）和情感处理技能（affective coping skill，ACS）。[5-6]这类情感可以归纳为用户持有的较为稳定的一种情感能力。另外一种是学术用户在与文献数据库交互时，会受到用户对任务的理解和系统的反馈而产生正向（高兴、满意等）、负向（愤怒、不确定性）和中立（不关心、无所谓）的情感。[7]

截至目前，在信息行为研究领域，已有不少关于信息用户认知和情感的经典模型与成果（例如：Wilson，1981[8]；Kuhlthau，1991[9]；Nahl 和 Tenopir，1996[10]；Nahl，2007[11]；Savolainen，2015[12]；Savolainen，2016[13]等）。近年来，不断有学者提出要同时关注用户信息行为中的认知和情感问题。Tenopir 与 Wang 等(2008)综合采用出声思考法和问卷调查法等探索学术用户与 ScienceDirect 文献数据库交互过程中的情感和认知行为。[7] 也有学者从符号学视角分析意义创建(meaning-creation)过程中情感、认知和信息之间的关系及其对优化文献数据库和信息检索系统的启发。[14]

但目前对于用户信息行为中的认知和情感的探索仅仅是处于初步阶段,国内外均有研究表明用户心智模型(mental model)是一个涵盖了认知和情感的更为综合的概念。[15-16] 心智模型是起源于心理学领域的概念,最早由苏格兰心理学家 Craik 于 1943 年提出,认为心智模型是指在人们心中根深蒂固存在的,影响人们认识世界、解释世界、面对世界,以及如何采取行动的许多陈见、假设和印象。[17] 之后,该概念被广泛地应用在人机交互领域。[18] 随着计算机学科和认知学科的发展和融合,人类工效学和认知心理学领域的理论也常常被引入到文献数据库的设计、开发和评价中。用户心智模型理论就是典型代表之一。在人机交互环境下,当用户在文献数据库中检索信息时,其内心同样也会存在一个心智模型影响其利用文献数据库的行为。信息用户利用文献数据库时存在认知和使用上的障碍,外在体现为用户检索行为的失败,但本质上却是用户心智模型与数据库的实现模型或文献数据库设计师的表现模型不一致造成的。

心智模型首先是受到外界的信息刺激而形成,然后经由个人观察或运用进一步得到的信息回馈,若自己主观认为是好的回馈,就会保留下来成为心智模型,不好的回馈则会放弃。心智模型不断地接收新讯息的刺激,这种刺激的过程可分为强化或修正。[19] 由此可见,用户心智模型是处于动态变化之中的,动态性是其核心特征之一。在人机交互环境下,当用户与文献数据库交互时,会随着数据库界面反馈、检索任务刺激、信息素养培训等因素的驱动,其心智模型会不断强化、修正和完善,呈现出不断演进的趋势。用户在心智模型得到有效的演进后才能真正地主动检索信息,从而解决面临的现实问题。目前,在信息行为研究领域已有不少关于文献数据库用户心智模型的研究,主要集中于心智模型的抽取方法、结构测量、分类、影响因素、驱动因素等主题,具体研究进展详见下一章综述部分的分析。但大部分研究主要是从静态视角出发。[20] 虽有少量研究是从动态视角出发,却仅仅体现在用户心智模型提升策略和信息检索过程的某个特定环节(如检索方法的使用)。[21-22]只有从动态视角厘清用户心智模型是如何构建以及如何演进，才能真正了解用户接受、利用和学习文献数据库的行为。对于动态性的表述常常有“发展”“动态变化”“修正”“强化”等多种方式，在本书中统一以“演进”作为术语表述。

### 1.1.2　现实背景

文献数据库是指以信息用户为服务对象，通过网络向用户提供检索和提供期刊、硕博论文、会议论文、专利和标准等信息服务的一类站点。本文所指的文献数据库特指当前综合性的文献数据库，它们比传统的文献数据库和信息系统具有更好的交互性，服务的方式和内容也更加多样化和个性化。[23]这类文献数据库主要有CNKI中国知网、维普资讯网和万方数据知识服务平台等。为了满足用户的信息需求，这些文献数据库为用户提供了大量的各类文献资源。就文献检索方法而言，提供了快速检索、初级检索、高级检索、分类检索、专业检索和全文检索等方式；就文献排序方式而言，涵盖了按照主题排序、时间排序、被引排序和下载排序等方式；就检索结果展示而言，逐步引入社会网络可视化技术，以帮助用户尽快地构建相关领域的知识结构与知识体系。此外，各种具有知识提供功能的新型产品(常见的有知网节、学术趋势、知识脉络分析)和数字化学习与研究平台(如：CNKI E-Study)等还在不断问世。

国内文献数据库在取得蓬勃发展的同时，也存在由于用户单位征订价格过高而引发社会舆论等问题。2016年3月31日，北京大学官方网站发出通知：“图书馆订购的CNKI系列数据库2015年合同期已到，由于数据库商涨价过高……期满后数据库商随时可能中断北大的访问服务。”[24]无独有偶，2016年1月，有武汉理工大学的师生反映收到了校方关于停用CNKI的通知。[25]除此之外，安徽省某高校图书馆相关负责人也曾公开表示，不得不把很多别的数据资源的购买停止，来采购CNKI。在相关的新闻报道中也可以发现该校曾经停用过CNKI。[26]一系列此类事件被曝出：“近期，北大等几所高校停用CNKI，有何利弊?”“北大因CNKI涨价暂停续订，此前多所高校已停用”“数据库的傲慢：离开 CNKI 我们就不能做学问了吗?”等类似标题的文章被知乎论坛、微信朋友圈、网易、搜狐等新媒体大肆转发和传播。

虽然文献数据库的采购价格不是本研究关注的问题，但这些舆论却从侧面反映出文献数据库开发商和运营商投入了巨大的人力、财力和物力；而文献数据库的采购单位每年也会花费大额的经费维持其可获取性。但在这些问题背后，我们需要思考在如此大的投入成本下，对于终端用户而言，他们使用这类文献数据库的绩效或效率如何？但遗憾的是相关研究发现，即使是受过信息素养培训的用户面对文献数据库提供的大量优质的信息资源仍然无法获取自己所需的信息，仍会出现信息过载 VS 信息饥渴的困境。[27] 此外，在信息服务领域，Dwivedi、Williams、Lal 等(2010)研究发现信息服务系统的利用率没有得到应有的重视，仍然存在大量的低信息技术接受的情况。[28]信息资源利用效率低下的问题主要是由于系统本身设计的缺陷和用户信息素养低下造成的。简单地分析用户利用文献数据库的信息行为规律已经无法为文献数据库的优化提供合理的建议，需要深入到用户的认知和情感层次分析用户信息检索和利用行为背后的内在机理。例如，当文献数据库开发商推出新产品和新的检索功能后应该如何让用户尽快地接受和学会利用？文献数据库应该如何提供满足用户心理需求和符合用户检索行为的检索界面？厘清这些问题需要探索用户关于文献数据库的心智模型。尤其是需要了解用户心智模型的演进过程及其演进特点，即他们是如何不断地调整和学习利用文献数据库的，从而发现当前文献数据库的设计存在不足的地方，最终为文献数据库的优化提供合理建议。

### 1.1.3 问题提出

文献数据库用户心智模型是指上升到用户潜意识高度解释用户与文献数据库交互行为的一种心理机制。本书的研究问题正是在上述研究背景和现实背景下产生，旨在关注文献数据库用户心智模型的演进机理问题。本次研究主要选择交互式信息检索作为研究的情境，因为在该情境下用户需要通过与文献数据库进行高度的人机交互才能完成检索任务。该检索过程实质上是用户利用心智模型解决自己面临问题的一种行为。对于这个信息问题的解决通常会存在多种途径和方法，如可以选取不同的文献数据库、可以选择不同的检索策略来完成。然而，能否成功地完成检索任务与用户自身的心智模型的完备性和精确性关系非常密切。具体而言，本研究主要探索以下几个问题。

1. 文献数据库用户心智模型演进驱动因素建模问题

在人机交互环境下文献数据库用户心智模型并非保持稳定，而是随着驱动因素的刺激呈现为演进的状态。在哪些驱动因素的驱动下文献数据库用户心智模型会发生演进？什么理论可以用来帮助理解文献数据库用户心智模型驱动因素的结构？对于用户而言，这些驱动因素的驱动力大小是如何排序的？

2. 文献数据库用户心智模型演进过程与模式问题

由于用户具有复合型的心智模型，通常包括认知和评价型情感两个维度。在文献数据库用户心智模型的演进过程中，认知和评价型情感两个维度分别存在哪些演进模式？用户心智模型的演进过程如何？用户心智模型在演进过程中存在哪些常见的演进模式？这一系列的问题是本研究的核心所在，本研究旨在选择合理的驱动因素，通过设计实验模拟驱动因素对用户的刺激，在这种情境下观察文献数据库用户心智模型的演进过程，从而提取相关的演进模式。

3. 文献数据库用户心智模型分类问题

以往对于用户心智模型的分类主要是从其精确性和完备性两个维度进行划分。但这种划分方法较为简单，且不能直接指导文献数据库如何为用户提供个性化的服务。文献数据库用户心智模型都有哪些常见的类型？每种类型之间有何异同？哪种分析方法可以对用户心智模型进行全面分类，从而为研究每类心智模型的演进提供理论支持？这一系列的子问题是本研究的基础理论问题的核心构成部分。

4. 基于用户心智模型演进的文献数据库评价问题

随着用户与文献数据库的不断交互，他们对文献数据库关注的维度和评价的结果也会随之发生变化。对于文献数据库的评价，应该同时从“用户”和“动态”双视角出发。因此，如何从用户心智模型的演进视角出发对文献数据库进行评价，从而为文献数据库的优化提供建议是本研究实践性较强的问题之一。

## 1.2 研究目标与意义

### 1.2.1 研究目标

本研究的总体目标是通过多元的数据收集方法采集用户心智模型演进驱动因素数据、用户心智模型演进数据和基于用户心智模型的文献数据库评价数据，采用多元的数据分析方法，对文献数据库用户心智模型的演进机理问题进行全面的探索。具体而言，理论层面的目标旨在清晰地揭示文献数据库用户心智模型演进机理的基础理论；实践层面的目标旨在为文献数据库的优化和用户信息素养的提升提供科学的建议。

### 1.2.2 研究意义

1. 理论价值

第一，将认知科学和人类工效学中的用户心智模型理论引入到用户与文献数据库的交互行为分析之中，有助于拓宽图书情报领域用户信息行为研究的范畴。

第二，探索文献数据库用户心智模型的演进机理，有助于揭示文献数据库用户从初级水平逐步演进为专家水平的内在认知和评价型情感状态的演进模式，即用户如何接受、学习和利用文献数据库。

第三，用户心智模型是一个持续发展的可以对用户的思维和行为的理论进行解释的概念，它有助于研究人员理解用户信息检索过程中的行为和决策问题。

2. 实践意义

第一，分析用户心智模型演进驱动因素的结构和重要性排序可为信息素养培训方式与培训内容的改革提供指导建议。

第二，探索用户心智模型的演进机理及其驱动因素，能够更好地理解用户心智模型不完善性和不精确性的本质来源，进而通过设计合理的培训方式和培训内容纠正用户心智模型的偏差。

第三，从用户心智模型演进视角测评当前文献数据库的可用性，可深入到用户信息行为背后的认知和情感层次为文献数据库设计者和开发商提供更为详尽的数据库优化策略。

3. 方法论意义

本研究综合采用“实验法＋概念列表法＋绘图法”成功抽取了文献数据库用户心智模型动态演进的数据，采用“自下而上”的编码方法全面地揭示了其动态演进过程，有助于为从动态视角测量用户心智模型提供方法论上的支持。

## 1.3　研究思路与内容安排

### 1.3.1　研究思路

本课题的研究思路和研究方法的应用如图 1－1 所示。研究遵循“理论回顾—定性探索—定量验证—策略提供”的思路展开。在研究过程中，综合应用问卷调查法、实验法、结构方程建模法、概念列表法和绘图法等多种方法对人机交互环境下文献数据库用户心智模型的演进机理问题逐层展开探索。其中，理论基础部分主要包括分布式认知理论、用户心智模型理论和信息行为理论。分布式认知理论主要用于指导文献数据库用户心智模型驱动因素结构模型的构建；而以往的用户心智模型理论和信息行为理论可以为本研究提供理论支撑。研究模块主要包括演进驱动因素建模研究、基于任务驱动的用户心智模型演进研究和基于用户心智模型演进视角的文献数据库评价研究三个模块。这三个模块之间是一种递进关系。最终，这三个实证研究模块是为了帮文献数据库优化设计和用户信息素养培训提供建议。每种研究方法的具体应用详见实证研究章节的研究设计部分。

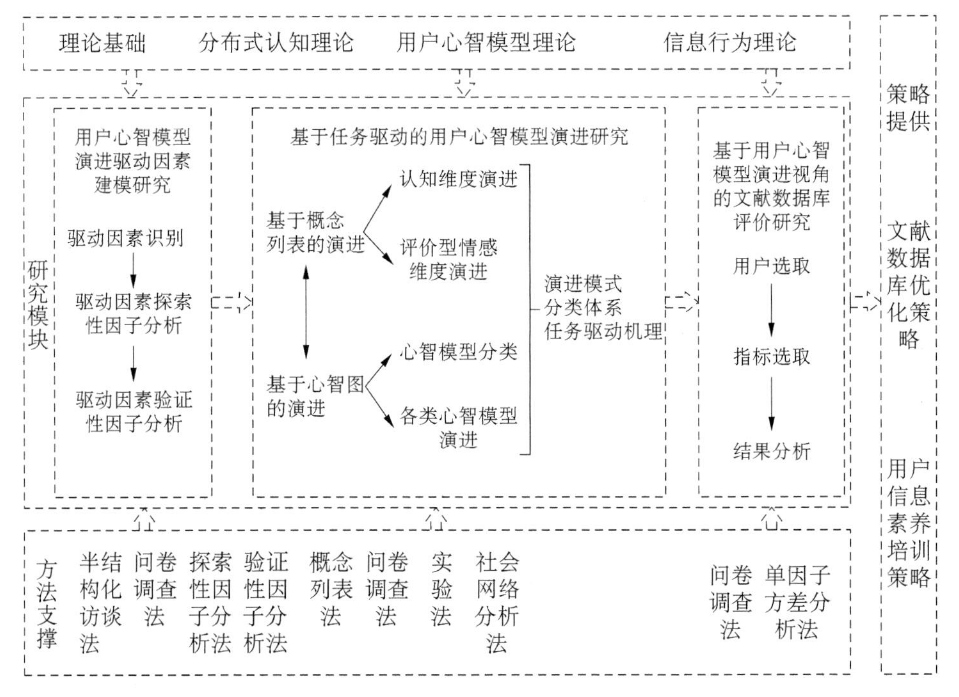


**图 1-1　课题研究思路图**

### 1.3.2　内容安排

围绕上述研究问题和研究思路，本书主要包括 6 个部分，8 个章节。具体内容安排如下：

1. 绪论

主要涉及第 1 章的内容。首先，介绍本研究的理论背景和现实背景；其次，在分析研究背景的基础上，提出了研究的问题和目标；最后，对本课题的研究思路和内容安排进行了介绍。

2. 研究综述

主要涉及第 2 章的内容，该部分属于本研究的基础理论部分。主要是系统和全面地回顾与分析当前用户心智模型的概念、特征、构成、测量、影响因素、分类和效应等问题。在分析已有研究贡献和不足的基础上，进一步明确本研究的创新点和研究问题在知识体系中的位置，同时为本课题的实证研究提供理论和方法论的基础与支撑。

3. 文献数据库用户心智模型驱动因素建模研究

主要涉及第3、4、5章内容。第3章，主要通过半结构化访谈法探索性地识别出文献数据库用户心智模型可能的驱动因素。第4章，在第3章研究结果的基础上结合分布式认知理论的内容，提出从分布式认知理论解释文献数据库用户心智模型驱动因素的结构的可行性。并通过问卷调查法收集数据，采用探索性因子分析法对理论模型进行了初步的检验。第5章，进一步在第4章的研究基础上，采用大样本的问卷调查法和验证性因子分析方法对构建的驱动因素模型进行检验。

4. 基于任务驱动的文献数据库用户心智模型演进实验研究

主要涉及第6章的内容。在前面章节研究结果的基础上，选取对于用户心智模型演进驱动力较大且具有可操作性的“任务”作为刺激用户心智模型演进的驱动因素。该部分通过招募新手用户参加设定的检索实验，让其完成不同类型的信息检索实验任务，在五个特定的时间点采用概念列表法和绘图法抽取用户心智模型的演进数据。通过概念列表法收集的数据主要用来分析用户心智模型认知和评价型情感维度具体的演进过程。通过绘图法收集的数据主要用来分析用户心智模型的分类，以及探索各类心智模型的演进过程，最终归纳出用户心智模型常见的演进模式。

5. 基于用户心智模型演进视角的文献数据库评价研究

主要涉及第7章的内容。以第6章用户心智模型评价型情感维度演进的研究结果为基础，提取出基于用户心智模型演进视角的文献数据库评价指标，进而设计了对应的调查问卷。通过问卷调查法收集了文献数据库初级、中级和专家级用户对于文献数据库的评价结果，从而为文献数据库的优化设计提供建议。

6. 研究总结与展望

主要涉及第8章的内容，该部分重点对本次课题的研究工作和成果进行整体性的总结。尤其是重点对研究的结论和贡献进行了梳理。此外，对研究中存在的局限进行了分析，并在此基础上提出了进一步的研究问题。

# 第 2 章　研究综述

本章主要对文献数据库用户心智模型的相关研究进行回顾，以全面梳理已有研究的进展情况。首先，从情报学、认知心理学、人类工效学等多个学科梳理了用户心智模型概念的发展脉络。其次，在此基础上重点对文献数据库用户心智模型的构成、测量、影响因素、分类和效应分别进行了回顾。需要说明的是，由于当前关于文献数据库用户心智模型的研究较少，同时考虑到文献数据库与各类网站（如：电子商务网站与电子政务网站）、搜索引擎、信息检索系统都具有一些共同的特质，这些研究成果对提升情报学学科对用户心智模型的理解会有一些新的启示。因此，关于这些实体用户心智模型的研究成果也纳入本章的回顾范畴。最后，总结了已有相关研究的贡献与不足之处。

## 2.1　用户心智模型概念与特征

### 2.1.1　用户心智模型概念

心理学领域的苏格兰学者 Craik 于 1943 年最先提出心智模型的概念，他指出人类会将外在的世界转化为内在的模型，认为心智模型是指在人们心中根深蒂固存在的，影响人们认识世界、解释世界、面对世界，以及如何采取行动的许多陈见、假设和印象。[17]之后，在 20 世纪 70 年代至 80 年代，该概念逐渐被人机交互领域所接受，但 Wilson 与 Rutherford 指出在该阶段对于心智模型概念的理解出现了分歧。[29]

其中一类人员以认知心理学家 Johnson-Laird（1983）为代表，认为人们是通过构建心智模型来进行推理的，心智模型是关于情形的实例化。[30]这种实例化一般会采用“if—then”的形式进行描述和推理。例如：“今天是星期五，马教授会讲授关于信息检索的课程。今天是星期五，因此，马教授会讲授信息检索课程。”由此可见，此类人员的目的是将心智模型概念发展为一个对语言综合理解和推测的构念。

另外一类人员以 Gentner 与 Stevens（1983）为主，认为心智模型是用来理解人们与物理设备交互时所产生的心智表征。[31]同时，Norman（1983）进一步指出心智模型是用来描述物理客体以及人们认为物理客体的内在结构是如何工作的。这类观点为理解和预测人们与环境交互的行为提供了解释。Norman（2002）首次在其著作中提到交互设计存在着表现模型、用户心智模型、系统实现模型及其三者的关系。[18]该研究进一步深入探讨用户心智模型与系统其他模型间的关系机理，为系统开发人员和界面设计师的实践工作提供了理论基础，并已被实践领域人员广泛接受。其中，用户心智模型是指存在于用户大脑中的关于某个产品应该具备的概念与行为的知识；系统模型（system model）是指有关机器和程序如何被实际工作所表达；表现模型（represented model）又称设计师模型（designer's model），是指设计师选择如何将程序的功能展示给用户的方式。心智模型是存在于用户内心对该产品的概念和认知；系统模型反映的是产品背后的技术；而中间进行联系的就是表现模型。[33]系统开发商和设计人员需要努力构建符合用户心智模型的界面。

此外，在经济学领域也有关于用户心智模型的概念。如，西蒙认为由于个人存在有限理性，所以在决策的过程中会依赖心理过程，即心智模型。[34]目前，关于心智模型的定义，不同的学科仍然持有不同的观点。这是因为对于该术语的使用存在于不同的情境下。但这些观点也存在一致性的方面，如都是人类对于外在现实世界的一种自我认知或推测。因此，可以认为心智模型是人们心智的表征，这种表征形成于特定的情境之下，同时涉及心智处理活动，能够用于辅助决策和问题解决等活动。心智模型是人类行为产生的内在因素。

本研究所探索的文献数据库用户心智模型与上述提及的三个学科所定义的用户心智模型的概念都存在一定的关系。用户使用文献数据库，主要是通过交互式信息检索行为来完成面临的信息检索任务。而完成检索过程，实质上是一种高度的认知处理和问题解决过程。在这个过程中，用户的每一步检索行为都会受到自身对检索任务的认知（Byström 与 Hansen，2005）[34]、对数据库界面的认知（Wu，2015）[35]、内心情感变化（Lopatovska，2014）[36]等因素的影响。而这些认知、情感和对检索策略的偏好都隶属于用户所持有的心智模型。

综合上述观点，在借鉴相关研究基础上[37,38]，我们认为文献数据库用户心智模型是指用户在自身的信念和知识结构基础上，描述文献数据库的目标和形式、解释文献数据库的功能、观察文献数据库的状态以及预测文献数据库未来状态的心理机制，如图 2－1 所示。

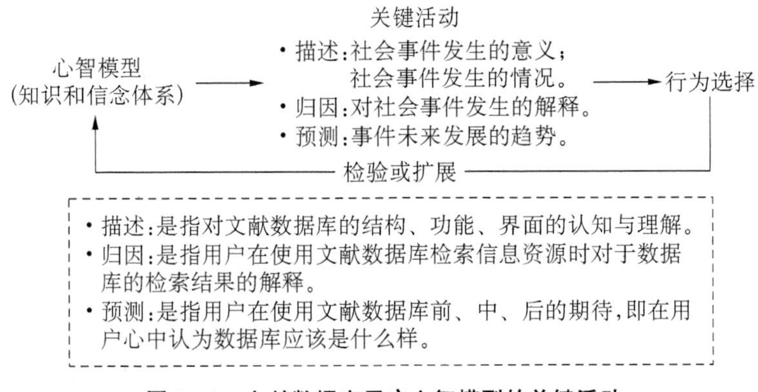


**图 2－1　文献数据库用户心智模型的关键活动**

就具体维度而言，其主要由认知（陈述性知识）、策略（程序性知识）、情感三个相互关联的维度构成。具体而言，描述主要是用户对文献数据库的结构、功能和界面的认知与利用；归因是用户在使用数据库之后对检索结果优劣的一种自我解释，即他认为为什么会出现这种结果，背后的原因是什么；预测是指在使用数据库的前、中、后期都会存在对数据库检索方法或检索结果的期待。[39]用户心智模型是对使用文献数据库的关键活动进行描述、归因和预测活动体现出有关检索事件的知识和信念，并以此作为信息检索行为选择的基础。而信息检索行为反过来又会进一步检验或扩展用户自身的心智模型，即表现为用户心智模型的调整和演进。

### 2.1.2 用户心智模型特征

在心智模型概念提出之后,不断有学者对其特征进行了总结。其中,用户心智模型最关键的特征为不完善性和不科学性、学习迁移性和动态性。

1. 不完善性和不科学性

心智模型不完善和不科学主要是由人们认知的局限和偏见所造成。Johnson-Laird(1983)指出:心智模型虽是一种内部表征,但这种表征并不是对外部世界/事件的完全模拟,这个心智模型相对简单,而且存在不完善和不科学性。Schustak 与 Sternberg(1981)研究发现:一旦用户认为他们形成了一个关于一件事情和情境相对合理的假设,则会忽视与合理假设相对立的证据。[40] Sanderson 与 Murtagh(1990)提出:不完善和不科学的心智模型可能会遗漏真实系统的关联或者包括错误的系统关联,甚至可能会对系统功能持有错误的看法。[41]在信息检索领域,Katzeff(1990)研究发现用户持有的文献数据库用户心智模型是不完善的,会给他们利用文献数据库带来困难。[42] Chen 和 Dhar(1990)的研究发现:用户使用网络目录体系的心智模型是不完善的,该特征会导致用户的检索绩效低下。[43]因此,如何提高用户心智模型的完善性和科学性成为用户信息素养培训的关键问题之一。

2. 学习迁移性

用户心智模型具有学习迁移性,即来自一个领域的心智模型影响另一个领域中心智模型的构建。学习迁移是在一种情境中技能、知识和理解的获得或态度的形成对另一种情境中的技能、知识和理解的获得或态度的形成的影响。[44]在信息检索领域,用户心智模型的学习迁移特性可以分为正向迁移和负向迁移两种类型。Marchionini(1989)发现:学习迁移是高中生所持有的信息检索心智模型的一个重要决定因素。他也发现一些证据表明:一些学生简单地将纸质的百科全书的心智模型转移到搜索电子的百科全书上。[45]该研究发现的结论即为负向迁移。韩正彪(2016)研究发现用户在长期使用搜索引擎或电子商务网站时,会了解检索结果的排序规律,这个经验迁移到文献数据库使用中体现在用户会比较关注检索结果的前几页,减少在相关度不高的文献上花费时间。[46]该研究发现的现象即为正向迁移。因此，如何避免用户负向迁移的发生，同时促进用户正向迁移的发生，成为当前文献数据库界面设计时应该重点考虑的关键问题。

3. 动态性

用户心智模型的动态性体现了用户对于新环境或情境的适应，当人们在利用心智模型与外在环境交互时，都会随着环境的变化而修正其心智模型。但这种修正又常常处于一个恒定的状态，当用户使用相似的系统时，会借鉴已有的心智模型与系统进行交互，帮助其进行决策或解决问题，虽然这种心智模型可能并不正确。因为在相似的系统和具体的操作上可能没有一个固定的界限，因此会发生混淆，即上文所介绍的迁移性。用户心智模型的动态性，在研究中常常以动态改变、演进、变化和发展等术语表示。用户心智模型与其非常类似的一个概念（图式）的最大区别就在于其动态性。图式的概念是由 Bartlett（1932）提出的，认为记忆能够利用有关世界的知识和组织以往的经验（图式）以构建材料在检索的时候使用。[47]

就文献数据库用户心智模型而言，随着用户与文献数据库的不断交互，其也会呈现出动态变化的现象。具体而言，文献数据库用户心智模型随着时间的推移会发生退化现象。例如，Kieras 与 Bovair（1984）研究表明：当用户在一段时间内不使用系统的一些特征，可能会造成对这些特征的遗忘。[48] 此外，Bayman 与 Mayer（1984）提出用户心智模型也会随着时间的推移变得更为精确。但是这种演进主要是通过外在的指导和自身不断的反复体验而发生的。[49] 对于新手用户而言，一开始他们持有的仅仅是一个可能对也可能不对的潜在的心智模型，但是反复的体验和外部人员的培训会使其产生一个更为精确的心智模型。史飞（2012）以大学生为例，证实了用户在使用文献数据库学术搜索功能方面的心智模型存在动态性。[50] 该研究强调干预帮助的重要性，提出文献数据库界面搜索功能和代表性搜索任务的帮助模块设计对于提升用户心智模型非常重要。在文献数据库用户心智模型演进的机理方面，韩正彪（2013）从文献数据库用户心智模型演进的驱动因素出发，初步提出了用户心智模型演进的示意图，如图 2－2 所示。[39] 该研究指出：文献数据库用户心智模型的演进主要通过用户体验、受培训、请教、界面隐喻和推论的心智模型而逐步强化或修正。

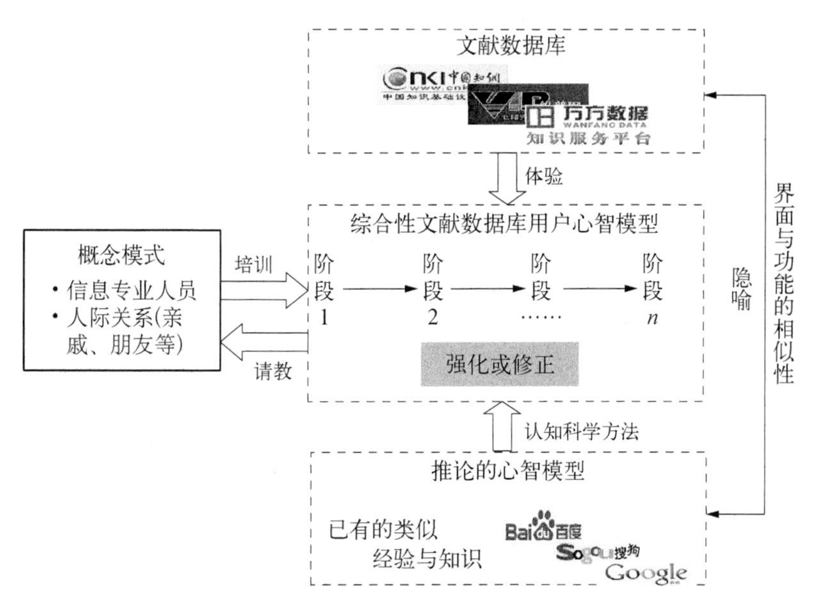


图 2-2　文献数据库用户心智模型发展示意图

通过上述分析可知，不完善性与不科学性、学习迁移性和动态性亦是文献数据库用户心智模型的核心特征。如果可以从动态视角分析用户心智模型的演进过程(即从用户开始构建到不断完善)，自然可以揭示其从不完善性和不科学性向完善性和科学性的转变过程，以及学习迁移的发生机理。然而，以往的研究大多是从静态视角出发，常常是在一个特定的时刻抽取用户的心智模型数据，并没有揭示其演进过程的本质。因此，本研究将用户心智模型的动态性作为出发点之一进行探索，旨在采用多元的方法在多个时间点对用户心智模型进行动态测量。

## 2.2　用户心智模型构成与测量

### 2.2.1　用户心智模型的构成维度

Staggers 与 Norcio(1993)曾指出，对于用户心智模型在一开始是如何构建的，精确地讲这个原理无人知晓。[51]该观点充分反映了用户心智模型的内隐性和复杂性。然而也已有一些学者对该问题进行了探索，Wilson 与 Rutherford(1989)研究发现，当用户参与心智和物理活动时，会利用大量组织过的关于不同的概念、事件和大量的领域知识的信息。[29] Waern(1990)提出用户以往关于系统的知识和经验会影响其构建心智模型的方法，没有经验的用户采用“自下而上”的方法，通过对接触到的信息进行反应，从而构建心智模型；有经验的用户则是采用“从上而下”的方法，当与系统交互时，不断地修改已经存在的模型或者直接重新构建。[52] 就文献数据库用户心智模型在最初的构建而言，会受到用户自身关于系统知识和以往使用经验的影响。不同类型的用户（如新手用户和专家用户）在接触一个新的系统时，心智模型的构建方法也会有所不同。但不论用户采用哪种方法构建自己关于系统的心智模型，首先需要厘清的是用户心智模型的构成维度有哪些。只有在明确该问题后，才可以为系统的优化设计提供具有可操作性的指导建议。

信息检索领域对于用户心智模型的构成主要集中于文献数据库、搜索引擎、医学健康网站等实体。这类关于用户心智模型构成维度的研究大体分为以下四类。

第一类是通过开发用户心智模型完备性量表获得用户心智模型的完备性得分，计算方法为加总量表每个维度的得分。Borgman(1984)和 Dimitroff(1990)开发了大学生关于文献数据库用户心智模型的完备性量表，包括数据库的构成和特征两个维度。[53,54] Saxon(1997)在 Borgman(1984)和 Dimitroff(1990)的基础上，进一步修正了文献数据库用户心智模型完备性量表的构成维度，将其分为数据库结构、搜索特征和交互层次三个维度。[55] Li(2007)探索了博士生关于 Google 的用户心智模型完备性量表，包括 Google 的本质特征、搜索特征、交互层次三个维度。[56] Zhang(2005)探索了如何开发一个测量用户对于 Web 心智模型的量表，该量表主要包括 Web 空间（用于测量用户对 Web 上信息客体的理解）、Web 的结构（用于测量用户对 Web 上的客体组织方式的理解）、Web 的搜索功能（用于测量用户所理解的搜索引擎处理输入和输出的机制）和 Web 的界面（用于测量用户对于导航工具和访问结果等界面元素的理解），主要采用 Likert 5 点量表调查问卷方式来收集用户数据。[57]该研究的创新在于将用户心智模型的维度以李克特量表的格式进行规范化，使今后采用数理统计更为精细的研究方法进行定量测量，而不是简单的赋值加总。

第二类是利用凯利方格技术（Kelly's repertory grid technique）抽取用户心智模型的构成维度。Zhang（1998）利用凯利方格技术选取4位信息检索专家，由专家选出表达文献数据库构成的9个概念，要求调查对象按照特定的3对属性对选定概念按照重要性进行排序，通过因子分析法抽取出用户心智模型的9个关键因子。[58]其中，9个概念为浏览、分类、数据结构、文献内容、反馈、信息需求、界面、查询和搜索；3对属性为形式/过程、目标性/非目标性、适用于特定/全部文献数据库；9个因子为查询的目的、数据组织的适用性、查询的功能、查询的适用性、浏览的适用性、数据结构的功能、浏览的目的、文献的功能、数据结构的适用性。

第三类是综合利用概念列表法和半结构化访谈法通过"自下而上"的编码方式获取用户心智模型的构成维度。Zhang（2010）利用该方法抽取了医学健康网站（MedlinePlus）用户的心智模型，最终构成维度为系统、系统内容、信息组织和界面。[15]韩正彪（2013）利用该方法抽取了我国综合性文献数据库大学生用户心智模型的构成维度，最终构成维度可归为用户认知、用户情感和检索策略三个层次。[59]

第四类是基于综合理解心理学等多个不同领域对用户心智模型概念的诠释，从理论上推理出用户心智模型的构成维度。甘利人（2010）等利用该方法提出信息用户基于检索决策的心智模型构成可以细化为背景知识和信念体系两个维度，背景知识包括领域知识、检索知识、相关知识；信念体系包括对方法的期望和结果的评价。[21]此外，也有从更为宏观的视角理解用户心智模型的构成，Westbrook（2005）利用实验法和访谈法分析了研究生学术信息搜索过程中心智模型的构成维度，得出该类用户心智模型由用户、图书馆、Internet和其他人员（图书馆员等）四个维度构成。[20]

以往研究得出的文献数据库用户心智模型的定义，虽然能让人们明确理解用户心智模型是一个怎样的概念，在现实的行为选择中是如何发挥作用的，其本身的构成包括哪些内容[39]，但探索用户心智模型对于信息行为的影响和作为系统优化设计的科学依据之一，需要保证抽取到的用户心智模型是能够反映一个群体性的概念，而且应该具备科学性，需要从数理统计的角度进行定量的测量以保证研究结果的科学性。而仅仅从知识和信念两个维度对用户心智模型进行研究仅仅能够定性描述，没法定量测量。即使有一些定量的研究又未针对我国的文献数据库这类实体。因此，韩正彪与许海云(2014)采用问卷调查和结构方程建模方法，遵循“定性探索与定量验证”的思路对文献数据库大学生用户的心智模型结构进行了测量。[16]该研究识别到大学生用户心智模型的构成维度有用户动机认知、用户范围认知、常识认知、界面功能认知、用户负面情感、用户正面情感和用户检索策略。

### 2.2.2 用户心智模型的测量方法

用户心智模型具备内隐性和不完整性等特征已是学术共同体所认可的结论。因此，在研究各类系统的用户心智模型时，面临的最大的问题便是如何测量用户心智模型(Rowe 和 Cooke，1995[60]；Borgman，1986[61])。幸运的是，已有研究显示，存在多种方法可以用于成功地抽取用户心智模型。从研究方法论的角度，这些方法可以大致分为定性和定量两类。其中，定性方法主要包括访谈法、出声思考法、卡片分类法和绘图法等。定量方法主要包括凯利方格技术、问卷调查法、路径搜索法和蒙特卡罗法等。

*1. 访谈法与出声思考法*

访谈法是社会科学研究常用的方法之一，也是获取用户心智模型的核心方法之一。国外已有不少研究采用该方法成功地提取了用户的心智模型(Kerr，1990[62]；Slone，2002[63]；He et al，2008[64])。国内，韩正彪(2014)通过对大学生的半结构化访谈，初步探索出文献数据库用户心智模型的特征，并提出带有评价性的情感是构成用户心智模型的核心维度之一。[65]出声思考法(thinking-aloud)是一项提取用户的期待、意图和解决策略的方法，要求被观测对象边操作系统边将其行动和思维用语言表达出来，这些独白被研究人员记录下来进行分析[66]。Katzeff (1988，1990)[42,67]、Chen 和 Dhar (1990)[43]、Gray (1990)[68]等都利用了该方法提取用户的心智模型。该方法的优势是它与被调查人员的行为同时发生，不会受到时间因素的限制。虽然这两种方法都可以成功地提取用户心智模型,但是它们要求被试具有较好的表达能力,对被试口头语言表达能力要求较高。

2. 绘图法与概念图法

绘图作为一种人们之间交流的方式,早已存在于人类社会。且绘图不受被试语言表达能力的影响,是一种放射性思考具体化的方法。在1990年,Gray便提出绘图的方法可以用来抽取用户心智模型的具体维度。[68]一些研究已经利用该方法成功地提取了信息检索系统的用户心智模型(Kerr,1990[62];韩正彪,2013[59])和Web的用户心智模型(Zhang,2008[69])。此外,绘图法包括概念图法,又称为概念映射法,是一种基于学习理论,从意义学习的角度开发的展现个体大脑中知识的技术。该方法是由Novak于1984年提出。[70]Kuhlthau、Belvin和George(1989)通过创建关于他们信息搜索过程的流程图,得到被试概念地图的组成。[71]Pisanski和Zumer(2010)综合采用卡片分类法和概念图法探讨了用户与书目有关的心智模型,重点是对比其与FRBR(Functional Requirement for Bibliographic Records)的不同,在该研究中FRBR被视为概念模型。[72,73]钱敏与甘利人等(2012)运用概念图法比较了用户心智模型与网站分类表现模型。[74]张晶晶与薛春香等(2014)以电子商务商品分类搜索为背景,通过设计分类搜索模拟实验平台,利用层级概念图记录用户心智模型的动态变化,从而揭示用户心智模型变化的特点。[75]但是这类方法受到用户绘图能力的影响,如果进一步配合对图像的文字或话语解释则更能真实反映用户的心智模型。

3. 概念列表法

概念列表法是基于学习的临近原则,关于不同词语关联的方法。Cramer(1968)指出该方法能够生成定性数据(如:概念之间的紧密程度等)和定量数据(如:概念出现的数量与频率等)。[76]在概念列表方法中,被试被给定一个基本的条件(例如:词语,客体、情境等),通过询问让其尽快地写出脑海中顺序出现的概念。Pejtersen(1991)的研究表明该方法可以成功地提取用户关于信息检索系统的心智模型。[77]之后,Zhang(2009)认为每一个概念被视为一个结点,列出概念的过程被视为被试构建和展示系统的认知过程。[78]通过这个方法,概念列表不会给被试强加一个提前定义的结果,而且能够让被试的心智结构概念在这些概念列出的顺序中浮现。因此，该研究方法有利于探索用户心智模型的构成维度。

4. 隐喻抽取技术

隐喻诱引（抽取）技术（Zaltman Metaphor Elicitation Technique，简称ZMET）由 Zaltman 教授于 20 世纪 90 年代提出。ZMET 以受访者收集而来的图片为素材，通过个人深度访谈，来抽取受访者的构念并联结构念间的关系。ZMET 最初是应用于市场营销的消费者行为研究之中，旨在通过描绘出阐释消费者感觉及想法并产生行动或决策之心智模式地图。Zaltman（1995）详细阐述了 ZMET 的七个操作步骤：招募受访者、引导式访谈、辨认关键主题、数据编码、构建共识地图、观察共识图、描述重要的构念与共识（共同构念）关系。[79] 国内，胡昌平和马丹（2011）在总结 ZMET 的步骤与操作方式的基础上，提出基于心智模型的信息服务改进策略。[80] 该方法虽然能够有效地抽取用户的心智模型，也得到了较为广泛的应用，但仍然存在需要耗费大量的人力，对研究人员的要求比较高，研究结果不能量化等局限。

5. 凯利方格技术

凯利方格访谈技术由著名的人格心理学家 Kelly 基于“个人建构心理学”或称“个人结构心理学”理论而提出。该方法作为一种定性与定量相结合的方法，能实现态度、感觉与认知的量化。目前，该方法已经被认为是研究用户心智模型的方法之一。凯利方格技术是一种基于访谈的技术，一般包含四个部分：准备访谈元素（elements）、引出构念（constructs）、分组和排列构念、制作方格。在 LIS 学科中，Latta 和 Swigger（1992）较早地利用凯利方格技术抽取用户信息需求潜在的心智模型，研究表明该方法可以成功地抽取出用户心智模型，并依据研究结果为系统的优化设计提供建议。[82] 之后，Zhang（1998）利用该方法探索了文献数据库用户心智模型的构成。Crudge 与 Johnson（2004）分析了利用该方法抽取用户使用搜索引擎心智模型构建的适用性，研究表明该方法可抽取普通信息搜寻者的心智模型。[83] Preater（2011）进一步采用该方法探索了用户对下一代图书馆目录的心智模型构成层次。[84] 该项研究主要是借鉴了 Crudge 和 Johnson（2007）[85] 的研究成果。该方法是一种既发散又良好收敛的技术，具备操作结构化，可以减少不同研究员导致的结果参差。该方法常常配合非结构化访谈进行，可以避免事先提供一个框架给用户，完全以用户为中心，通过诱导用户说出自己的想法，继而从用户的视角构建出关于主题的心智模型。[23]此外，方格数据清晰简单，后期数据处理相对轻松，可以通过 SPSS 软件的因子分析、聚类分析等对数据进行深层次的挖掘。

6. 路径搜索法

路径搜索法，是美国新墨西哥州立大学的 Schvaneveldt 根据网络模式和图形理论提出的路径搜索量尺化算法(pathfinder scaling algorithm)。该方法常被运用于人机交互、文档检索界面的设计以及万维网上的信息可视化等。[86,87]钱敏和朱晶晶(2011)等采用该方法考察了网站设计者的心智模型和用户心智模型的匹配度。[88]尤少伟等(2012)以南京市政府网站为例，利用该方法测量用户对网站分类目录的心智模型和网站表现模型之间的一致性。[90]由路径搜索网络图技术的定义和应用情况可知，该方法特别适用于研究特定的网站信息分类体系的方式是否与用户心智模型相一致，进而为改善网站界面的信息组织提供改进建议，是一种深入到网站的微观层面揭示已有设计的合理性的方法。

此外，韩正彪(2014)提出可以采用问卷调查收集用户心智模型数据，采用结构方程建模法分析用户心智模型构成维度。[16]问卷调查法虽然可以进行统计上的大规模调查，但制定一套具备信度和效度的问项是非常困难的，因为用户心智模型的维度的确定有一定的难度。甘利人与史飞等(2012)采用蒙特卡罗方法分析了不同强度干预下用户有关检索方法的心智模型的动态变化。[22,50]他们的研究从定量的角度揭示了用户心智模型的动态变化问题，但主要集于用户关于检索方法的学习层面，而不是对整个文献数据库的用户心智模型。

## 2.3　用户心智模型影响因素

### 2.3.1　个体差异因素

由用户心智模型的定义可知，用户的个体特征(性别和年龄等)和以往的认知结构(如:体现在对检索任务和检索系统的熟悉程度)是造成其个体差异的核心因素。在用户信息行为研究领域,已有大量关于信息检索系统用户的个体差异研究,主要分析了这些个体差异因素对于用户信息检索行为和绩效的影响。这类研究有利于进一步根据用户类型提供针对性的信息服务。已有实证研究发现的个体差异因素有搜索者的经验知识(Fenichel,1981[90];Saracevic 与 Kantor,1988[91];Hsieh-Yee,1993[92];李恒,2006[93])、搜索者的技术态度(Egan,1988[94];Borgman,1989[95])、学科类型(Kamala,1991[96])、认知风格(Worth 与 Fidler,1999[97];柯青等,2011[98];柯青等,2015[99])等。

但是对于用户心智模型的个体差异因素的研究成果并不多。因为大部分研究没有深入到用户心智模型关注用户检索行为的差异。Bayman 和 Mayer(1984)发现尽管用户有相似的体验,但是他们在心智模型方面有很大的不同。[100]该研究表明了用户心智模型个体差异因素的复杂性。其中,用户的经验知识是研究的重点。在信息检索领域常常将前验知识分为对检索任务的熟悉程度(即有关任务的知识经验)和对检索系统的熟悉程度(有关检索技能的经验)两类。用户心智模型的个体差异因素更多是关注用户对于检索系统的熟悉程度。这类研究常常按照用户对检索系统熟悉的程度分为新手用户和专家用户。而且研究发现,新手用户和专家用户的心智模型存在显著的不同。例如,Adelson(1981)研究发现,专家用户关注系统的整体结构,而新手用户关注系统运行的具体细节。[101] Hanisch、Kramer 和 Hulin(1991)研究发现,新手用户的心智模型的精确性常常低于专家用户的心智模型。[102]

心智模型在其他个体差异因素方面的研究如下:Zhang(1998)分析了用户心智模型在用户特征和检索绩效之间的中介效应。[58]研究发现:教育和职业状况、学术背景的不同会造成用户心智模型和用户检索绩效的显著差异;计算机技能水平的高低只对用户心智模型有显著影响。Li(2007)对博士生利用网络搜索引擎的心智模型的构成和个体差异因素进行了探索性研究。[56]研究发现用户的搜索经验、技术能力、是否接受培训、性别、学科和学习风格均对用户心智模型没有影响,存在影响的只有认知风格(场独立型风格的用户心智模型完备性得分高于场依存型用户)。但该项研究的样本只有16名,尚不具备统计学意义,结论的推广性有待验证。杨颖(2008)研究发现用户年龄、使用经验和空间一致性是造成心智模型差异的主要因素。[103]这些研究在数据收集方法上均是采用实验法,通过让用户完成设计的实验任务;在数据分析方法上采用应用统计学中的独立样本 $t$ 检验(个体差异因素为两个维度的)或单因子方差分析(个体差异因素为三个维度以上的)进行检验;在对待心智模型方面,只是将心智模型看作一个完整的不可分割的概念。但用户心智模型实质上是由多个维度构成的(如前文2.2.1所述)。韩正彪(2014)从将用户心智模型视为多个维度构成的构念视角出发,分析了文献数据库用户心智模型的个体差异因素。[104]研究发现:用户的网龄和认知风格是造成其心智模型差异的重要因素;而年龄、年级、使用频率、学习风格虽然在用户心智模型整体上没有差异,但在相应的维度上却有显著差异。

### 2.3.2 演进驱动因素

通过查阅用户心智模型演进驱动因素的研究成果分布发现,该领域是一个跨学科的研究范畴,主要分布于人类工效学、教育学、管理学和LIS四个学科。下面分别按照这四个学科相关的研究成果进行述评。

1. 人类工效学领域

心智模型概念在心理学领域提出之后不久便被人类工效学领域引入,重点应用在计算机软件设备和各类网站等产品设计中。该领域关于促进用户心智模型演进的因素主要集中在界面设计中的隐喻和培训策略方面。Yu-chen(2005)通过实验研究发现随着用户由新手变为专家,隐喻的效果会有所降低;而且就隐喻的复杂性而言,复杂的隐喻对专家的帮助会超过对新手的帮助。[105] Lee(2007)研究发现视觉隐喻能够提高超媒体环境下用户心智模型的质量,但同时也会增加在导航期间用户的心智负担。[106] Darabi、Nelson和Seel(2009)探索了呈现支持性信息(supportive information presentation)、解决问题和性能测试三种培训方式对于提升学习者心智模型的效果,研究结果表明系统呈现支持性信息能够显著地提高学习者的心智模型。[107]此外，杨颖(2008)研究发现用户年龄、使用经验和空间一致性是造成心智模型差异的主要因素[103]。蔡啸(2008)在分析心智模型理论特征的基础上，探讨了传统图形设计以及界面设计中的视觉元素排序问题，研究发现在界面设计中视觉元素排序是影响用户心智模型的核心要素。[108]

2. 教育学领域

在教育学领域，有学者分析了认知灵活性与教学策略对提升用户心智模型的影响。Darabi、Hemphill 和 Nelson 等(2010)对学习者在学习电子传输链中其心智模型的演进因素进行了实验研究，主要集中在教学策略和认知灵活性两个因素上。该研究表明：分段性教学策略和连续性教学策略都会为用户心智模型的构建和提升提供必要的支撑信息，以促进用户心智模型的演进，但是二者之间并没有显著的差异。认知灵活性则在教学策略和心智模型演进之间起着调节作用，对于有着更高灵活性的学习者来说，分段性教学策略是更优越的；对于认知灵活性比较低的学者来说，分段策略会劣于连续策略。[109]认知灵活性可以促进学习者了解复杂系统的多个抽象概念的集成，使初学者调整他们的心智模型以适应新的环境。此外，Kanjug 和 Chaijaroen (2012)从认知理论和建构主义理论视角提出设计基于网络的学习环境以增强用户关于网络学习系统心智模型的理论框架，该框架包括建构主义者学习环境、学习者的特征、心智模型发展、网页设计中的认知因素和网站特征五个重要的基本元素。[110]该成果为研究用户心智模型演进提供了学理基础。

3. 管理学领域

管理学领域的相关研究表明用户自我学习、外部培训、信息的分布方式与反馈有利于提高用户的心智模型。Xiang 与 Xian(2013)研究得出可以让雇员通过自我学习和公司提供培训两个层次不断改进其心智模型来适应日益增长的竞争需要。具体措施有：在公司的维度，注重团队内部的交流和创建持续的学习环境等；在个人维度，可以采用学习模型、培训方法等。[111]在培训方法方面，该成果也引用了人机交互领域已经得到验证的知识：Satzinger 与 Olfman(1998)得出的在培训策略中利用应用性程序知识可以提升用户心智模型的精确性。[112]此外，吕晓俊(2007)提出共享心智模型演化的影响因素有信息的分布方式和反馈。其中，信息均匀分布比共享方式更能提高组织成员的心智模型；反馈越详细，组织成员的心智模型越接近正确的心智模型；反馈方式和信息分布方式二者在影响组织成员的心智模型方面有交互作用，信息均匀分布条件下团队成员的心智模型显著优于在信息共享条件下，而简单反馈的情况下，则无显著差异。[37]

4. LIS领域

在LIS学科，搜索任务被认为是一个重要的情境因素，会对用户的信息搜索行为和体验有显著的影响。关于提升用户心智模型因素的研究主要集中在任务变量上。Katzeff(1990)指出当用户执行信息检索任务时，他们的心智模型被构建、发展、证实和修改。[42] Savage-Knepshield(2001)进而通过实验法分析了展示培训材料方式和任务对于用户心智模型的精确度、完整性和一致性(即用户心智模型与系统概念模型之间的一致性)的影响。研究证实了通过提供给用户一个明晰的概念模型(展示更多的关于系统内部操作的信息)将使得用户构建的心智模型与系统的运行更为一致；被试在两个不同的时期执行相同的任务不会提升用户心智模型的精确性和完备性；而被试在两个不同的时期执行不同的任务会增加其心智模型的一致性。[19] Zhang(2012)研究发现任务复杂性通过影响系统的客体而影响被试的心智模型。[114]此外，有不少研究关注用户关于信息检索系统的心智模型的特征、组成和质量会受到哪些因素的影响。这些因素主要包括性别、年级、教育程度、职业状况、学术背景、信息检索经验、对主题的熟悉度、对系统的熟悉程度、检索目的、用户的搜索经验、技术能力、是否接受培训、学科、学习风格和认知风格。[56,58,115,116]例如Uther和Haley(2008)研究发现，让用户参与培训可以提高用户心智模型的质量，进而提高网页的浏览效率。[117]

由上述回顾可知：已有的研究主要集中在影响用户心智模型个体差异的因素和用户心智模型的演进因素两个维度。但在以往研究中并未对这两类因素进行明确的区分。认知灵活性、认知风格和用户的个体差异因素(性别、年级等)应属于用户心智模型的影响因素而不是演进因素。例如，用户的认知风格一旦形成，就会较为稳定地持续下去，场依存和场独立用户对于系统的心智模型有所差异，但在现实中通过调控用户的认知风格来提升其心智模型并不可行。

## 2.4 用户心智模型分类与效应

### 2.4.1 用户心智模型分类

已有研究对于用户心智模型分类的成果较少。以往信息检索领域对于用户心智模型类型的划分主要按照精确度和完备度进行分类。Royer and Cisero(1993)将心智模型按照精确度分为正确和错误的两种。[118] Borgman (1986)[61]、Dimitroff(1990)[54]和 Saxon(1997)[55]将心智模型按照完备性进行分类,分为“完善”“优良”“不完善”或“较差”。夏子然与吴鹏(2013)在上述研究基础上,采用聚类算法中的类间距离计算方法对用户心智模型的完备度数据进行聚类,最终得到了四类用户心智模型。[119]

在对 Internet 用户心智模型的分类方面,相关研究通过让用户绘制图片的方法来收集数据,进而按照用户关注的焦点进行分类。Thatcher 和 Greyling (1998)采用绘图的方法抽取用户对于 Internet 的理解,并对其进行分类,最终得到六类心智模型。[120]具体包括界面与实用功能型、简单的链接型和网络型等。Papastergiou (2005)也采用同样的方法对用户关于 Internet 的心智模型进行了进一步的探索,最终得到八类用户心智模型,如服务与内容型、计算机网络型、计算机用户型等。[121] Zhang (2008)让 44 名大学生绘制出对于 Web 感知的图表和图片,并要求他们写一到两段文字描述其绘制的图表和图片,最终得到技术观、功能观、过程观或搜索引擎观、连接观四种类型的心智模型。[69]韩正彪(2013)采用绘图法得到大学生关于学术文献数据库 CNKI 的心智模型类型,包括界面观、链接观、质量评价观和过程观。[59]

此外,有学者分析了用户在信息检索过程中持有的心智模型的分类,这些研究重点关注用户的信息检索策略。Westbrook (2006)按照用户心智模型的构成部件之间的关系类型,识别了三种重要的有关大学生学术信息检索过程中用户心智模型的类型。[20]这三种类型分别为决策树型、网络型、温和的风暴型(gentle storm)。其中,用户心智模型的核心构成部分为用户、

Internet、图书馆和大众。持有决策树型的用户认为 Internet 有一系列单独的信息供用户搜索,包括可以接近一些图书馆材料和工具;持有网络型的用户认为 Internet 是一个大量的学术信息的集聚地,同时有意想不到的与图书馆和人员的链接;持有温和的风暴型的用户认为 Internet 是旋转的不断变化的信息,包括图书馆、大众及与他们有关的人工制品。Holman(2011)让大一学生绘制关键词和他们搜索结果,将 21 个绘制图分为过程观、层次观和网络观。[122]

此外,一项典型的研究为:Cole 等 (2007)分析了 80 名历史学和心理学大学生为了完成课程论文,在搜索信息中持有的心智模型,最终得到 240 幅用户的心智模型图形,并按照被试使用的概念词语在垂直或水平维度上分布的数量,最终得到垂直型、水平型、均等型等 12 种心智模型类型。[123]该研究的创新主要体现在从动态视角分析了用户心智模型的分类问题,重点展示了在设计的三个不同阶段的用户心智模型类型的变化情况,从而揭示用户心智模型的演进特点。

### 2.4.2　用户心智模型效应

用户心智模型的效应主要体现在其会显著地影响用户的认知、情感和检索策略与检索行为,这类研究主要是以实验法展开。Chen 和 Dhar(1990)研究发现,用户心智模型的不完善会导致搜索效率的低下。[43] Slone(2002)对 31 名公共图书馆用户搜索信息模式进行探索,研究发现搜索目标和心智模型共同决定信息搜索策略、利用的信息源、搜索时间的长度及其浏览行为。[63] Makri 和 Blandford(2007)采用实验法和观察法发现,用户心智模型的不科学性会使得用户对电子图书馆的认知、情感和行为产生影响。[124]具体而言:对访问限制的理解有误,用户会对其产生厌恶;对检索算法和相关性排序的理解有误,用户会产生不断试错的现象。韩正彪(2014)采用实验法研究发现,用户心智模型完备性和检索绩效之间存在很强的正相关关系;之后,进一步采用多元回归方法揭示了心智模型对检索绩效的影响。[104]

但是用户心智模型对于检索绩效的影响机理较为复杂。检索绩效的影响因素并不仅仅受到心智模型的影响,还会受到用户认知风格、学科特征、技术态度、情感控制等变量的影响。例如,Belladro(1985)分析了网络搜索者的特征对搜索结果质量的影响。[125]创造力水平、智力水平和个人特征为自变量,网络搜索绩效为因变量。研究采用多元线性回归方法,结果表明:搜索者的技术态度与用户的搜索绩效有关。Kamala(1991)研究了使用CD-ROM数据库的研究生的性别、年龄和学术背景三个因素对检索绩效的影响,研究结果发现:年龄和性别无显著影响,但是在搜索比较复杂的任务时自然科学专业的研究生比社会科学的研究生表现好,即揭示了专业领域是影响用户搜索绩效的主要因素。[96]韩正彪(2017)研究发现情感控制会对学术用户的检索绩效产生显著影响,情感控制高的用户在完成任务时会调节自身的负面情绪,更加有耐心地完成任务,最终会花费较长的检索时间从而获得较高的相关性得分。[126]但是用户心智模型和这些因素对用户检索绩效的贡献之间存在何种差异?用户心智模型在用户特征和检索绩效之间是否存在中介效应?这些问题并没有得到最终的解决。此外,白晨和甘利人(2009)从理论上分析了用户心智模型与用户决策之间存在相互作用的关系。该研究提出用户基于其自身的心智模型可以产生有关检索策略的信念,进而以信念为依据选择期望值最高的检索策略作为最终的决策行为;并通过设计多轮实验的方法对提出的观点进行了实证分析。[38]

## 2.5 已有研究贡献与不足

### 2.5.1 已有研究贡献

通过上述的回顾和分析可知,已有研究的贡献主要体现在以下几个方面:

第一,在用户心智模型概念与特征方面:相关研究成果已经较为成熟,尤其是用户心智模型的动态性特征。但在以往的研究中,大多是从静态视角出发来探索用户心智模型。这些研究为本研究从动态视角探索用户心智模型的演进问题提供了理论基础。

第二,在用户心智模型的构成和测量方面:有关用户心智模型的构成维度可为分析用户心智模型每个维度的演进提供理论基础。用户心智模型的每种测量方法都存在各自的优点和缺点，决定了在测量用户心智模型时需要采用多元的方法。这些已经验证的可成功抽取用户心智模型的方法为本研究测量心智模型提供了方法论基础。

第三，在用户心智模型的影响因素方面：已有研究已经围绕用户心智模型的个体差异因素和具体的演进驱动因素展开了一系列的研究，并且得到了具体的影响因素有哪些。这些成果可以为本研究从整体论视角探索用户心智模型的演进驱动因素模型提供理论基础。

第四，在用户心智模型的分类与效应方面：已有研究提出了可以按照用户心智模型的完备性、精确性等方法对其进行分类。这些成果可为本研究探索用户心智模型的分类提供借鉴思路。尤其是Cole等(2007)的研究成果表明可以将用户心智模型分类与演进结合起来进行分析。如果将用户心智模型的演进按照各类心智模型的演进展示出来，可以揭示在每个阶段用户心智模型关注的焦点在哪里，从而为设计面向用户学习的信息检索系统提供建议；而用户心智模型的效应的研究都证实了用户心智模型是用户检索绩效的核心影响因素之一。因此，检索绩效的好坏可以深入到用户认知的层次来解决。

### 2.5.2 已有研究不足

第一，在用户心智模型演进驱动因素方面：四个学科对该问题关注的焦点不同。人类工效学领域强调界面设计，尤其是深入到界面设计中的隐喻元素；教育学领域关注教学策略对于用户心智模型的提升；管理学领域同时强调自我学习、外部培训和信息的分布方式；LIS学科领域则强调用户在信息检索时所面临的情境因素(任务)对用户心智模型的影响。但对于用户心智模型演进的驱动因素的探索鲜有从整体论视角出发的研究，尤其是缺乏强有力的理论基础和翔实的实证研究。因此，如何寻找合理的理论来解释用户心智模型的驱动因素框架，并通过实证研究来进行检验，是本研究的核心问题。

第二，关于用户心智模型的演进问题：虽然不少研究提出和验证了用户心智模型的动态变化特征，但是对于文献数据库用户心智模型的演进机理探讨尚处于初级阶段。具体而言，应该采用哪种方法对文献数据库用户心智模型进行分类？既然文献数据库用户心智模型的构成维度是复合型的，那么其在演进的过程中，每个维度都是怎么演进的？整体而言，文献数据库用户心智模型的演进会有哪些模式？如何结合用户心智模型的分类来探索用户心智模型的演进？文献数据库用户心智模型的演进与用户的学习行为之间存在何种关系？这一系列的问题都是以往的研究没有解决的问题，也正是本研究的重点所在。

第三，探索用户心智模型上述提及的各类问题，是为了解用户对于文献数据库的认知，并且深入用户认知的层次解释用户检索行为背后优劣的机理。但最终的目的应该是文献数据库开发商和设计师在设计和运营其产品时，应该关注用户心智模型，使其产品的概念模型与用户的心智模型尽可能一致，以缩短用户与产品之间的认知距离，提高人机交互和信息资源的利用效率。而以往的研究，虽然提出了从用户心智模型视角来评价文献数据库，但是如何具体性地从动态视角操作并不多见。因此，如何从用户心智模型动态视角来评价文献数据库的可用性问题成为本研究关注的一个实践性较强的问题。

## 2.6 小结

本章主要从用户心智模型的概念与特征、构成与测量、影响因素、分类与效应等多个方面对已有研究成果进行系统的梳理、展示和评价。为了全面揭示当前研究的现状，将回顾的范畴主要置于 LIS 学科的信息行为研究领域，同时兼顾了其他学科密切的相关研究成果。本章的文献回顾部分为本研究的进行提供了理论基础，如已有研究贡献部分所示。在本章最后，根据已有研究的贡献和不足，再次明确了本研究的核心研究问题。

# 第3章　文献数据库用户心智模型演进驱动因素识别研究

厘清哪些因素会驱使文献数据库用户心智模型演进是分析其演进机理的前提条件。因为只有在识别这些驱动因素之后，才可以通过实验法控制驱动因素刺激用户心智模型的演进，从而模拟其演进过程和进一步观察其演进模式。本章的研究旨在采用半结构化访谈法全面地识别可能的驱动因素，以为后面章节的进行提供理论基础。

## 3.1　研究问题

通过研究综述2.3.2小结对有关用户心智模型驱动因素的文献回顾结果可知，目前对于该主题的研究较为分散，每个不同的学科关注的焦点都有所不同。但这些研究成果能够为本研究提供一定的理论基础和借鉴意义。为了系统地识别文献数据库用户心智模型演进可能的驱动因素，该部分研究主要关注以下三个问题：

第一，用户在利用文献数据库的过程中其心智模型是否存在一个演进过程?

第二，文献数据库用户心智模型发生演进时，是否存在一个特殊的时期?

第三，是哪些因素驱动着文献数据库用户心智模型的演进，从而使之不断地学习和利用文献数据库?

由于这些研究问题具有较强的探索性，而且预想从整体论视角出发来揭示这些问题，采用传统的实验法和问卷调查法并不可行。因此，在研究数据的采集方面主要采用半结构化访谈法进行，详见后文所述。

## 3.2 研究设计

### 3.2.1 调查对象

访谈对象综合采用便利抽样和理论抽样两种方法:通过熟人介绍,在学校招募被试。考虑到不同学科及不同学习阶段的用户对文献数据库的认识有差异,以及本研究的目的是分析用户心智模型的演进。因此,需要被试至少有1年的文献数据库使用经历,这样可以更为方便地获取用户心智模型的演进历程和演进驱动因素的相关数据。

本研究从不同学科的大四本科生、研究生、博士生以及教师中分别招募一定数量的被试作为访谈对象。参与本次访谈的受访者一共33人(男生15人,女生18人),受访者年龄分布在20～30岁(mean＝23.48;SD＝2.38),使用数据库的时间分布在1～8年。访谈时间开始于2014年11月,一共持续3个月,访谈对象的访谈时间在14～36分钟。访谈样本来自经济管理学院、植物保护学院、信息科技学院等多个不同的学院。访谈样本的基本信息如表3-1所示。

表3-1 访谈样本基本信息

| 受访者编号 | 性别 | 院系 | 年级 | 使用文献数据库频率 | 使用文献数据库年限 | 访谈时间(min:s) |
|---|---|---|---|---|---|---|
| F1 | 男 | 经济管理学院 | 大四 | 最多一个月一次 | 4 | 25:25 |
| F2 | 女 | 理学院 | 研一 | 每天至少一次 | 1.5 | 32:48 |
| F3 | 男 | 植物保护学院 | 大四 | 每周至少一次 | 2 | 36:52 |
| F4 | 男 | 生命科学学院 | 研二 | 每周至少一次 | 2 | 27:58 |
| F5 | 男 | 信息科技学院 | 研一 | 半个月一次 | 3 | 26:12 |
| F6 | 男 | 信息科技学院 | 研一 | 每周至少一次 | 2 | 31:07 |
| F7 | 女 | 系统科学学院 | 教师 | 每天至少一次 | 8 | 30:55 |
| F8 | 女 | 农学院 | 大四 | 最多一个月一次 | 3 | 27:09 |

续　表

| 受访者编号 | 性别 | 院系 | 年级 | 使用文献数据库频率 | 使用文献数据库年限 | 访谈时间(min:s) |
| --- | --- | --- | --- | --- | --- | --- |
| F9 | 女 | 公共管理学院 | 大四 | 每周至少一次 | 5 | 25:03 |
| F10 | 男 | 外国语学院 | 大四 | 最多一个月一次 | 1 | 21:45 |
| F11 | 女 | 生命科学学院 | 研一 | 半个月一次 | 3 | 16:36 |
| F12 | 男 | 无锡渔业学院 | 研一 | 最多一个月一次 | 1 | 26:37 |
| F13 | 男 | 无锡渔业学院 | 研一 | 最多一个月一次 | 3 | 25:26 |
| F14 | 女 | 资源与环境科学学院 | 大四 | 半个月一次 | 3 | 23:49 |
| F15 | 女 | 外国语学院 | 大四 | 每周至少一次 | 3 | 20:10 |
| F16 | 女 | 金融学院 | 研一 | 每周至少一次 | 4 | 25:09 |
| F17 | 女 | 金融学院 | 研一 | 半个月一次 | 3 | 25:39 |
| F18 | 女 | 金融学院 | 研一 | 半个月一次 | 1 | 28:31 |
| F19 | 女 | 金融学院 | 大四 | 半个月一次 | 4 | 17:13 |
| F20 | 女 | 信息科技学院 | 研一 | 每天至少一次 | 1 | 25:25 |
| F21 | 男 | 信息科技学院 | 研一 | 每周至少一次 | 2 | 22:54 |
| F22 | 男 | 信息科技学院 | 研二 | 每天至少一次 | 2 | 18:30 |
| F23 | 女 | 信息科技学院 | 研一 | 每周至少一次 | 2 | 24:04 |
| F24 | 女 | 信息科技学院 | 研一 | 每周至少一次 | 5 | 25:12 |
| F25 | 男 | 信息科技学院 | 教师 | 每周至少一次 | 7 | 14:04 |
| F26 | 女 | 金融学院 | 研一 | 半个月一次 | 4 | 24:16 |
| F27 | 男 | 信息科技学院 | 研一 | 每周至少一次 | 1 | 26:41 |
| F28 | 女 | 信息科技学院 | 研一 | 每周至少一次 | 4 | 24:04 |
| F29 | 女 | 信息科技学院 | 研一 | 每周至少一次 | 3 | 25:22 |
| F30 | 女 | 信息科技学院 | 研一 | 半个月一次 | 4 | 20:48 |
| F31 | 男 | 思想政治理论课教研部 | 研二 | 每天至少一次 | 6 | 22:27 |
| F32 | 男 | 园艺学院 | 研二 | 每周至少一次 | 3 | 17:16 |
| F33 | 男 | 思想政治理论课教研部 | 研二 | 最多一个月一次 | 3 | 17:28 |

### 3.2.2 数据收集与分析方法

在数据收集方面，主要采取半结构化访谈法来探索文献数据库用户心智模型演进的驱动因素。问卷调查法主要用于提取被调查对象的人口统计学信息；半结构化访谈法用于获取文献数据库用户心智模型的演进驱动因素的数据。

整个研究按照被调查者的方便性进行。当他们参与该项研究时，首先由笔者负责简要介绍研究的内容和基本的操作流程。在介绍之后，要求被调查者完成三个基本任务。第一，填写一项关于人口统计学信息的调查问卷，主要涉及他们的年龄、性别、院系、专业、所在年级、使用综合性文献数据库的频率等，持续时间大概为 5 分钟。第二，参与半结构化访谈，持续时间为 25 分钟左右，用录音笔进行录音。第三，让被调查者填写关于文献数据库认知部分的问卷，时间大概为 5 分钟。

本研究依据理论抽样的原则，将理论饱和度作为决定何时停止采样的鉴定标准。理论饱和度是指不可以获取额外数据以使分析者进一步发展某一个范畴之特征的时刻。本研究将访谈对象的回答进行随机抽取，发现没有形成新的范畴后停止进一步访谈，理论饱和度检验通过。在访谈的过程中，同时对访谈数据进行分析，补充和修订了最初的访谈提纲，最终的访谈提纲详见附录 A。在数据分析方面，本文采用定性的内容分析方法。为了方便分析，对访谈人员进行了编码处理。F$n$ 表示第 $n$ 位受访者。将访谈录音转录后一共获得 10.24 万字的转录文本。由于数据量庞大，在分析数据的过程中借助了 NVivo7.0 软件。

## 3.3 研究结果分析与讨论

### 3.3.1 受访者利用文献数据库现状

在利用文献数据库方面，大部分用户常用的文献数据库是 CNKI，少部分用户利用的是万方数据库，还有极少数用户使用重庆维普数据库。而利用万方或重庆维普数据库的用户一般也不止用一个数据库，常用的数据库有2～3个，如图3-1所示。在如何学会利用文献数据库方面，大多数用户是通过不断的试错和检索、借鉴Web或搜索引擎的经验等自学方式；少部分用户是通过参加图书馆的信息素养培训和参加信息检索课程的学习方式，如图3-2所示。

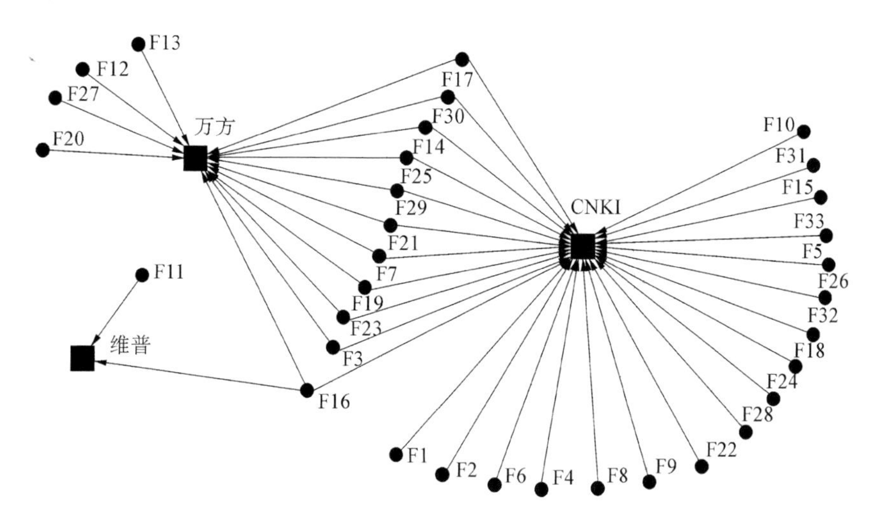


**图3-1　受访者利用文献数据库类型的情况**

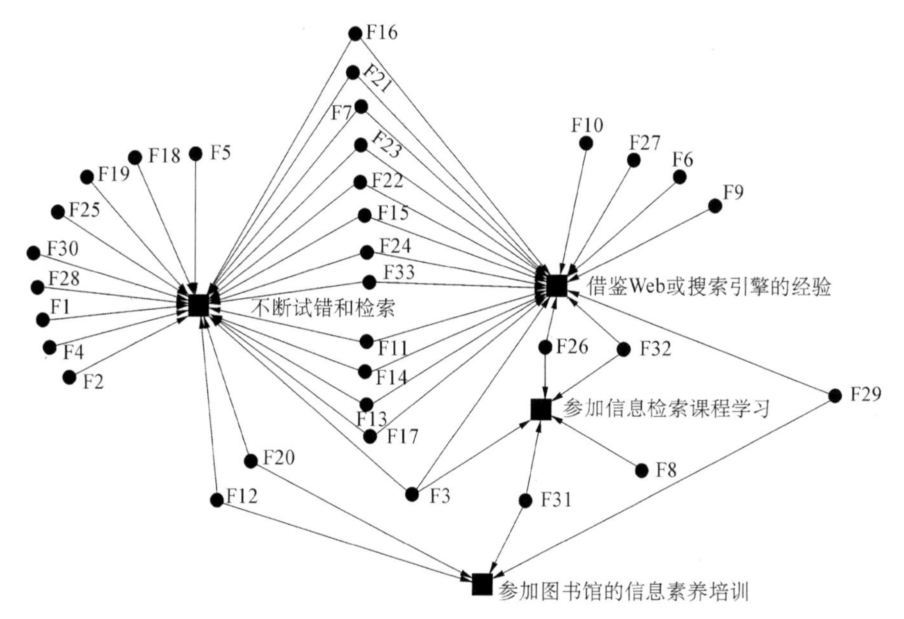


**图3-2　受访者学会利用文献数据库的途径**

### 3.3.2 用户心智模型演进历程分析

1. 用户初次接触文献数据库的时间与目的

通过对访谈数据进行编码分析与处理，得到接触时间、接触目的、接触途径三个核心范畴及其对应的初始概念。表 3－2 归纳了受访者初次接触文献数据库的使用历程。

表 3－2 用户初次接触文献数据库的时间及目的

| 核心范畴 | 初始概念 | | | |
|---|---|---|---|---|
| 接触时间 | 大一 | 大二 | 大三 | 大四 |
| 接触目的 | 写“谈 XX 研究”的论文；上网时偶遇文献数据库；写一个比较正式的专业综述；“XX 写作”课程；老师给的课题需要搜索相关的文献；写一个实习报告 | 接触 SRT，从中国期刊网上下数据；公选课期末考核要求写一篇论文；写课程论文；就是为了查找一些专业资料 | 大三开始写文献综述的时候；大三做毕业论文；老师要求要找核心期刊；写毕业设计的时候 | 大四做毕业设计；为了查找文献；为了写毕业论文；写文献综述 |
| 接触途径 | 从我姐姐那里得知的；浏览图书馆的网站自己发现；通过百度进去的；老师让我们根据实习的经历去查找相关的文献 | 上一届做 SRT 的学姐；上网查了一下；是我同学告诉的 | 图书馆网站找资料的时候知道的；因为学校有要求，查找资料的时候知道了 | 师兄们说的；老师刚开始就给我们上了一个星期的检索课；老师说百度上面的资料不太可信，然后就说学校买的知网和维普上面的质量还可以 |
| 典型实例 | “大概是在大一下学期。就是浏览图书馆的网站，一步步浏览就浏览到了，就自己发现的。”(F3)<br>“大一下学期吧。好像是课程论文吧，我点开那个链接，好像是通过百度进去的。如果要下载的话，它会让输入姓名什么的。后面知道可以通过我们图书馆的网站进去。”(F16) | “大二，从接触 SRT 的时候开始，从中国期刊网上下数据。”(F5)<br>“大二，写课程论文的时候，我一开始没有概念，是我同学告诉的，要早点看论文，有一些格式什么的。”(F14) | “应该就是从大三开始写文献综述的时候开始的吧。因为学校有要求，查找资料的时候知道了这些，开始从上面找资料，觉得挺方便的。中国知网是我以前通过图书馆网站找资料的时候知道的。”(F6) | “大四的时候。目的就是为了写毕业论文，老师刚开始就给我们上了一个星期的检索课，教我们怎么搜索。之后我们写论文的时候就是自己摸索。”(F12) |

在所有的受访者初次接触文献数据库的时间方面：11名受访者在大学一年级；10名受访者在大学四年级；各有5名受访者是在大学二年级和三年级；还有2名学生是在研一的时候。其中，F2表示本科阶段对文献数据库有过初步了解，但直到研一才开始使用；F20表示在本科期间所学专业用不到文献数据库，研究生入学后才初次接触文献数据库。就初次接触文献数据库的目的而言，主要可以分为四类。第一类是为了完成某门课程的论文，如F1、F8、F9、F11、F15、F16、F19、F26、F28、F31。第二类是为了完成毕业论文，如F2、F4、F7、F12、F13、F18、F22、F32、F33。第三类是为了完成SRT(大学生研究训练计划)项目，如F5、F17、F24。第四类是为了完成文献综述，如F6、F23、F30。由此可以看出，受访者初期使用文献数据库主要是为了完成特定的任务，基于任务驱动迫使其使用文献数据库。此外，仅有F3表示自己是在浏览图书馆网站时偶遇了文献数据库，出于好奇而开始使用和了解它，并非受某个具体的学习任务驱动去使用。在接触途径方面，主要是通过请教相关人员(同学、老师、亲戚)和自己摸索等。但用户在初期接触综合性文献数据库主要还是停留在查找文献阶段，他们的用户心智模型并不完善。

2. 文献数据库用户心智模型演进的特殊时间段

大部分受访者都表明在某个特殊阶段对文献数据库的了解和认识有了加深，受访的33人中，有20位明确地说出这一个具体的时间段或者是面临某一个具体学习任务的时候。例如：读研阶段(F2、F4、F18、F22、F31)，做毕业论文的时候(F5、F10、F11、F14、F23、F24、F31)。10位不能说出具体的时间段，但能模糊地说出自己面临怎样的需求的时候会促使自己不断地探索发现，从而使自己的认识不断提升。例如："自己有任务需求的时候"(F6)，"自己用着用着就比较顺了"(F8)，"不断的试错"(F12)，"自己不断地摸索"(F22、F27)。还有3位受访者明确表示没有一个这样的特殊时期，但其中2位能从检索环境角度阐明自己在遇到怎样的检索问题时会驱使自己使用未曾使用过的数据库功能。例如"搜索的关键词不准，找不到想要的东西"(F25)，我们将这种情境描述为"当用户检索过程中发生困难，无法满足自己期望的时候""老师要核心期刊的文章，初级检索筛选不出来"(F30)，我们将这种情境归纳为"当用户面临的外部检索任务难度提升时"。还有一位受访者F13表示，自己只在之前有某个特定任务的需求时使用过一次文献数据库，之后就再也没有使用经历。所以，他对文献数据库的认识还只是停留在最初级的阶段，并没有过深入了解认识的时期。对于这类用户，我们的建议是要加强信息意识的培训，没有外在任务时，让他们能够主动地意识到通过利用和查找信息提升自己的能力与知识。

对于心智模型提升的过程，主要体现在陈述性知识(如：数据库内容认知)和程序性知识(如：使用信息检索方法)两个维度。在数据库内容认知方面，基本上都经历了“不知道它是什么”→“知道其中可以找到我所需要的相关文献”→“这是一个涵盖期刊、专利、硕博士论文等各方面文献的综合性数据库”这样一个理解过程。例如：“最开始都不知道它是什么，只是知道它是图书馆网站的一个链接，后来才知道它可以下载期刊”(F3)，“刚开始自己要搜索的东西搜不到，搜到的与自己想要的相关联的又不多，结果就是从他们引证的那些文献中才能找到相关的”(F12)，“大一的时候我进去看那个文章，只是想看到那篇文章的全文。但现在我进去看文章，我更多的是找我要用那个文章”(F16)。在信息检索方法使用方面，也基本上经历了“数据库主页默认的初级检索”→“高级检索”→“高级检索结合各种排序要求呈现检索结果”这样一个过程。表述如下：“我所了解应该是第一个框更精细，先检索完第一个框中的内容，然后再在第一个框的检索结果中找寻第二个框中所输入的关键词。”(F1)“一开始我想随便搜一下，然后搜索出一些相关的文献，我就看文献引用的那个地方，它的参考文献，我就通过‘高级检索’来搜它的参考文献。”(F10)“如果输入一个检索词查不到的话，就会换另外一种说法重新输入。如果检索结果太多，首先看最近的期刊，然后看出版社，有时候查一些发展或简介就不会关注出版日期了。”(F24)相比于初次接触到文献数据库时的“一知半解”，受访者在经历过这个特殊时期之后，他们逐渐形成了较为全面、科学和系统的心智模型。

### 3.3.3 用户心智模型演进的驱动因素

1. 驱动因素提取

通过半结构化访谈，我们归纳了驱使文献数据库用户心智模型演进的因素有以下几类:第一,自己摸索。将这一类原因列为最重要的驱动因素的受访者为 20 名,约占总数的 60%;列为次重要因素的有 8 名,约占总数的 25%。具体表述为“我觉得自己摸索的因素占的比重大点儿,如果遇到问题的话,我应该会先询问同学,因为问同学毕竟要方便很多,老师的话基本上只推荐去查哪些相关的文献,而对查询的方法技巧上的指导比较少,培训的话,我知道图书馆有相关的培训,但是我没有去听过,因为时间冲突以及其他的一些原因。”(F15)“当然是自己的使用和摸索最重要,在搜索的过程中会发现一些问题。”(F29)第二,与专业人员交流。其中包括询问他人(F1、F17、F19、F20、F21、F22、F23、F27、F31、F32)、老师的指导(F3、F5、F7、F9、F10、F15、F18、F25、F28、F33)、与同学的交流(F8、F12、F14、F15、F18、F26、F29、F30)等,具体表达有“老师的指导比较重要,本科老师也给我们讲过要怎么搜,有什么资源。读研期间,老师也介绍过怎么利用知网和维普。”(F33)将这一类因素列为最重要因素的有 6 名,约占总人数的 18%;列为次重要因素的有 14 名,约占总人数的 42%。这两类因素占据了绝大部分。比较这两类因素,我们发现自身摸索在重要的驱动因素中占据了举足轻重的地位,而与专业人员交流因素虽然在最重要因素中比重不大,但却在次要因素中占据了大部分。第三,界面引导。F1、F2 明确提到文献数据库的界面设计能够最大程度上引导自己去了解它。例如,“最主要我觉得还是它的界面设计这一因素。因为界面能引导我的话,这将是最节约时间的。如果界面设计不能引导我走向所需要的话,才会采取别的办法,例如询问他人。”(F1)第四,参加培训。F11、F26 表明参加相关的文献数据库知识培训能使自己更正确更便捷地使用它。例如:“如果有一个人指导或者听一个讲座的话,我想可能不需要自己花很多时间或者走很多弯路。如果以后学校有这方面的培训,明年肯定不会错过,会参加的。”(F11)第五,学习迁移。仅有 F13 表示,对自己使用文献数据库影响最大的因素就是自己对百度等搜索引擎使用方法的借鉴。例如,“通过百度搜索一些东西,上不上那些课程都无所谓,自己看看就知道。CNKI 和百度都差不多。我们没有接触过专门的培训。”(F13)此外,有两名被试 F6、F9 强调学习任务、课程论文的压力才是驱使自己不断深入了解文献数据库的关键因素,我们将其表示为面临任务

时——“看你有什么需求了，比如要写论文，就需要自己查资料，自己找文献，自己去检索。”(F6)

2. 界面设计对用户心智模型演进的影响

(1) 数据库界面设计对用户情感的影响

数据库界面设计的好坏对大多数被访者都产生了影响，也有少部分用户更加关注资源而不注重界面。根据受访者的回答，将用户对数据库界面的情感归纳为三种情况，如表 3-3 所示。

**表 3-3　数据库界面设计对用户情感的影响**

| 受访者情感 | 正向情感 | 负向情感 | 不关注 |
|---|---|---|---|
| 情感词汇 | 高兴(1)、舒服(4)、心情好(2) | 乱(4)、苦恼(1)、不舒服(1)、不明确(1)、麻烦(5)、烦琐(3)、郁闷(1) | 不在意(4)、重视内容(5) |
| 受访者 | F1、F3、F4、F5、F6、F13、F19、F24、F26、F28、F33 | F8、F9、F10、F12、F16、F17、F18、F20、F21、F23、F25、F30、F32 | F2、F7、F11、F14、F15、F22、F27、F29、F31 |
| 受访者典型实例 | 对于界面而言，我觉得它是设计得越简单让我越舒服，像百度、谷歌一样。(F1) | 比如中国知网“高级检索”界面就不太喜欢，感觉太烦琐了，我觉得外文数据库的界面比较好看。(F9) | 我更注重资源而不是界面，如果它资源好的话，它再不好我也会用它。(F7) |

注：情感词汇中($n$)表示该词语在访谈文本中出现了 $n$ 次。

一是用户对界面持有正向情感。用户一般更喜欢简洁、清晰的界面，界面设计得有条理、重点内容突出，才能让用户心情更好，如“喜欢清晰的界面，界面越有条理越好，越花哨就越不容易找到信息”。(F3)二是用户对界面持有负向情感。高级检索的界面过于烦琐、界面上提示符较少、引导性不够强等原因都会导致用户对数据库的喜爱程度降低，如“高级检索的界面过于烦琐”(F9)，“检索框的位置应该更加明显，这样比较方便”(F10)。三是用户不注重界面，只注重平台内容，30.3%的用户表示不太关注数据库界面，更关注资源与检索结果，如“界面好坏会有一些影响，但更加注重资源”(F22)。这类用户更倾向于高级用户，心智模型较为成熟，他们对数据库有着深刻了解，因此界面的简洁度与引导性不再成为影响其心智模型演进的因素。此外,就数据库用户对界面设计的偏好而言,72%的用户更喜欢简洁、清晰的界面,认为这样的界面有助于检索,平时不会关注其他内容,如F3、F5;14%的用户喜欢专业一点的界面,认为专业的界面代表丰富的资源,如F2、F24;还有14%的用户对界面没有过多意见,习惯一种检索方法和一个数据库就不想改变,如F1、F29,这充分证明这类用户的心智模型具有较强的稳定性。

从受访者的回答中可知,从开始接触到熟练掌握数据库,用户心智模型不是一成不变的,正如F11所言,"一开始觉得高级检索的界面过于烦琐,后来从重视界面到重视内容",显然,随着用户对数据库认识的加深,用户的情感也在发生变化,其心智模型不断向成熟演进,界面设计在各驱动因素中所占比例越来越小。同时也有少部分用户心智模型较为稳定,数据库界面对其影响保持不变,其原因主要是外部检索任务少,用户对数据库不熟悉,不能灵活运用检索技巧。

(2) 数据库界面设计对用户认知的影响

84.5%的受访者认为界面好坏会影响用户对数据库的认识,15.5%的受访者则表示没有影响。从受访者的回答可以看出,部分用户对数据库的了解不够深入,是由于数据库界面的引导性不够强。例如,"界面设计得更加形象化会便于用户理解,增强对数据库的认识与了解"(F9)。还有部分用户经常用到分类、排序等功能,这些直接影响到用户对数据库资源的认知,因此数据库界面设计要做到分类功能完善和排序提示明显。同时,F22还提到:"界面过于简单会让人觉得数据库资源比较少,不严谨,可信度低。"因此,在数据库界面设计过程中还要注意界面的专业性,尤其是对于心智模型较为成熟的高级用户而言,需要提供检索功能多样的界面供其使用。在用户心智模型的演进过程中,用户对数据库的认知也在发生变化,初级用户对数据库的认知比较浅,此时界面的引导性会对用户的认知起到极大的促进作用,该类用户更偏爱简洁的检索界面;高级用户对数据库的认知较为深刻,界面的专业性提升有利于进一步增强用户利用信息资源的效率。

(3) 数据库界面设计对用户检索方法的影响

根据33位受访者对于"文献数据库的界面设计的好坏是否会影响您利

用文献数据库检索方法(如高级检索)的使用?”这一问题的回答可知:数据库界面设计的好坏会影响用户使用的检索方法,整理数据得到表 3-4。经统计,63.6%的用户经常使用高级检索,36.4%的用户不使用高级检索。对于没有用过高级检索的用户来说,不使用的原因主要有三类。一是自己没有需求,42%的用户认为初级检索可以满足自身需求,如:“感觉太烦琐,没有那方面的需求。”(F9)“那些是学术性人才用的,初级检索就可以满足我。”(F10)二是高级检索的位置不够明显,引导性不够强,导致 42%的用户没有发现这一功能,如“我有需求但它提示不够,所处位置不够明显,应该放在检索框下面。”(F4)“它在界面设计上有一些问题,没有清楚地引导我。”(F8)“如果高级检索放在旁边,用红色字体显示,我也许会看。”(F13)三是高级检索的界面较为复杂,对于没有经过专业培训的用户来说,不能熟练掌握这样的检索方法,16%的用户有这样的观点,如“自己看到过高级检索,感觉太烦琐了,而且刚开始用不太了解这些功能。”(F20)

**表 3-4 受访者采用的检索方法统计**

| 是否使用高级检索 | 受访者 | 受访者典型实例 |
| --- | --- | --- |
| 是 | F1、F2、F3、F5、F6、F7、F11、F12、F15、F17、F21、F22、F23、F25、F26、F27、F29、F30、F31、F32、F33 | 检索时提供初级检索和高级检索两种模式挺好的。(F1) |
| 否 | F4、F8、F9、F10、F13、F14、F16、F18、F19、F20、F24、F28 | 我有需求但提示不够,所以不使用高级检索。(F4) |

对于用过高级检索的用户来说,67%的用户对高级检索比较满意。如:“高级检索用得比较多,不过我只关注检索框,不关注其他内容。”(F12)“引导性比较强,位置也比较明显。”(F15)33%的用户认为高级检索的界面较为烦琐,有待改进,正如 F11、F17 等受访者的观点:“高级检索的位置不明显,提示符比较乱,自己摸索的时候难度较大,应增强界面的引导性,设计教程、帮助等内容,便于用户学习。”因此,数据库在界面设计方面应增加界面的引导性和可操作性,注重界面的简洁与清晰,在必要的位置增加教程、帮助等内容,便于用户学习与摸索。

3. 新产品推荐位置选取

随着访谈的进行，我们不断修改了访谈提纲并在后期增加了新的问题："用户认为文献数据库的新产品推荐窗口应放置于界面的何处更容易使人注意"。对于这个问题的看法大致有以下两种观点：第一，放在检索框周围(F12、F16、F20、F23、F25、F26、F27、F31)。由于用户对界面的首页检索框关注度最高，所以放在这里无疑能受到最好的关注效果。第二，弹出页面或浮窗。有部分受访者(F17、F18、F29、F33)认为动态的窗口更容易吸引人的注意。厌烦情绪也会对新产品的推广产生负强化的作用："会厌烦所以关掉的时候就会关注了，下次用的时候就会想到它。"(F18)另外，很多受访者提出了"设计成图标形式""设计简单一点""用颜色和字体大小加以区分""打一个红色的'NEW'"等设计建议也是可供采纳的。以CNKI E-Learning(数字化学习与研究平台)为例，新产品推荐在数据库首页的中间右侧部分，离检索框较远，而大部分用户在外部任务的驱使下，只使用检索功能，不关注检索框以外的内容。

4. 隐喻对用户心智模型的影响

文献数据库界面设计中也会采用一些形象化的图标来反映其所想表达的效果，借此吸引用户的眼球。依据隐喻的基础理论和当前文献数据库界面利用的图标，在此研究中通过与受访者探讨附录访谈提纲中的四幅图的可理解性程度并对其程度高低进行排序，来揭示隐喻在文献数据库中的作用及其对用户心智模型的影响。通过对访谈数据进行整理，利用SPSS的多重响应集分析功能得到表3-5所示的结果。

**表3-5　文献数据库隐喻图标顺序位次数**

| 顺序位 | | 回应 | | 观察值百分比 | 顺序位 | | 回应 | | 观察值百分比 |
|---|---|---|---|---|---|---|---|---|---|
| | | N | 百分比 | | | | N | 百分比 | |
| 第一顺序位 | 第一幅图 | 1 | 3.1% | 3.1% | 第二顺序位 | 第一幅图 | 2 | 6.3% | 6.3% |
| | 第二幅图 | 3 | 9.4% | 9.4% | | 第二幅图 | 25 | 78.1% | 78.1% |
| | 第三幅图 | 1 | 3.1% | 3.1% | | 第三幅图 | 3 | 9.4% | 9.4% |
| | 第四幅图 | 27 | 84.4% | 84.4% | | 第四幅图 | 2 | 6.3% | 6.3% |

续 表

| 顺序位 | | 回应 | | 观察值百分比 | 顺序位 | | 回应 | | 观察值百分比 |
|---|---|---|---|---|---|---|---|---|---|
| | | N | 百分比 | | | | N | 百分比 | |
| 第三顺序位 | 第一幅图 | 17 | 53.1% | 53.1% | 第四顺序位 | 第一幅图 | 12 | 37.5% | 37.5% |
| | 第二幅图 | 3 | 9.4% | 9.4% | | 第二幅图 | 1 | 3.1% | 3.1% |
| | 第三幅图 | 11 | 34.4% | 34.4% | | 第三幅图 | 17 | 53.1% | 53.1% |
| | 第四幅图 | 1 | 3.1% | 3.1% | | 第四幅图 | 2 | 6.3% | 6.3% |
| 总计 | | 32 | 100.0% | 100.0% | 总计 | | 32 | 100.0% | 100.0% |

本次访谈有33位参与者，有效数据总计32(F15没有排序结果)。在四幅图中，可理解性程度较高的为第四幅，有27人选择，占84.4%；有3人第一顺序位选择第二幅图，占9.4%；第一顺序位选择第一幅图和第三幅图的各占3.1%。在第二顺序位选择中，第二幅图所占比例较高，共有25人，占78.1%。在第三顺序位和第四顺序位的选择上，第一幅图和第三幅图所占比例相差不大。可见，绝大多数用户都认为第四幅图较容易理解，原因有“识别度高”“形象”“直观”“简洁”“具体”等。第二幅图次之。由此可知，人们理解形象化的图标比较轻松，因为形象化图标在识别进程中需要分拣的类别特征信息量较少。类别特征的整合加工可能是人们感知到难度的主要原因。另外，F1还提到关于使用频次的问题，“我觉得我如果每天都看并且使用得比较多的话，我可能会对图标比较敏感。”可见，形象化图标的优势还表现在对熟练用户在早期识别进程中占用的认知资源较少。

当提及数据库设计采用“单纯文字”或“图形与文字结合”形式的问题时，绝大部分的用户倾向于“图形与文字结合”形式，理由有“感觉舒服”“好看一点，心情好”“更容易理解，更加形象”“喜欢带图片的”“图文并茂，有侧重点的感觉”“美观”“只有图片看不懂，只有文字太枯燥”等。从这些理由可知图文界面设计可以增强用户对界面的理解性以及喜爱程度。已有研究表明隐喻的实现要建立在用户可理解的基础上，还要依据用户相似的经验、感觉和情感。

另一方面,隐喻在使用的时候需要适度。例如,在访谈中,有些用户认为第一幅图和第三幅图太过抽象,设计得没有意义。如:"一和三就差不多吧,就是不看文字根本不知道它是干吗的。"(F3)"一和三就单纯从图像看,看不出是什么东西,和文字结合起来还行。"(F6)"一和三的图片标题相关性不大。"(F28)这也进一步验证了以往研究得出的结论:隐喻要从视觉元素方面考虑,包括隐喻所涉及的形状、颜色、位置等,关键要实现将对现实事物的体验迁移到界面元素的抽象关系结构中。[129]

5. 学习迁移对用户心智模型的影响

在学习迁移对用户心智模型演进的影响方面,除了 F3、F4、F16 受访者认为其使用文献数据库时没有借鉴或参考过去使用搜索引擎的经验,F14、F25、F28、F32 受访者没有明确回答此问题,其他 26 位受访者(F1、F2 等)都明确表示学习迁移对其使用文献数据库产生了显著的影响。学习迁移对于用户心智模型的影响主要体现在用户使用的检索方法与策略维度。由于大部分用户上网都是从使用搜索引擎或电子商务网站开始的,使用关键词搜索的方法和一些搜索的技巧根深蒂固。当用户开始使用文献数据库时,搜索框对于用户产生的检索意识是最主要的学习迁移。正如 F12 提到的:"就是直接找到检索的界面,找到关键词检索。我觉得和百度与 Google 有点像,差不多,都是输入关键词搜就行。"又如,使用百度贴吧的用户具有"全吧搜索"的经验,他在开始接触高级检索时就会发生经验的迁移,更好地融入高级检索的检索模式中。正如 F6 所说:"很多搜索引擎不都有'高级检索'吗,像百度贴吧那种'全吧搜索'。就是借它们的经验使用这个。"用户在长期使用搜索引擎或电子商务网站时,会了解检索结果的排序规律,这个经验迁移到文献数据库使用中,用户会比较关注检索结果的前几页,减少了在相关度不高的文献上花费的时间。正如 F9 所说:"像百度的话一般也只看第一页,相关性是比较高的,在使用数据库的时候也是这样的。使用百度的话,检索词越具体越搜索不到,数据库也是这样的。"检索时对于空格和关键词组配等技巧的使用也来源于搜索引擎的使用。如 F10 所说:"比如搜 BP 神经网路,五个字连着和断开搜索肯定效果不一样。"以上充分证明了 James 提出的"学习迁移是在一种情境中技能、知识和理解的获得或态度的形成对另一种情境中的技能、知识和理解的获得或态度的形成的影响”。

对于第二个问题“有没有觉得文献数据库设计为搜索引擎那样会让你觉得更舒服?”通过分析 33 位受访者的回答,整体来说,大部分受访者更倾向于文献数据库现在的系统设计模式。但是相比第一个问题,受访者对于此问题的回答并没有高度一致,有 9 位受访者(F7、F9、F13、F20、F21、F22、F24、F27、F32)偏爱搜索引擎那样的检索模式,3 位受访者(F3、F5、F23)认为在功能和检索效率保证的前提下还是偏爱更简洁、清晰的检索界面,18 位受访者(F1、F2、F4、F6、F10、F11、F14、F15、F16、F17、F18、F19、F25、F26、F28、F30、F31、F33)更喜欢文献数据库目前的设计,还有三位受访者(F8、F12、F29)没有明确表达观点。总的来说,初级用户更倾向于搜索引擎那样简洁、清爽的界面,在保证检索结果的前提下,初级用户还倾向于搜索引擎那样的检索模式,因为检索任务难度较小,最基本的功能就可以满足。从检索效果来看,单一的检索框确实会给用户带来愉悦的使用体验,但是检索效果必然会大打折扣。尤其是对于检索任务难度较大的高级用户来说,如果没有数据库目前设计的高级检索模式,用户就不能高效率地得到相关文献。影响这个问题的因素为信息需求。选择文献数据库现有检索模式的被访者基本都是使用数据库频率较高的用户,他们对于检索文献的需求较高,对于检索效率的要求也更高。搜索引擎的检索模式及其相应的检索效率不能满足他们的需求。这也可以解释为什么初级用户只用初级检索,不常使用或从未使用高级检索;而使用频率很高的用户基本只用高级检索,对于数据库除了文献检索之外的功能也会有了解。

## 3.4 研究结论与建议

### 3.4.1 研究结论

1. 用户心智模型的演进过程及其驱动因素

研究表明文献数据库用户心智模型确实在特定的时期会发生演进。绝大多数用户最初使用数据库主要是为了完成特定的任务,是基于任务驱动来迫使其使用文献数据库;此外,也有个别用户是通过“信息偶遇”方式,如出于好奇或浏览图书馆网站时偶遇到了文献数据库。当用户面临的任务变得复杂和紧迫时,用户的心智模型会在这个特殊时期发生演进。对于心智模型演进的过程,主要体现在陈述性知识(如:数据库内容认知)和程序性知识(如:使用信息检索方法)两个维度。此外,初步识别到文献数据库用户心智模型演进的驱动因素主要有自己摸索、与专业人员交流、界面引导、参加培训、学习迁移和任务。

2. 驱动因素对用户心智模型演进的影响机理

第一,在文献数据库界面设计因素方面:研究表明该因素会对用户心智模型产生显著影响。主要表现在用户情感、认知以及检索方法三个维度。在情感方面,界面的简洁程度高会增加用户对数据库的正向情感;相反,界面设计得烦琐则会增加用户的负向情感。但这种影响程度如何,是受用户类型的影响的。在认知方面,初级用户对数据库的认知比较浅,此时界面的引导性会对用户的认知起到极大的促进作用;高级用户对数据库的认知较为深刻,界面的专业性提升有利于进一步提升用户利用信息资源的效率。在检索方法方面,除了用户自身需求因素外,高级检索的位置不明显和提示符比较乱是影响用户不使用高级检索界面的原因。此外,在文献数据库界面适当地使用隐喻会提升用户对文献数据库的兴趣和关注,但不能太过抽象。采用“图形与文字结合”形式的形象化图标是一种较好的隐喻方式,该方式可以降低用户的认知负荷。

第二,研究表明学习迁移会对用户心智模型的演进产生显著影响。学习迁移对文献数据库的演进主要体现在用户的检索方法和策略维度。整体而言,由于用户的信息需求特点不同,对将文献数据库设计成搜索引擎模式持有不同的观点。初级用户更倾向于搜索引擎那样简洁、清爽的界面,但高级用户更加倾向于高级检索界面。在刚开始接触文献数据库时,学习迁移对用户的影响较为一致,均表现为正向影响,它促进了用户检索方法的提升,推动了用户心智模型的演进。随着用户检索经验不断丰富,学习迁移对用户心智模型演进的影响仍有待进一步探索。

### 3.4.2 研究建议

1. 用户信息素养培训建议

在信息素养培训和教学方面,可以采取以下几种策略:第一,应重点引导用户使用高级检索方法。可以利用学习迁移来辅助引导教学,如将检索系统与电子商务网站和百度进行比较,从而增强用户的认知灵活性。第二,设置基于不同类型任务驱动的培训与教学。具体可以先让学习者完成简单的信息检索任务提升用户正向情感;然后再让其完成复杂检索任务。当用户遇到困难,让其自己先摸索突破,无法完成时再进行个性化指导,从而提升用户的自主学习能力。第三,关键需要提升用户的信息素养。因为在访谈中发现存在一部分用户有某个特定任务的需求时使用过一次文献数据库,之后就再也没有过使用经历。如何让用户能够主动地意识到通过利用和查找信息提升自己的能力与知识是信息素养培训的重中之重。

2. 文献数据库用户界面设计建议

在文献数据库界面设计方面,可以采取如下策略:第一,合理使用隐喻。使用隐喻时,要选择合适的隐喻对象,使隐喻所表达的意义具有很好的识别性,与用户的实际生活体验相结合。隐喻应以用户的可理解性和可操作性为前提;隐喻的使用要适度,不要勉强地使用隐喻元素来表达某一概念或某种操作程序,过度的不恰当的隐喻则会增加用户认知加工的时间和难度,造成用户的主观困惑。总之,界面设计中采用图形化隐喻比纯文字设计更具效果,但要以用户的可理解性为前提,在创新性和可理解性之间找到一个平衡点,凸显隐喻的作用。第二,新产品推荐位置科学选取。通过初步的访谈得到,在新产品推荐时,可以选择将其置于“检索框周围”和采用“浮窗形式”,同时字体和设计方面可以采取图文结合、醒目的颜色等方式来吸引注意力。第三,文献数据库的界面设计可以针对用户类型分为初级用户版和高级用户版,但更为关键的是要提供明显的由初级版向高级版转化的引导功能。

## 3.5　小结

本章是对文献数据库用户心智模型驱动因素的初步探索，侧重全面地提取每种可能的驱动因素，以及了解这些驱动因素是如何驱动用户心智模型发生演进的。通过对收集到的访谈数据进行分析，成功识别到自己摸索、与专业人员交流、界面引导、参加培训、学习迁移和任务是常见的驱动因素。这部分是定性研究，访谈的样本存在一定的局限性，但研究结果可以为后面章节从应用统计学角度揭示用户心智模型演进的驱动因素的结构和驱动力大小提供基础理论支持，主要体现在可以为设计相应的演进驱动因素调查问卷提供理论支撑。

# 第4章 文献数据库用户心智模型演进驱动因素探索性研究

## 4.1 理论基础与研究问题

### 4.1.1 引入分布式认知理论的可行性

在20世纪80年代，心理学领域的Hutchins与Klausen(1996)在传统认知观(认为人类的认知是基于个体级别上的信息加工)基础上首次提出分布式认知理论。[131]周国梅与傅小兰(2002)在回顾国内外分布式认知发展历程的基础上，总结了包括认知在个体内分布、认知在媒介中分布、认知在文化中分布、认知在社会中分布、认知在时间上分布在内的分布式认知。[132]分布式认知理论与现象学、活动理论等多种哲学理论存在共同之处，即强调主体与客体在交互活动中的统一；同时突破了分析人类认知行为个体的局限，强调个体、技术工具、文化、环境、时间等多种因素的综合影响。分布式认知理论已经被广泛用于指导人机交互领域的相关问题中，尤其是用于电子商务、电子政府、机器设计中，以此为用户提供更好的信息服务。

探索用户心智模型演进的基础理论问题，需要追本溯源，从用户心智模型起源的认知心理学学科寻找。分布式认知理论与用户心智模型提出之后便都被应用到人机交互领域，并且都关注用户对系统认知的问题。本研究尝试从分布式认知理论视角解释文献数据库用户心智模型演进的驱动因素问题。在第3章通过半结构化访谈初步得到驱动因素主要有自己摸索、与专业人员交流、界面引导、参加培训、学习迁移和任务。

通过分析可以发现这些因素与分布式认知理论的内容存在相对应之处。主要体现在以下几个方面:第一,用户心智模型演进的过程与分布式认知的时间分布相吻合,对于演进问题的研究本身就是从动态视角出发,关注在不同时期用户心智模型的完备性。尤其是考察是否存在一个特殊的时期(时间点)用户的心智模型会发生较大的转变。第二,分布式认知提出的认知在媒介中的分布,对应于文献数据库界面的表征方面。Wright(2000)基于分布式认知理论提出了分布式信息资源模型,指出合理设计机器的外部表征,可以降低机器利用者的认知负荷。[133] 因此,文献数据库设计人员如何合理地设计界面以及为用户提供界面引导和提示,进而帮助用户内化和发展信息检索技能是以用户为中心的设计理念的体现。第三,分布式认知提出的认知在文化和社会中的分布,与信息检索任务和信息检索教学等因素相呼应。信息检索任务一直是信息检索领域关注的影响用户信息行为的一个情境因素;而信息检索教学是用户在自身所处的学习环境下接受的一种课程教育,是用户在特定文化和社会背景下的一种学习经历。第四,认知在个体内的分布与自己摸索和学习迁移驱动因素相关。学习迁移与分布式认知中的认知留存相对应,用户会将自己使用类似系统的经验迁移到正在使用的系统之中。用户自己摸索则会受到其认知灵活性、学习风格、认知风格等个体因素的影响,而这些因素在关于用户心智模型个体差异的研究中已受到关注。总之,用户心智模型演进是指用户在信息缺失(解决外在任务或自身兴趣)状态下,通过与文献数据库不断进行交互,从而使用户对文献数据库的认知、情感和检索策略发生修正、强化或遗忘等行为。

### 4.1.2　研究问题

基于上述分析,我们构建了文献数据库用户心智模型及其检索行为的理论框架,如图 4－1 所示。依据分布式认知理论的观点,用户自身面临的检索任务、文献数据库的界面设计与反馈机制、用户的个体特征、个体经历等因素都会驱使用户的心智模型不断发生演进。本研究以第 3 章的访谈结果和此处提出的理论框架为基础，通过设计调查问卷收集数据，采用数理统计的方法对收集到的数据进行分析，并以此为理论框架提供实证支撑。同时，进一步识别这些驱动因素对于用户心智模型演进的重要性。

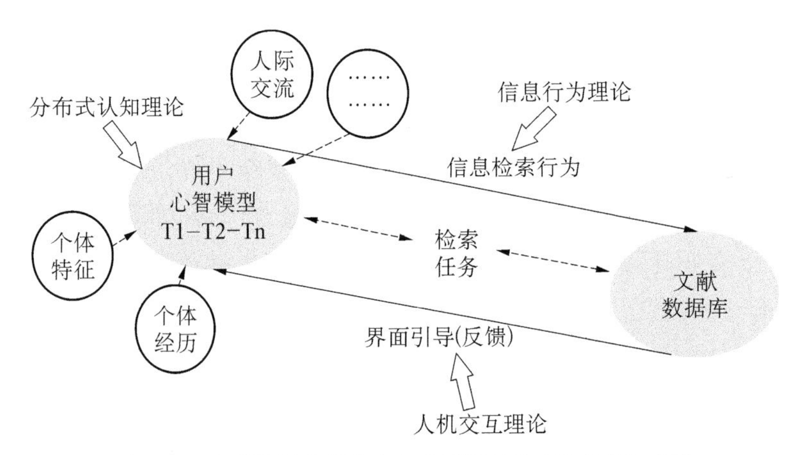


图 4-1　文献数据库用户心智模型及其检索行为理论架构

## 4.2　研究设计

### 4.2.1　数据收集方法

该部分采用问卷调查法收集文献数据库用户心智模型演进驱动因素的数据。为了保证调查问卷的效度，在设计调查问卷时结合上一章中半结构化访谈的结果和理论分析部分展开。问卷设计完成后首先选择 8 名研究生用户进行了预调查，进一步对问卷的语言表述进行了修正。最终形成的问卷包括“用户基本信息：人口统计学问题、使用文献数据库的频率、时间、目的等”和“文献数据库驱动因素的李克特 5 点量表问题”两部分组成，详见附录 B。在调查对象的选取上，主要针对硕士研究生、博士研究生和科研人员。因为该类群体利用文献数据库的时间相对较长，从初次接触文献数据库到不断熟练应用，其心智模型经历了一定的演进。

2015 年 5 月到 8 月在江苏省、山东省和天津市一共发放电子和纸质调查问卷 210 份，收回 207 份，剔除 13 份无效问卷，最终获得 194 份有效问卷，达到因子分析的样本量要求，有效问卷回收率达到 92.38%。调查样本的性别、年龄、年级、使用文献数据库的时长与频率等特征分布如表 4－1 所示。由表 4－1 可知，高达 91.24%的被调查对象首次接触文献数据库的目的主要是为了完成任务（这些任务包括结课论文、SRT、毕业论文和文献综述）。其次，有少部分被调查对象是出于好奇或浏览网站偶遇文献数据库。由此可知，大部分用户关于文献数据库的用户心智模型演进是通过任务驱动完成，即在不断完成任务的过程中，逐步提高对文献数据库的内容和功能的认知。此外，被调查的 79.9%的用户有 1 年以上使用文献数据库的经历，仅有 3 名用户使用文献数据库的时间为半年，其余则均为 1 年。通过对这些样本发放调查问卷，能够有效获取他们关于文献数据库用户心智模型演进驱动因素的真实数据。

**表 4－1　调查样本特征分布**

| 属性 | 类别 | 人数 | 有效百分比 |
|---|---|---|---|
| 性别 | 男 | 71 | 36.60% |
| | 女 | 123 | 63.40% |
| 年龄 | 18～25 岁 | 150 | 77.32% |
| | 26～30 岁 | 19 | 9.79% |
| | 31～40 岁 | 25 | 12.89% |
| 年级 | 硕士研究生 | 153 | 78.87% |
| | 博士研究生 | 7 | 3.60% |
| | 在职科研人员 | 34 | 17.53% |
| 使用时长 | 1 年及以下 | 39 | 20.10% |
| | 1 年～2 年 | 45 | 23.20% |
| | 2 年以上 | 110 | 56.70% |

| 属性 | 类别 | 人数 | 有效百分比 |
|---|---|---|---|
| 使用频率 | 每天至少一次 | 34 | 17.53% |
| | 每周至少一次 | 74 | 38.14% |
| | 半个月一次 | 30 | 15.46% |
| | 最多一个月一次 | 56 | 28.87% |
| 首次接触文献数据库的目的 | 完成结课论文 | 59 | 30.41% |
| | 完成 SRT | 20 | 10.31% |
| | 完成毕业论文 | 69 | 35.57% |
| | 完成文献综述 | 29 | 14.95% |
| | 浏览网站偶遇 | 10 | 5.15% |
| | 出于好奇 | 7 | 3.61% |

### 4.2.2　数据分析方法

在数据分析方法方面：首先，利用克朗巴哈系数（Cronbach's $\alpha$）对收集到的数据的信度进行了检验；其次，利用探索性因子分析(exploratory factor analysis，EFA)方法识别了文献数据库用户心智模型演进的核心驱动因素，并进一步通过归一化处理方法计算得出因子的得分。其中，探索性因子分析是一项用于找出多元观测变量的本质结构，并进行处理降维的技术。

## 4.3 研究结果分析

### 4.3.1 信度与因子分析

问卷整体的信度 Cronbach's $\alpha$ 系数为 0.934，表明本次调查收集到的问卷数据具有很高的可靠性、一致性和稳定性。在完成因子分析后继续对每个因子的信度进行了分析，如表 4-2 所示。所有因子的信度都超过 0.8，达到了较高的信度。此外，KMO 值为 0.843，Bartlett 的球形度检验的近似 Chi-Square 值为 6412.099，在自由度为 630 的时候达到了显著性水平($p<0.000$)，表明调查问卷数据适合进行因子分析(如表 4-2 所示)。分析选择主成分分析法，进行 Kaiser 标准化的正交旋转，旋转在 8 次迭代后最终收敛。按照特征值大于 1 和参考因子碎石图(如图 4-2 所示)的结果，确定抽取的因子数为 11 个，11 个因子的累积方差百分比达到了 84.94%。进入分析的题项均未出现"因子载荷系数小于 0.45 的题项"[135]；"只包含一个题项的因子"[136]；"题项在两个因子上的载荷系数都达到 0.4 以上"[137]现象，无须进行删除处理。

**表 4-2 探索性因子分析的 KMO 和 Bartlett 球体检验**

| 取样足够度的 Kaiser-Meyer-Olkin 度量 | | 0.843 |
| --- | --- | --- |
| Bartlett 的球形度检验 | 近似卡方 | 6412.099 |
| | df | 630 |
| | Sig. | 0.000 |

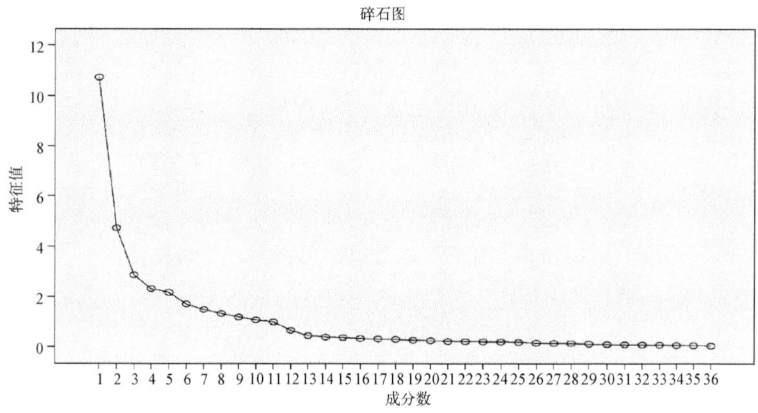


**图 4－2　文献数据库用户心智模型驱动因素因子碎石图**

因子的命名依据问项的含义进行，分别命名为文献数据库信息服务产品、信息检索课程、图书馆信息检索培训、购物网站学习迁移、复杂信息检索任务、请教老师、与同学交流、简单信息检索任务、搜索引擎学习迁移、文献数据库界面引导与提示和自己摸索。每个因子对应的问项的载荷系数如表 4－3 所示，因子载荷系数均高于 0.5，绝大部分达到了 0.8 以上。

**表 4－3　文献数据库用户心智模型演进驱动因子一览表**

| 因子 | 问项 | 载荷系数 | 问项内容 | 因子命名 | 信度 |
|---|---|---|---|---|---|
| 因子1 | Q20 | 0.903 | 在不会使用文献数据库时，我通过阅读文献数据库提供的产品手册的方式使用文献数据库，进而对文献数据库检索结果的排序和展示有了新的认识。 | 文献数据库信息服务产品 | 0.94 |
| | Q21 | 0.895 | 在不会使用文献数据库时，我通过阅读文献数据库提供的产品手册的方式，在使用文献数据库的检索方法和技巧方面有了提高。 | | |
| | Q19 | 0.851 | 在不会使用文献数据库时，我通过阅读文献数据库提供的产品手册的方式，对文献数据库的基本常识有了提高。 | | |
| | Q22 | 0.751 | 在不会使用文献数据库时，我通过文献数据库提供的在线咨询服务方式使用文献数据库，进而对文献数据库检索结果的排序和展示有了新的认识。 | | |
| | Q23 | 0.674 | 在不会使用文献数据库时，我通过文献数据库提供的在线咨询服务的方式，对文献数据库的基本常识有了提高。 | | |
| | Q24 | 0.584 | 在不会使用文献数据库时，我通过文献数据库提供的在线咨询服务的方式，在使用文献数据库的检索方法和技巧方面有了提高。 | | |

续 表

| 因子 | 问项 | 载荷系数 | 问项内容 | 因子命名 | 信度 |
|---|---|---|---|---|---|
| 因子2 | Q13 | 0.898 | 我通过参加信息检索课程的方式使用文献数据库,进而对文献数据库的基本常识有了不断提高。 | 信息检索课程 | 0.95 |
| | Q14 | 0.896 | 我通过参加信息检索课程的方式使用文献数据库,进而在使用文献数据库的检索方法和技巧方面有了不断提高。 | | |
| | Q15 | 0.869 | 我通过参加信息检索课程的方式使用文献数据库,进而对文献数据库检索结果的排序和展示有了新的认识。 | | |
| 因子3 | Q17 | 0.898 | 我通过参加图书馆信息检索培训的方式使用文献数据库,进而在使用文献数据库的检索方法和技巧方面有了提高。 | 图书馆信息检索培训 | 0.95 |
| | Q16 | 0.856 | 我通过参加图书馆信息检索培训的方式使用文献数据库,进而对文献数据库的基本常识的了解有了提高。 | | |
| | Q18 | 0.837 | 我通过参加图书馆信息检索培训的方式使用文献数据库,进而对文献数据库检索结果的排序和展示有了新的认识。 | | |
| 因子4 | Q30 | 0.857 | 在使用文献数据库时,我会借鉴使用购物网站的知识,从而对文献数据库检索结果的排序和展示的认识不断提高。 | 购物网站学习迁移 | 0.91 |
| | Q29 | 0.834 | 在使用文献数据库时,我会借鉴使用购物网站的知识,从而在利用文献数据库的检索方法和技巧方面有所提高。 | | |
| | Q28 | 0.782 | 在使用文献数据库时,我会借鉴使用购物网站的知识,从而对文献数据库基本常识的认识有了提高。 | | |
| 因子5 | Q37 | 0.898 | 我在不断完成复杂的信息检索任务过程中,利用文献数据库的检索方法和技巧方面有所提高。 | 复杂信息检索任务 | 0.92 |
| | Q38 | 0.864 | 我在不断完成复杂的信息检索任务过程中,对文献数据库检索结果的排序和展示的认识有所提高。 | | |
| | Q36 | 0.862 | 我在不断完成复杂的信息检索任务过程中,对文献数据库基本常识的认识有所提高。 | | |

**续 表**

| 因子 | 问项 | 载荷系数 | 问项内容 | 因子命名 | 信度 |
| --- | --- | --- | --- | --- | --- |
| 因子6 | Q5 | 0.859 | 在使用文献数据库遇到问题时，我通过请教老师的方式，在使用文献数据库的检索方法和技巧方面有了提高。 | 请教老师 | 0.91 |
| | Q4 | 0.840 | 在使用文献数据库遇到问题时，我通过请教老师的方式，对文献数据库的基本常识有了提高。 | | |
| | Q6 | 0.837 | 在使用文献数据库遇到问题时，我通过请教老师的方式，对文献数据库检索结果的排序和展示有了新的认识。 | | |
| 因子7 | Q7 | 0.882 | 在使用文献数据库遇到问题时，我通过与同学交流的方式，对文献数据库的基本常识有了提高。 | 与同学交流 | 0.91 |
| | Q8 | 0.864 | 在使用文献数据库遇到问题时，我通过与同学交流的方式，在使用文献数据库的检索方法和技巧方面有了提高。 | | |
| | Q9 | 0.832 | 在使用文献数据库遇到问题时，我通过与同学交流的方式，对文献数据库检索结果的排序和展示有了新的认识。 | | |
| 因子8 | Q33 | 0.872 | 我是在不断完成简单的信息检索任务过程中，对文献数据库基本常识的认识有了提高。 | 简单信息检索任务 | 0.87 |
| | Q34 | 0.843 | 我是在不断完成简单的信息检索任务过程中，在利用文献数据库的检索方法和技巧方面了有提高。 | | |
| | Q35 | 0.804 | 我是在不断完成简单的信息检索任务过程中，对文献数据库检索结果的排序和展示的认识不断提高。 | | |
| 因子9 | Q25 | 0.827 | 在使用文献数据库时，我会借鉴使用搜索引擎的知识，从而对文献数据库基本常识的认识有了提高。 | 搜索引擎学习迁移 | 0.89 |
| | Q26 | 0.825 | 在使用文献数据库时，我会借鉴使用搜索引擎的知识，从而在利用文献数据库的检索方法和技巧方面有所提高。 | | |
| | Q27 | 0.788 | 在使用文献数据库时，我会借鉴使用搜索引擎的知识，从而对文献数据库检索结果的排序和展示功能的认识不断提高。 | | |

续 表

| 因子 | 问项 | 载荷系数 | 问项内容 | 因子命名 | 信度 |
| --- | --- | --- | --- | --- | --- |
| 因子10 | Q10 | 0.859 | 在使用文献数据库遇到问题时，我通过文献数据库界面引导与提示的方式，对文献数据库的基本常识有了提高。 | 文献数据库界面引导与提示 | 0.87 |
| | Q11 | 0.811 | 在使用文献数据库遇到问题时，我通过文献数据库界面引导与提示的方式，在使用文献数据库的检索方法和技巧方面有了提高。 | | |
| | Q12 | 0.809 | 在使用文献数据库遇到问题时，我通过文献数据库界面引导与提示的方式使用文献数据库，进而对文献数据库检索结果的排序和展示有了新的认识。 | | |
| 因子11 | Q3 | 0.841 | 我通过自己摸索的方式使用文献数据库，进而对文献数据库检索结果的排序和展示有了新的认识。 | 自己摸索 | 0.84 |
| | Q2 | 0.811 | 我通过自己摸索的方式使用文献数据库，进而在使用文献数据库的检索方法和技巧方面有了提高。 | | |
| | Q1 | 0.799 | 我通过自己摸索的方式使用文献数据库，进而对文献数据库的基本常识有了提高。 | | |

### 4.3.2　因子得分计算

为了进一步分析被调查用户在心智模型驱动因素方面的得分情况，首先将因子分析结果进行归一化处理，采取的计算公式如下所示。其中，$F_i$ 为第 $i$ 个因子的最终得分；$W_{ij}$ 为第 $i$ 个因子对应的第 $j$ 个问项的归一化后的权重；$S_{ij}$ 为第 $i$ 个因子对应的第 $j$ 个问项的五点量表得分；$\lambda_{ij}$ 为第 $i$ 个因子对应的第 $j$ 个问项的载荷系数，$n$ 为第 $i$ 个因子对应的题项的个数。最终得到的驱动因素因子的得分如图 4－3 所示。

$$F_i = \sum_{j=1}^{n} W_{ij} \cdot S_{ij} = \sum_{j=1}^{n} \left( \frac{\lambda_{ij}}{\sum_{j=1}^{n} \lambda_{ij}} \right) \cdot S_{ij}$$

整体看来，以 3.5 为界限，文献数据库信息服务产品、图书馆信息检索培训、购物网站学习迁移、请教老师的得分低于 3.5；与同学交流、信息检索课程、复杂信息检索任务、自己摸索、文献数据库界面引导与提示、搜索引擎学习迁移、简单信息检索任务得分高于 3.5。这表明调查对象认为文献数据库信息服务产品、图书馆信息检索、购物网站学习迁移和请教老师不是促使他们的用户心智模型发生演进的关键因素，而高于 3.5 的因子则会促使他们的用户心智模型发生演进。文献数据库信息产品服务主要包括数据库网站上提供的信息咨询和产品使用手册，但用户并不认为这些产品和服务会提升他们的用户心智模型。初步分析原因可能是这些产品的位置设计不合理，没有引起用户注意；也可能是用户没有主动阅读和学习这些产品的意识；或者即使用户能够找到这些产品，但是觉得枯燥和专业，放弃进一步使用。图书馆的信息检索培训在大学内部采用自愿参与的方式，感兴趣的同学可以参加。而从用户首次接触文献数据库的目的来看，大部分用户都是基于外在任务驱动下才接触和利用文献数据库，主动参加这类培训的用户并不多。此外，研究发现学生更倾向于与同学交流而不是请教老师。

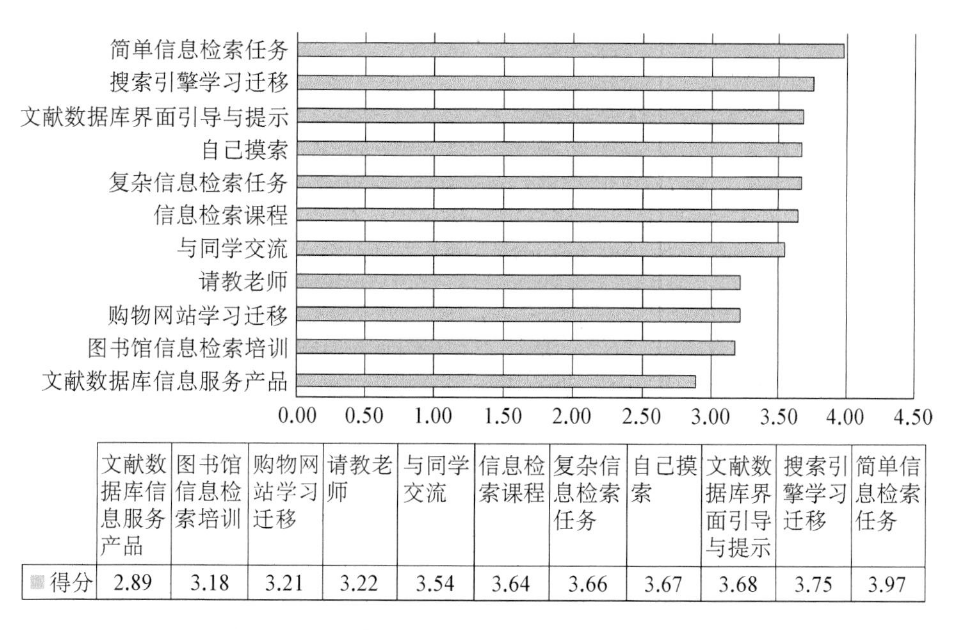


| | 文献数据库信息服务产品 | 图书馆信息检索培训 | 购物网站学习迁移 | 请教老师 | 与同学交流 | 信息检索课程 | 复杂信息检索任务 | 自己摸索 | 文献数据库界面引导与提示 | 搜索引擎学习迁移 | 简单信息检索任务 |
|---|---|---|---|---|---|---|---|---|---|---|---|
| 得分 | 2.89 | 3.18 | 3.21 | 3.22 | 3.54 | 3.64 | 3.66 | 3.67 | 3.68 | 3.75 | 3.97 |

**图 4－3　文献数据库用户心智模型驱动因素重要性**

## 4.4 研究结论与建议

### 4.4.1 研究结论

本次研究采用实证方法进一步佐证了分布式认知理论作为文献数据库用户心智模型演进驱动因素的理论基础的可行性。通过因子分析法提取了驱动文献数据库用户心智模型发生演进的11个因素。其中,信息检索行为的情境因素——检索任务(复杂信息检索任务、简单信息检索任务)、信息检索课程和图书馆信息检索培训,与认知在社会和文化中分布相对应;文献数据库信息服务产品、文献数据库界面引导和提示,与认知在媒介中分布相对应;学习迁移(购物网站和搜索引擎)属于理论模型中提及的用户经历,与同学交流和请教老师属于理论模型中提及的人际交流,和自己摸索因素均属于认知在个体内的分布。

### 4.4.2 研究建议

本次研究发现文献数据库信息服务产品被用户视为对其心智模型演进最不重要的因素。在本次研究之后,我们又进行了一次新手用户信息检索实验,发现在其检索出现困难的时候,32名新手用户均未使用文献数据库网站提供的信息服务产品。实验后访谈用户发现,大部分用户提出找不到文献数据库信息产品的使用手册,少部分用户自己没有意识到寻找数据库提供的信息服务产品。以CNKI为例,“帮助中心”中涵盖了对文献数据库本身及其相应的检索方法等内容的介绍,但是在网站界面中所处的位置却并不突出,使得用户不会关注。我们建议可以将“帮助中心”下的“产品使用手册”放在首页较为明显的位置,以此为用户更好地提供信息服务,引导和增强用户对于文献数据库的认知。这些研究成果和建议也进一步证实了分布式认知理论所强调的在设计媒介时需要关注其表征状态的传播和转换。因此,对于文献数据库界面的设计问题需要设计师重点考虑:哪些信息应该被表征?以及采取何种表征方式才能够正确地引导和提示用户较快地学会利用?

## 4.5　小结

本章主要是对演进驱动因素进行探索性因子分析以验证分布式认知理论指导文献数据库用户心智模型演进的合理性，但研究结论尚存在探索性。本章的研究成果可为下一章进一步采用验证性因子分析方法验证这些驱动因素之间的结构关系提供理论基础。在厘清驱动因素的结构之后，可以选择核心驱动因素作为控制条件，模拟用户心智模型的演进过程，进而得到用户心智模型的演进特点和模式。

# 第5章　文献数据库用户心智模型演进驱动因素验证性研究

## 5.1　研究问题

本章的研究是在上一章探索性因子分析基础上，进一步采用结构方程建模法对文献数据库用户心智模型演进的驱动因素结构进行分析，概念模型如图5-1所示。此概念模型包括自我摸索、信息检索课程和图书馆信息检索培训等11个驱动因素。驱动因素对文献数据库用户心智模型驱动的可操作测量主要通过参考用户心智模型的构成来设计。通常识别文献数据库用户心智模型的构成维度主要有三种途径：从心智模型的定义出发，结合文献数据库的特点，开发用户心智模型的完备性量表；从不同学科对于心智模型的定义出发，从理论上归纳出文献数据库用户心智模型的构成维度；利用实证方法获取用户的心智信息，进而采用编码或统计分析的方法来识别用户心智模型的构成维度。在这些研究的基础上，结合用户信息检索的过程，将心智模型的演进维度简化为对文献数据库内容（如：逐步了解文献数据库资源的特点等）、信息检索方法（如：从开始的初级检索逐步转向使用高级检索等）、信息检索结果筛选（如：逐步学会利用对信息检索结果的各种排序等）三个维度的演进。为了表述的简洁性，以结构变量英文首字母缩写代表对应的观测变量，以1代表该因素对文献数据库内容认知演进的影响；以2代表该因素对检索方法演进的影响；以3代表该因素对信息检索结果挑选演进的影响。其中，信息服务产品因素对用户心智模型演进的影响主要体现在文献数据库提供的在线信息咨询服务（ISP1、ISP2、ISP3）和文献数据库提供的产品使用手册(ISP4、ISP5、ISP6)两个维度。

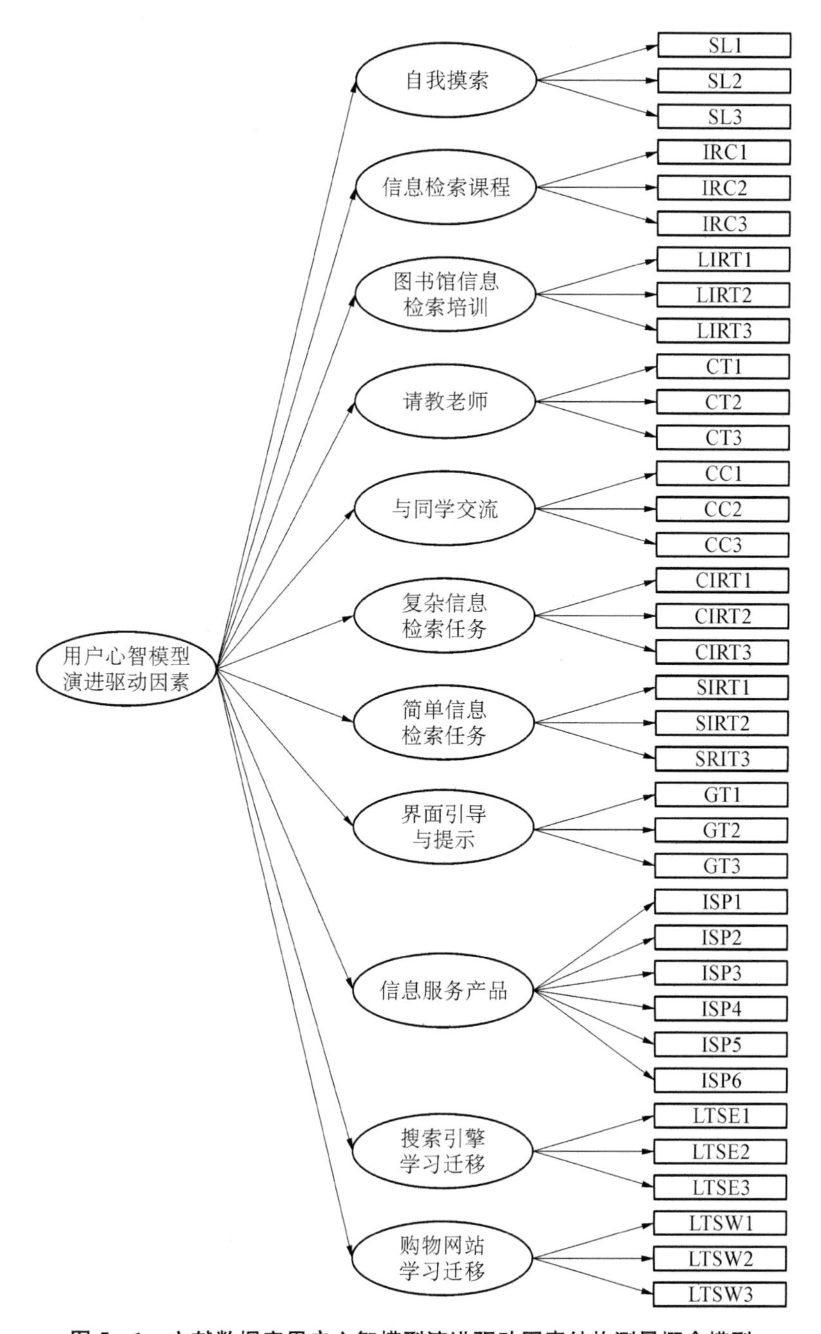


**图 5-1　文献数据库用户心智模型演进驱动因素结构测量概念模型**

## 5.2 研究设计

### 5.2.1 数据收集方法

研究采用问卷调查法收集数据。调查问卷依据第 4 章的研究结果修正之后的内容，与附录 B 的问项基本相同，只是少了附录 B 中第二部分的问项 31 和 32。研究的调查对象为能够熟练使用文献数据库的用户，通过调查这类用户更容易获取其关于文献数据库用户心智模型演进的数据。因为这类用户从开始接触文献数据库到熟练使用实质上就是用户心智模型演进的过程。调查问卷包括基本概念介绍、人口统计学基本信息、李克特五点量表方式的问项三个部分组成。调查一共发放 603 份问卷，回收 513 份，有效问卷 483 份。被调查对象利用文献数据库年限的平均值为 4.09 年，表明这类用户符合研究对调研对象的要求。调查样本的性别、年龄、年级、使用频率等特征分布如表 5－1 所示。

**表 5－1　样本特征分布**

| 属性 | 类别 | 人数 | 百分比 | 属性 | 类别 | 人数 | 百分比 |
| --- | --- | --- | --- | --- | --- | --- | --- |
| 性别 | 男 | 192 | 39.8 | 身份 | 大四 | 31 | 6.4 |
| | 女 | 291 | 60.2 | | 研一 | 91 | 18.8 |
| 年龄 | 18～25 岁 | 221 | 45.8 | | 研二 | 187 | 38.7 |
| | 26～30 岁 | 140 | 29.0 | | 研三 | 68 | 14.1 |
| | 31～40 岁 | 103 | 21.3 | | 博一 | 13 | 2.7 |
| | 40 岁以上 | 19 | 3.9 | | 博二 | 22 | 4.6 |
| 使用频率 | 每天至少一次 | 106 | 21.9 | | 博三 | 3 | 0.6 |
| | 每周至少一次 | 246 | 50.9 | | 高校科研人员 | 52 | 10.8 |
| | 半个月一次 | 86 | 17.8 | | 研究所科研人员 | 16 | 3.3 |
| | 最多一个月一次 | 45 | 9.3 | | | | |

### 5.2.2　数据分析方法

调查数据收集后：首先，对数据的正态分布进行检验；其次，对问卷的信度和效度进行检验；最后，对模型的拟合度进行检验。其中，调查问卷的问项与观测变量的对应关系一览表如表 5－2 所示。

**表 5－2　问项与观测变量一览表**

| | | | | | |
|---|---|---|---|---|---|
| Q1 | SL1 | Q13 | IRC1 | Q25 | LTSE1 |
| Q2 | SL2 | Q14 | IRC2 | Q26 | LTSE2 |
| Q3 | SL3 | Q15 | IRC3 | Q27 | LTSE3 |
| Q4 | CT1 | Q16 | LIRT1 | Q28 | LTSW1 |
| Q5 | CT2 | Q17 | LIRT2 | Q29 | LTSW2 |
| Q6 | CT3 | Q18 | LIRT3 | Q30 | LTSW3 |
| Q7 | CC1 | Q19 | ISP1 | Q31 | SIRT1 |
| Q8 | CC2 | Q20 | ISP2 | Q32 | SIRT2 |
| Q9 | CC3 | Q21 | ISP3 | Q33 | SIRT3 |
| Q10 | GT1 | Q22 | ISP4 | Q34 | CIRT1 |
| Q11 | GT2 | Q23 | ISP5 | Q35 | CIRT2 |
| Q12 | GT3 | Q24 | ISP6 | Q36 | CIRT3 |

## 5.3　研究结果分析

### 5.3.1　信度分析

信度是指测评量表所测得结果的稳定性（Stability）及一致性（Consistency），量表的信度愈大，则其测量标准误就愈小。常用于李克特量表信度检验的方法为 Cronbach $\alpha$ 系数。本研究采用 SPSS 软件的信度分析功能对收集到的调查问卷数据的信度进行分析，结果如表 5－3 所示。由表 5－3 可知，所有结构变量的信度都高于 0.7，且整个问卷的信度高达 0.962，表明本次获得的数据具有稳定性和一致性，可以进一步对其进行分析。

**表 5－3 验证性因子分析数据的信度分析结果**

| 变量的名称 | | 题项数 | 结构变量信度 | 整体信度 |
|---|---|---|---|---|
| 自我摸索 | SL | 3 | 0.703 | 0.962 |
| 信息检索课程 | IRC | 3 | 0.803 | |
| 图书馆信息检索培训 | LIRT | 3 | 0.845 | |
| 购物网站学习迁移 | LTSW | 3 | 0.822 | |
| 复杂信息检索任务 | CIRT | 3 | 0.754 | |
| 请教老师 | CT | 3 | 0.817 | |
| 与同学交流 | CC | 3 | 0.748 | |
| 简单信息检索任务 | SIRT | 3 | 0.710 | |
| 界面引导与提示 | GT | 3 | 0.734 | |
| 搜索引擎学习迁移 | LTSE | 3 | 0.772 | |
| 信息服务产品 | ISP | 6 | 0.894 | |

### 5.3.2 数据正态分布检验

通常对于单变量的正态分布检验，是考察偏度（Skew）和峰度（Kurtosis）的绝对值。当偏度和峰度的绝对值为 0 或者接近于 0 的时候，该变量符合正态分布。当偏度的绝对值大于 3.0 的时候，一般视为极端的偏态。当峰度的绝对值大于 10.0 的时候，表示峰度有问题。[138] 采用 SPSS 软件的描述性统计分析，可以得到调查问卷数据的偏度与峰度等指标的值，如表 5－4 所示。

**表5-4 观测变量描述性统计指标得分**

| 观测变量 | 极小值 | 极大值 | 均值 | 标准差 | 偏度 | | 峰度 | |
|---|---|---|---|---|---|---|---|---|
| | | | | | 统计量 | 标准误 | 统计量 | 标准误 |
| SL1 | 1 | 5 | 4.06 | 0.757 | −0.651 | 0.111 | 0.702 | 0.222 |
| SL2 | 1 | 5 | 3.99 | 0.936 | −0.685 | 0.111 | −0.045 | 0.222 |
| SL3 | 1 | 5 | 3.89 | 0.920 | −0.579 | 0.111 | −0.067 | 0.222 |
| CT1 | 1 | 5 | 3.81 | 0.989 | −0.706 | 0.111 | 0.043 | 0.222 |
| CT2 | 1 | 5 | 3.79 | 0.993 | −0.520 | 0.111 | −0.316 | 0.222 |
| CT3 | 1 | 5 | 3.77 | 0.984 | −0.540 | 0.111 | −0.252 | 0.222 |
| CC1 | 1 | 5 | 3.91 | 0.891 | −0.572 | 0.111 | −0.010 | 0.222 |
| CC2 | 1 | 5 | 3.82 | 0.912 | −0.508 | 0.111 | −0.180 | 0.222 |
| CC3 | 1 | 5 | 3.83 | 0.913 | −0.488 | 0.111 | −0.211 | 0.222 |
| GT1 | 1 | 5 | 3.95 | 0.868 | −0.746 | 0.111 | 0.541 | 0.222 |
| GT2 | 1 | 5 | 3.89 | 0.896 | −0.522 | 0.111 | −0.027 | 0.222 |
| GT3 | 1 | 5 | 3.90 | 0.876 | −0.521 | 0.111 | −0.011 | 0.222 |
| IRC1 | 1 | 5 | 3.86 | 0.978 | −0.819 | 0.111 | 0.456 | 0.222 |
| IRC2 | 1 | 5 | 3.80 | 0.993 | −0.609 | 0.111 | −0.107 | 0.222 |
| IRC3 | 1 | 5 | 3.82 | 0.969 | −0.709 | 0.111 | 0.164 | 0.222 |
| LIRT1 | 1 | 5 | 3.83 | 1.031 | −0.756 | 0.111 | 0.111 | 0.222 |
| LIRT2 | 1 | 5 | 3.79 | 1.038 | −0.593 | 0.111 | −0.267 | 0.222 |
| LIRT3 | 1 | 5 | 3.80 | 0.995 | −0.628 | 0.111 | −0.096 | 0.222 |
| ISP1 | 1 | 5 | 3.83 | 0.968 | −0.653 | 0.111 | −0.015 | 0.222 |
| ISP2 | 1 | 5 | 3.77 | 0.982 | −0.693 | 0.111 | 0.144 | 0.222 |
| ISP3 | 1 | 5 | 3.77 | 1.031 | −0.711 | 0.111 | 0.021 | 0.222 |
| ISP4 | 1 | 5 | 3.68 | 1.036 | −0.491 | 0.111 | −0.309 | 0.222 |

续 表

| 观测变量 | 极小值 | 极大值 | 均值 | 标准差 | 偏度 | | 峰度 | |
|---|---|---|---|---|---|---|---|---|
| | | | | | 统计量 | 标准误 | 统计量 | 标准误 |
| ISP5 | 1 | 5 | 3.73 | 1.038 | −0.629 | 0.111 | −0.086 | 0.222 |
| ISP6 | 1 | 5 | 3.79 | 1.044 | −0.764 | 0.111 | 0.151 | 0.222 |
| LTSE1 | 1 | 5 | 3.92 | 0.855 | −0.833 | 0.111 | 1.097 | 0.222 |
| LTSE2 | 1 | 5 | 3.94 | 0.859 | −0.662 | 0.111 | 0.431 | 0.222 |
| LTSE3 | 1 | 5 | 3.92 | 0.871 | −0.712 | 0.111 | 0.458 | 0.222 |
| LTSW1 | 1 | 5 | 3.78 | 1.036 | −0.661 | 0.111 | −0.099 | 0.222 |
| LTSW2 | 1 | 5 | 3.77 | 1.029 | −0.712 | 0.111 | −0.017 | 0.222 |
| LTSW3 | 1 | 5 | 3.82 | 1.013 | −0.743 | 0.111 | 0.055 | 0.222 |
| SIRT1 | 1 | 5 | 3.94 | 0.820 | −0.474 | 0.111 | −0.012 | 0.222 |
| SIRT2 | 1 | 5 | 3.98 | 0.872 | −0.690 | 0.111 | 0.282 | 0.222 |
| SIRT3 | 1 | 5 | 3.99 | 0.864 | −0.654 | 0.111 | 0.242 | 0.222 |
| CIRT1 | 1 | 5 | 3.93 | 0.930 | −0.797 | 0.111 | 0.520 | 0.222 |
| CIRT2 | 1 | 5 | 3.93 | 0.894 | −0.675 | 0.111 | 0.157 | 0.222 |
| CIRT3 | 1 | 5 | 3.97 | 0.884 | −0.790 | 0.111 | 0.514 | 0.222 |

### 5.3.3 结构方程模型验证分析

1. 初步拟合结果

利用AMOS21软件对调查问卷数据进行验证性因子分析，得到初步的拟合结果如图5-2所示。

在大部分学者的研究中，模型检验阶段常使用的指标值包括$\chi^2$、RMSEA、GFI、AGFI、NFI、CFI、IFI、RFI等值。模型初次拟合的指数见表5-5。

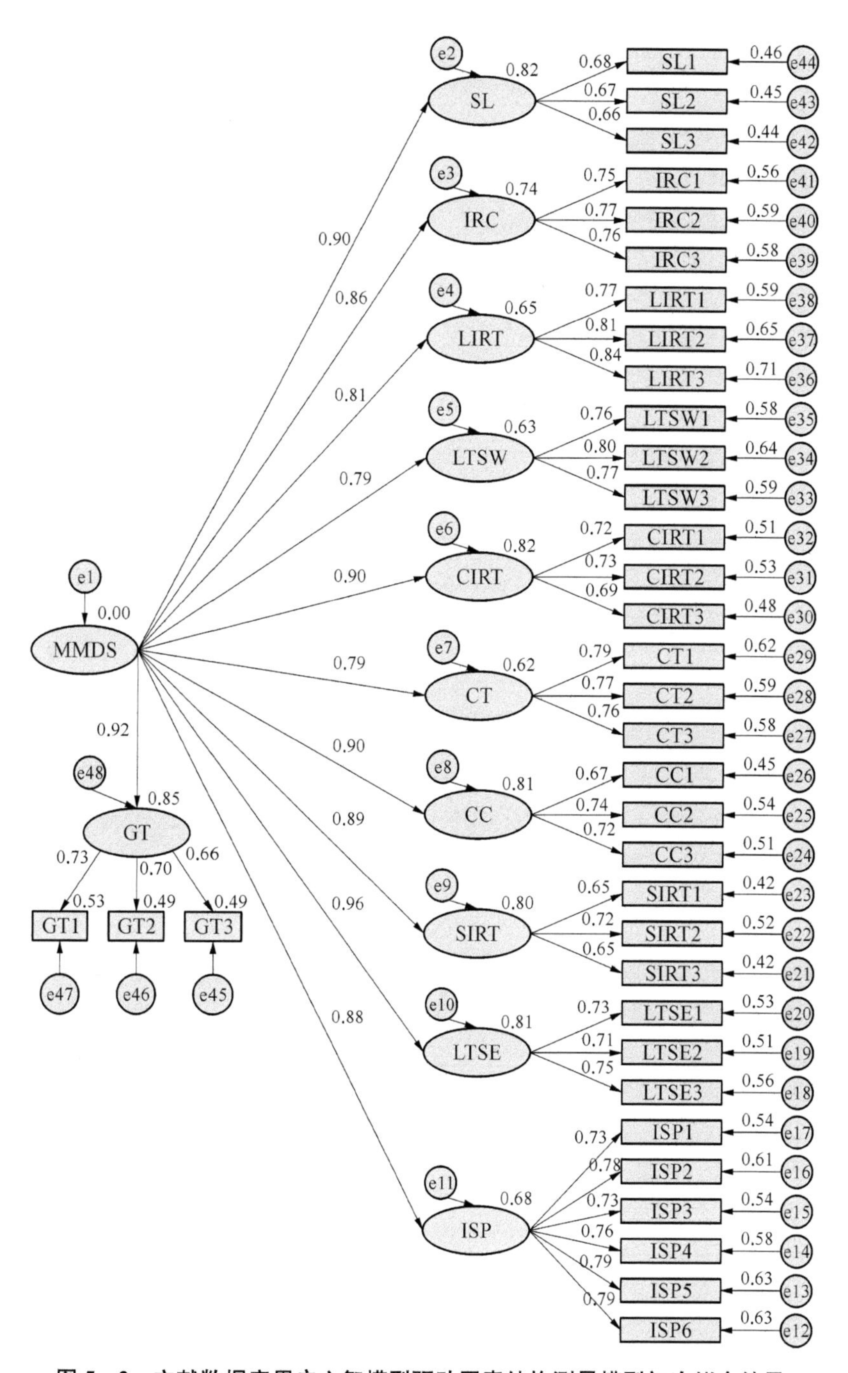


**图 5－2　文献数据库用户心智模型驱动因素结构测量模型初次拟合结果**

**表 5－5　模型初次拟合指数**

<table>
<tr><th colspan="2">统计检验量</th><th>拟合的标准或临界值</th><th>检验结果数据</th><th>模型拟合判断</th></tr>
<tr><td rowspan="4">绝对拟合指数</td><td>RMSEA 值</td><td><0.08</td><td>0.04</td><td>是</td></tr>
<tr><td>RMR 值</td><td><0.05</td><td>0.04</td><td>是</td></tr>
<tr><td>AGFI 值</td><td>>0.8</td><td>0.87</td><td>是</td></tr>
<tr><td>GFI 值</td><td>>0.9</td><td>0.89</td><td>不是</td></tr>
<tr><td rowspan="4">相对拟合指数</td><td>NFI 值</td><td>>0.9</td><td>0.89</td><td>不是</td></tr>
<tr><td>RFI 值</td><td>>0.9</td><td>0.89</td><td>不是</td></tr>
<tr><td>CFI 值</td><td>>0.9</td><td>0.94</td><td>是</td></tr>
<tr><td>IFI 值</td><td>>0.9</td><td>0.94</td><td>是</td></tr>
<tr><td rowspan="6">简约拟合指数</td><td>$\chi^2/df$</td><td><2.00</td><td>1.82</td><td>是</td></tr>
<tr><td>PGFI</td><td>>0.5</td><td>0.78</td><td>是</td></tr>
<tr><td>PNFI</td><td>>0.5</td><td>0.83</td><td>是</td></tr>
<tr><td>PCFI</td><td>>0.5</td><td>0.88</td><td>是</td></tr>
<tr><td>AIC 值</td><td rowspan="2">理论模型值小于独立模型值，且同时小于饱和模型值</td><td>1 228<1 332<9 916</td><td>是</td></tr>
<tr><td>CAIC 值</td><td>1 658<4 781<10 103</td><td>是</td></tr>
</table>

由表 5－5 可知，除了 GFI、NFI、RFI 指标没有达到拟合标准，其他指标均达到了结构方程模型的拟合标准。为了优化模型，进一步采用 AMOS20.0 提供的协方差修正指标对模型进行了修正。其中，部分修正指标值如表 5－6所示，每次修正选择 M.I.值最大的进行修正。

**表 5－6　修正指标值**

| 关系 | M.I. | Par Change | 关系 | M.I. | Par Change |
|---|---|---|---|---|---|
| e7↔e9 | 10.878 | −0.040 | e4↔e6 | 8.067 | −0.038 |
| e7↔e8 | 9.373 | 0.039 | e4↔e5 | 18.124 | 0.072 |
| e6↔e11 | 6.635 | −0.028 | e3↔e8 | 8.894 | −0.033 |
| e6↔e9 | 42.096 | 0.062 | e3↔e7 | 5.001 | 0.035 |
| e6↔e7 | 6.897 | −0.037 | e3↔e6 | 11.811 | −0.042 |
| e5↔e48 | 6.886 | −0.032 | e3↔e5 | 21.374 | 0.071 |

**续　表**

| 关系 | M.I. | Par Change | 关系 | M.I. | Par Change |
|---|---|---|---|---|---|
| e5↔e11 | 8.153 | 0.040 | e3↔e4 | 30.746 | 0.081 |
| e4↔e48 | 5.719 | −0.028 | e2↔e48 | 14.978 | 0.031 |
| e4↔e11 | 28.639 | 0.071 | e2↔e11 | 14.931 | −0.035 |
| e4↔e10 | 12.975 | −0.044 | e2↔e9 | 10.603 | 0.026 |
| e4↔e9 | 30.749 | −0.064 | e2↔e8 | 4.487 | 0.018 |
| e4↔e7 | 8.036 | 0.048 | e2↔e7 | 5.345 | −0.027 |

### 2. 二次拟合结果

#### (1) 整体拟合情况

依据 M.I.值，释放了部分残差之间的关系后，最终得到通过拟合指标验证的结构方程模型如图 5－3 所示。

**表 5－7　最终模型拟合指数**

| 统计检验量 | | 拟合的标准或临界值 | 检验结果数据 | 模型拟合判断 |
|---|---|---|---|---|
| 绝对拟合指数 | RMSEA 值 | <0.08 | 0.03 | 是 |
| | RMR 值 | <0.05 | 0.34 | 是 |
| | AGFI 值 | >0.8 | 0.89 | 是 |
| | GFI 值 | >0.9 | 0.91 | 是 |
| 相对拟合指数 | NFI 值 | >0.9 | 0.91 | 是 |
| | RFI 值 | >0.9 | 0.901 | 是 |
| | CFI 值 | >0.9 | 0.97 | 是 |
| | IFI 值 | >0.9 | 0.97 | 是 |
| 简约拟合指数 | $\chi^2$/df | <2.00 | 1.55 | 是 |
| | PGFI | >0.5 | 0.78 | 是 |
| | PNFI | >0.5 | 0.83 | 是 |
| | PCFI | >0.5 | 0.88 | 是 |
| | AIC 值 | 理论模型值小于独立模型值，且同时小于饱和模型值 | 1 070<1 332<9 916 | 是 |
| | CAIC 值 | | 1 542<4 781<10 103 | 是 |

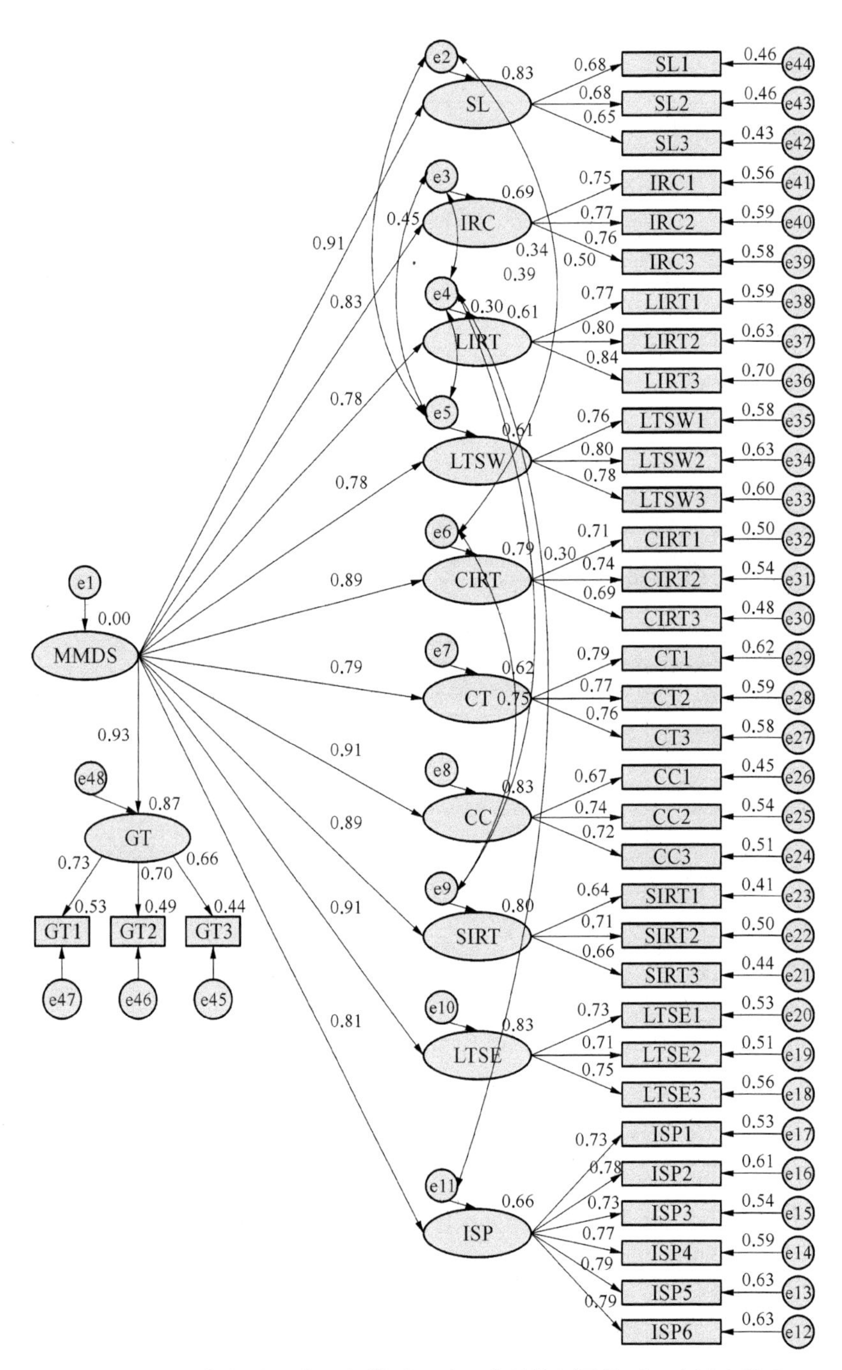


**图 5-3　文献数据库用户心智模型驱动因素结构测量模型二次拟合结果**

(2) 观测变量检验

通过各题项与其对应的子维度因子载荷超过 0.7(最低标准为 0.5),因子组合信度(composite reliability, CR)超过 0.6,且每个变量的平均提取方差(average variance extracted,AVE)要超过 0.5(最低标准为 0.4)。AVE 与 CR 值采用建构信度的计算软件生成。具体计算结果见表 5-8。

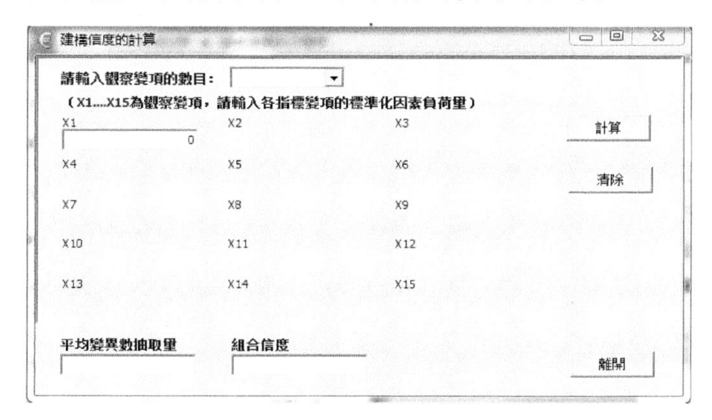


图 5-4　建构信度计算软件界面

表 5-8　测量模型检验

| 二阶因子 | 观测变量 | 载荷系数 | CR | AVE |
|---|---|---|---|---|
| SL | SL1 | 0.676 | 0.710 | 0.450 |
| | SL2 | 0.681 | | |
| | SL3 | 0.654 | | |
| CT | CT1 | 0.791 | 0.817 | 0.600 |
| | CT2 | 0.768 | | |
| | CT3 | 0.760 | | |
| CC | CC1 | 0.668 | 0.749 | 0.500 |
| | CC2 | 0.735 | | |
| | CC3 | 0.715 | | |
| GT | GT1 | 0.727 | 0.738 | 0.485 |
| | GT2 | 0.699 | | |
| | GT3 | 0.662 | | |

续 表

| 二阶因子 | 观测变量 | 载荷系数 | CR | AVE |
|---|---|---|---|---|
| IRC | IRC1 | 0.748 | 0.802 | 0.575 |
| | IRC2 | 0.767 | | |
| | IRC3 | 0.760 | | |
| LIRT | LIRT1 | 0.771 | 0.845 | 0.645 |
| | LIRT2 | 0.797 | | |
| | LIRT3 | 0.839 | | |
| ISP | ISP1 | 0.729 | 0.895 | 0.587 |
| | ISP2 | 0.781 | | |
| | ISP3 | 0.734 | | |
| | ISP4 | 0.767 | | |
| | ISP5 | 0.792 | | |
| | ISP6 | 0.792 | | |
| LTSE | LTSE1 | 0.725 | 0.772 | 0.531 |
| | LTSE2 | 0.711 | | |
| | LTSE3 | 0.749 | | |
| LTSW | LTSW1 | 0.762 | 0.822 | 0.606 |
| | LTSW2 | 0.796 | | |
| | LTSW3 | 0.776 | | |
| SIRT | SIRT1 | 0.644 | 0.712 | 0.452 |
| | SIRT2 | 0.709 | | |
| | SIRT3 | 0.662 | | |
| CIRT | CIRT1 | 0.708 | 0.754 | 0.505 9 |
| | CIRT2 | 0.735 | | |
| | CIRT3 | 0.690 | | |

从观测变量的载荷系数可以了解测量变量在各潜在变量上的相对重要性。为了进一步探索各因素对文献数据库用户心智模型构成维度演进的影响，绘制了观测变量得分的均值图，如图 5－5 所示。

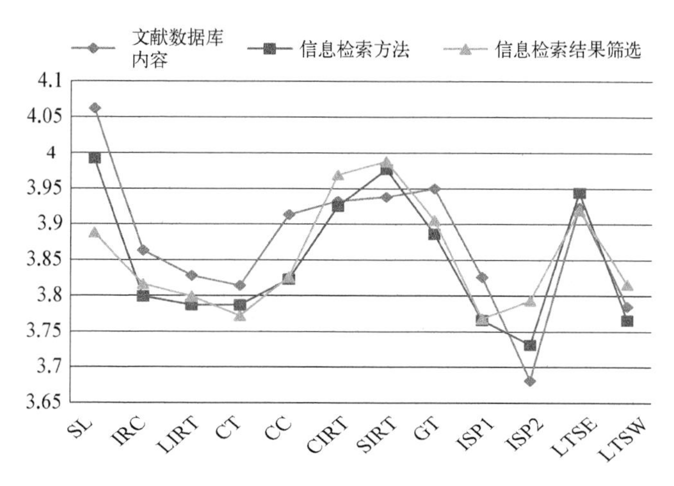


**图 5-5　驱动因素对用户心智模型构成维度的驱动力度均值图**

由图 5-5 可知，整体而言，这些驱动因素对于文献数据库用户心智模型构成维度的驱动力度呈现出相似的形态，表现在折线图的形态相似，尤其是在信息检索方法和信息检索结果筛选两个维度。文献数据库用户心智模型演进的核心驱动因素主要集中于自我摸索、简单信息检索任务和搜索引擎学习迁移。具体而言，自我摸索、界面引导与提示和搜索引擎学习迁移对提高用户关于文献数据库内容认知的驱动力度较大；自我摸索、简单信息检索任务和搜索引擎学习迁移对提高用户关于文献数据库信息检索方法的认知和利用的驱动力较大；简单信息检索任务、复杂信息检索任务和搜索引擎学习迁移三种因素对提高用户关于文献数据库提供的检索结果筛选功能的认知和利用的驱动力较大。此外，ISP2 对于用户心智模型演进的驱动力较小，表明文献数据库提供的产品使用手册对于用户的帮助不大。

（3）结构变量检验

表 5-9 为结构变量间的检验结果，检验结果显示本文设定的 11 个驱动因素都通过了检验，且显著性都很好。由多元相关的平方值可以得出，用户心智模型演进驱动因素可以解释 11 个驱动因素潜在变量的变异量分别为 0.664、0.827 和 0.799 等，表明该高阶因素对于 11 个驱动因素的解释力均较高。由多元相关平方的值可知，“用户心智模型演进驱动源”可以解释信息服务产品、搜索引擎学习迁移、简单信息检索任务等 11 个潜在变量的变异

量分别为0.664、0.827、0.799等。这表明，文献数据库用户心智模型演进驱动源对于11个初阶因素的解释力均较高。

**表5-9 结构变量检验结果**

| 结构变量间关系 | 标准化路径系数 | S.E. | C.R. | $p$ | 验证结果 | 多元相关的平方 |
|---|---|---|---|---|---|---|
| ISP←MMDS | 0.815 | 0.102 | 12.065 | *** | 支持 | 0.664 |
| LTSE←MMDS | 0.909 | 0.096 | 12.517 | *** | 支持 | 0.827 |
| SIRT←MMDS | 0.894 | 0.089 | 11.366 | *** | 支持 | 0.799 |
| CC←MMDS | 0.910 | 0.099 | 11.758 | *** | 支持 | 0.829 |
| CT←MMDS | 0.786 | 0.109 | 12.098 | *** | 支持 | 0.617 |
| CIRT←MMDS | 0.889 | 0.098 | 12.724 | *** | 支持 | 0.791 |
| LTSW←MMDS | 0.778 | 0.116 | 11.359 | *** | 支持 | 0.606 |
| LIRT←MMDS | 0.783 | 0.111 | 11.977 | *** | 支持 | 0.613 |
| IRC←MMDS | 0.833 | 0.107 | 12.172 | *** | 支持 | 0.694 |
| SL←MMDS | 0.912 | — | — | — | 支持 | 0.831 |
| GT←MMDS | 0.934 | 0.098 | 11.837 | *** | 支持 | 0.873 |

注：*** 表示 $p \leqslant 0.001$。

### 5.3.4 个体差异分析

为了进一步分析被调查对象的人口统计学变量在驱动因素方面的显著差异，依据这些变量的特点，性别在驱动因素上的差异采用独立样本 $t$ 检验进行；调查对象身份和使用频率变量在驱动因素上的差异采用单因素方差分析进行，具体检验结果如表5-10所示。

通过独立样本 $t$ 检验发现，不同性别的调查对象在11个驱动因素方面均无显著差异，限于篇幅，未展示该部分结果。由表5-10可知，通过单因素方差分析发现，不同身份的调查对象在11个驱动因素方面均有显著差异；不同使用频率的调查对象在部分驱动因素方面有显著差异。在进行单因素方差分析时，首先进行方差同质性检验，对于有违反方差同质性假定的，事后检验采用Games-Howell方法；对于无违反方差同质性假定的，事后检验采用LSD方法。

**表 5-10　文献数据库用户演进驱动因素个体差异检验结果**

| 变量 | 类型 | SL | CT | CC | GT | IRC | LIRT | ISP | LTSE | LTSW | SIRT | CIRT |
|---|---|---|---|---|---|---|---|---|---|---|---|---|
| 身份 | S1(本科) | 4.39<br>(0.53) | 4.12<br>(0.93) | 4.15<br>(0.82) | 4.34<br>(0.62) | 4.37<br>(0.63) | 4.24<br>(0.71) | 4.13<br>(0.83) | 4.38<br>(0.59) | 4.26<br>(0.61) | 4.25<br>(0.70) | 4.27<br>(0.73) |
| | S2(硕士) | 3.94<br>(0.72) | 3.79<br>(0.84) | 3.86<br>(0.72) | 3.88<br>(0.73) | 3.80<br>(0.83) | 3.71<br>(0.90) | 3.72<br>(0.85) | 3.92<br>(0.70) | 3.77<br>(0.89) | 3.95<br>(0.70) | 3.91<br>(0.75) |
| | S3(博士) | 3.92<br>(0.55) | 3.45<br>(0.82) | 3.57<br>(0.64) | 3.74<br>(0.62) | 3.57<br>(0.89) | 3.77<br>(0.77) | 3.59<br>(0.62) | 3.68<br>(0.62) | 3.62<br>(0.78) | 3.81<br>(0.52) | 3.79<br>(0.64) |
| | S4(科研人员) | 4.01<br>(0.63) | 3.86<br>(0,.81) | 3.84<br>(0.81) | 3.99<br>(0.61) | 3.84<br>(0.79) | 3.80<br>(0.85) | 3.87<br>(0.71) | 3.92<br>(0.83) | 3.73<br>(0.93) | 4.06<br>(0.63) | 4.04<br>(0.73) |
| | *F* 值 | 4.09** | 3.86** | 3.54* | 5.03** | 5.86*** | 3.45* | 3.31* | 5.75*** | 3.67* | 3.10* | 3.27* |
| | 事后检验 LSD | S1>S2<br>S1>S4<br>S1>S3 | S1>S2<br>S1>S3<br>S2>S3<br>S4>S3 | S1>S2<br>S1>S3<br>S2>S3 | S1>S2<br>S1>S3<br>S1>S4 | S1>S2<br>S1>S3<br>S1>S4 | S1>S2<br>S1>S3<br>S1>S4 | S1>S2<br>S1>S3<br>S1>S4 | S1>S2<br>S1>S3<br>S1>S4 | S1>S2<br>S1>S3<br>S1>S4 | S1>S2<br>S1>S3<br>S1>S4 | S1>S2<br>S1>S3 |

续 表

| 变量 | 类型 | SL | CT | CC | GT | IRC | LIRT | ISP | LTSE | LTSW | SIRT | CIRT |
|---|---|---|---|---|---|---|---|---|---|---|---|---|
| 使用频率 | F1(最多一个月一次) | 3.99 (0.93) | 4.00 (0.99) | 3.89 (0.95) | 4.10 (0.86) | 3.96 (0.86) | 3.98 (0.88) | 3.97 (0.98) | 4.15 (0.83) | 4.04 (0.86) | 4.10 (0.80) | 4.04 (0.88) |
| | F2(半个月一次) | 4.02 (0.43) | 3.77 (0.69) | 3.79 (0.61) | 3.88 (0.49) | 3.90 (0.64) | 3.63 (0.76) | 3.65 (0.64) | 3.89 (0.51) | 3.59 (0.89) | 3.87 (0.56) | 3.88 (0.53) |
| | F3(每周至少一次) | 3.99 (0.76) | 3.83 (0.88) | 3.91 (0.77) | 3.92 (0.78) | 3.87 (0.86) | 3.83 (0.91) | 3.83 (0.89) | 3.94 (0.80) | 3.92 (0.87) | 4.02 (0.73) | 4.00 (0.80) |
| | F4(每天至少一次) | 3.93 (0.58) | 3.64 (0.80) | 3.75 (0.65) | 3.85 (0.61) | 3.60 (0.83) | 3.61 (0.89) | 3.59 (0.69) | 3.84 (0.58) | 3.53 (0.82) | 3.88 (0.58) | 3.83 (0.67) |
| | *F* 值 | 0.29 | 2.29 | 1.46 | 1.45 | 3.63* | 3.20* | 3.72* | 2.03 | 8.06*** | 2.28 | 1.85 |
| | 事后检验 LSD | — | — | — | — | — | F1>F2<br>F1>F4<br>F3>F4 | — | — | F1>F2<br>F1>F4<br>F3>F2<br>F3>F4 | — | — |
| | 事后检验 Games-Howell | — | — | — | — | F2>F4<br>F3>F4 | — | F1>F2<br>F1>F4 | — | | — | — |

注：* 表示 $p \leqslant 0.05$；** 表示 $p \leqslant 0.01$ ；*** 表示 $p \leqslant 0.001$。

## 5.4　研究结论与建议

### 5.4.1　研究结论

1. 文献数据库用户心智模型演进驱动因素的构成

本研究通过采用结构方程建模法中的二阶因子分析，有效验证了前期研究识别到的文献数据库用户心智模型演进驱动因素的有效性。研究证实了文献数据库用户心智模型驱动因素由检索任务（简单检索任务和复杂检索任务）、学习迁移（搜索引擎学习迁移和购物网站学习迁移）、文献数据库检索体验（界面引导与提示和信息服务产品）和学习途径（自我摸索、信息检索课程、图书馆信息检索培训、请教老师和与同学交流）四大类驱动源和 11 个具体的驱动因素构成。按照标准化系数的高低，可以得到 11 个驱动因素对于用户心智模型演进的驱动力大小排序，如图 5－6 所示。

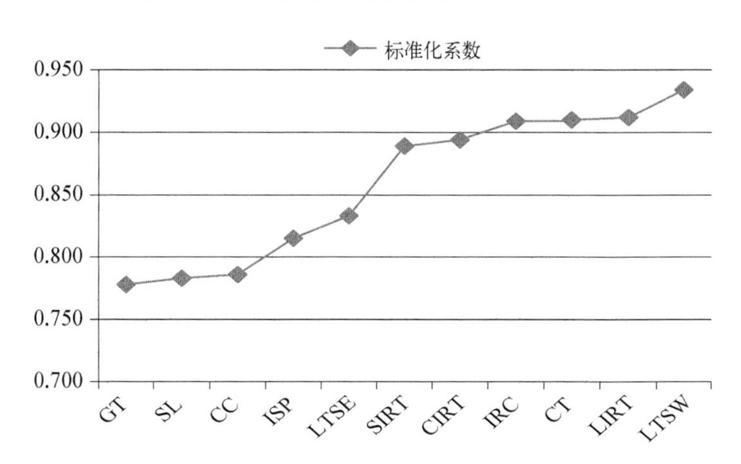


**图 5－6　文献数据库用户心智模型驱动因素重要性排序**

由图 5－6 可知，购物网站学习迁移、图书馆信息检索培训、请教老师驱动因素排在前三位，而界面引导与提示排在最后。之所以出现这样的结论，初步推测是由于用户在接触文献数据库前经常会由于日常生活信息需要而利用商业性的信息检索系统（如淘宝网）。这类商业性的信息检索系统的检索方法、对检索结果的分类与排序功能和文献数据库非常相似。所以购物网站学习迁移对于文献数据库用户心智模型的演进驱动力最大。而图书馆信息检索培训和请教老师常常是学生获得专业信息检索技能的途径,它们对用户心智模型的演进驱动力也较大。此外,界面引导与提示排在最后一位,表明文献数据库目前提供的界面引导和提示功能仍然非常有限,智能化程度有待提升。此外,由于用户心智模型构成维度的复合性,每种驱动因素对于文献数据库内容认知、信息检索方法认知和利用、信息检索结果筛选的影响都存在差异。

2. 文献数据库用户心智模型演进驱动因素的个体差异

研究表明:第一,持有不同身份的用户在11个驱动因素得分上均有显著差异。整体而言,本科阶段的用户认为这些驱动因素对其心智模型演进的驱动力高于其他类型的用户。这一点与现实相吻合,本科阶段的用户为文献数据库的初级用户,相较于其他用户,他们对文献数据库的认知处在一个较低的水平。每种驱动因素都有可能成为其心智模型演进的核心因素。持有不同身份的用户在每个驱动因素得分上具有显著差异的部分,可以通过表5-10的LSD事后检验结果得出。第二,不同使用频率的用户在信息检索课程、图书馆信息检索培训、信息服务产品和购物网站学习迁移四个驱动因素方面存在显著差异。具体而言,利用频率为半个月一次和每周至少一次的用户认为信息检索课程对于其心智模型演进的驱动力大于每天至少一次的用户。对于图书馆信息检索培训驱动因素而言:利用频率为最多一个月一次的用户认为该因素的驱动力大于使用频率为半个月一次和每天至少一次的用户;利用频率为每周至少一次的用户认为该因素的驱动力大于使用频率为每天至少一次的用户。对于信息服务产品驱动因素而言:利用频率为最多一个月一次的用户认为该因素的驱动力大于使用频率为半个月一次和每天至少一次的用户。对于购物网站学习迁移驱动因素而言:利用频率为最多一个月一次的用户认为该因素的驱动力大于使用频率为半个月一次的用户;利用频率为每周至少一次的用户认为该因素的驱动力大于使用频率为半个月一次和每天至少一次的用户。

### 5.4.2 研究建议

1. 开发具有支持用户学习功能的文献数据库

近年来信息检索与学习的关系机理问题已经被国际上相关学科的学者所重视，如在 2012 年的 SWIRL（The Second Strategic Workshop on Information Retrieval）会议上，参会研究人员提出信息检索系统需要为用户的学习过程提供相关的工具；2014 年的“情境中的信息交互”会议设置了“搜索即学习”（searching as learning）研讨会。而探索用户心智模型的演进有利于揭示用户在检索信息的过程中如何不断学习文献数据库的使用。研究结论显示目前文献数据库界面引导和提示对于心智模型演进的重要性低于其他演进因素，这正反映了文献数据库没有为用户检索信息提供自我学习的功能。文献数据库开发商今后可以进一步调研用户需求，持有以用户为中心的理念，进一步完善文献数据库的界面引导和提示功能。此外，被调查人员认为文献数据库提供的信息服务产品中的产品使用手册对于用户的帮助不大。而已有研究表明为用户提供符合用户心智模型的培训材料可以有效地提升其心智模型与文献数据库概念模型之间的一致性。因此，设计合理的文献数据库用户使用手册也是文献数据库开发商亟待改进的方面。

2. 创新用户信息素养培训的方式

研究表明信息素养培训和请教老师对用户心智模型演进的驱动力度较大。因此，今后信息专业人员（如：图书馆人员和教师）可以进一步加强对学生信息素养的培训。但在培训的过程中，可以引入“简单检索任务”“复杂检索任务”和“学习迁移”等元素，增强其对用户心智模型的提升力度。由于购物网站学习迁移对文献数据库用户心智模型的提升最大，可为用户提供信息检索培训时设计“购物网站商品检索和文献数据库信息检索对比分析”主题，找出两类平台检索方法的异同点，帮助用户完成正向的学习迁移。而设计合理的检索任务，让学生通过完成检索任务来理解信息检索的本质，有助于缩短用户心智模型演进的时间。此外，研究表明部分人口统计学特征在文献数据库用户心智模型演进的驱动因素方面存在显著差异。今后信息专业人员可以依据文献数据库用户的类型（如：不同身份的用户和不同使用频率的用户)提供个性化的信息素养教育模式。例如,对于本科生而言,他们认为每种驱动因素都可以有效地提高其心智模型。因此,在设计信息素养培训内容时,需要尽可能地将各种驱动因素融入培训内容中,让其尽快掌握对文献数据库的认知和操作。

## 5.5 小结

本章采用问卷调查法收集文献数据库用户心智模型驱动因素的数据,采用结构方程建模法成功识别了驱动因素的结构及其驱动因素的驱动力度。同时研究发现了驱动因素的个体差异问题。就驱动因素的分类而言,主要包括检索任务、学习迁移、文献数据库检索体验和学习途径。其中,检索任务包括简单检索任务和复杂检索任务,这两种检索任务对于用户心智模型的演进会产生不同的影响。检索任务对于用户心智模型的演进起着重要的作用。在 LIS 学科信息行为研究领域,检索任务类型对用户信息行为与绩效的影响是核心研究问题之一。为了便于和以往的研究结果进行对比以及考虑到实验的可行性,下章主要通过控制检索任务的复杂性来设计实验,观察和分析文献数据库用户心智模型的演进过程。

# 第 6 章　基于任务驱动的文献数据库用户心智模型演进实验研究

## 6.1　研究问题

用户心智模型最大的特点是呈现出动态性和内隐性。动态性和内隐性增加了抽取用户心智模型的难度。就文献数据库用户心智模型而言，其动态性体现在用户心智模型会受外界因素的刺激而发生变化，呈现出不断演进的趋势。这些刺激因素常常包括培训、任务、系统界面的反馈、自我学习和隐喻等（Hsu，2005[105]；Kanjug 与 Chaijaroen，2015[110]）。就这些驱动因素而言，用户认为完成检索任务对其心智模型演进起着重要的作用（韩正彪，2016[140]）。相关研究也表明可采用基于任务驱动的思路来分析用户心智模型的变化（Svage-Knepshield，2001[19]）。但是这些研究的数量非常有限，如何设计一个完整的实验任务来观察和模拟用户心智模型的演进是一个值得重点关注的问题。此外，对于用户心智模型的分类尚处于初步探索阶段，虽有一些研究对用户心智模型进行了分类（Cole，Lin，Leide，et al，2007[123]），但仍缺乏完整的分类体系。而且，对于心智模型演进的研究，需要考察不同类型的心智模型是如何演进的。

本章正是基于上述研究背景，将用户心智模型的分类和演进两个问题相结合，考察各类用户心智模型的演进问题。研究从动态性视角出发，以大学生新手用户为研究对象，分析该类用户在利用文献数据库（以 CNKI 为例）的过程中其心智模型的演进过程和模式。之所以选择新手用户，是因为可以通过多轮实验任务来驱动新手用户不断接触和利用 CNKI，更能真实地模拟和揭示用户心智模型的演进过程。此外，借鉴扎根理论的分析思想，对新手用户提供的心智概念、绘制的图形和解释的话语按照“从下而上”的思路进行归类和内容分析，可以得到更为合理的文献数据库用户心智模型的分类体系。

为了实现上述研究目标，本部分研究旨在探索以下3个研究问题：

问题1：文献数据库新手用户心智模型（认知和评价型情感）是如何演进的？

问题2：如何对文献数据库新手用户心智模型进行分类？具体而言，可以将其分为哪些典型的类型？每种类型的心智模型有何特点？

问题3：在不同类型信息检索任务的驱动下，文献数据库用户的心智模型是否会发生演进？如果发生演进，各类心智模型会呈现什么样的演进特点？心智模型有哪些常见的演进模式？不同任务类型如何对用户心智模型的演进产生影响？

## 6.2 实验设计

### 6.2.1 被试

本研究于2016年9月在南京农业大学公开招募100名文献数据库新手用户参与实验。其中，有2名被试由于时间因素，没有参与实验；有10名被试中途放弃，另有5名被试的实验数据存在遗漏，最终有效被试人数83人。被试的人口统计学特征分布详见表6-1所示。

**表6-1 被试的人口统计学特征分布**

| 人口统计学变量 | | 特征 | |
|---|---|---|---|
| | | $n$ | % |
| 性别 | 男 | 25 | 30.13% |
| | 女 | 58 | 69.87% |
| 年龄 | 18～19岁 | 49 | 59.04% |
| | 20～21岁 | 34 | 40.96% |

续　表

| 人口统计学变量 | | 特征 | |
| --- | --- | --- | --- |
| | | $n$ | % |
| 使用搜索引擎的年限 | <5 年 | 13 | 15.66% |
| | 5～10 年 | 56 | 67.47% |
| | >10 年 | 14 | 16.87% |
| 使用电子商务网站的年限 | <3 年 | 24 | 28.92% |
| | 3～5 年 | 44 | 53.01% |
| | >5 年 | 15 | 18.07% |
| 年级 | 本科一年级 | 5 | 6.02% |
| | 本科二年级 | 68 | 81.93% |
| | 本科三年级 | 10 | 12.05% |
| 所在学院 | 食品科技学院 | 1 | 1.20% |
| | 植物保护学院 | 2 | 2.41% |
| | 外国语学院 | 3 | 3.61% |
| | 动物医学院 | 4 | 4.82% |
| | 理学院 | 4 | 4.82% |
| | 资源与环境学院 | 4 | 4.82% |
| | 金融学院 | 5 | 6.02% |
| | 动物科技学院 | 5 | 6.02% |
| | 农学院 | 5 | 6.02% |
| | 经济管理学院 | 6 | 7.23% |
| | 园艺学院 | 6 | 7.23% |
| | 人文与社会发展学院 | 7 | 8.43% |
| | 生命科学学院 | 8 | 9.64% |
| | 公共管理学院 | 11 | 13.25% |
| | 信息科学技术学院 | 12 | 14.46% |

由表 6－1 可知，被试的年龄分布在 18～21 岁（Mean＝19.41，SD＝0.86）；使用搜索引擎的年限分布在 4～14 年（Mean＝8.10，SD＝2.37）；使用电

子商务网站的年限分布在1～10年(Mean＝3.69,SD＝2.02)。被试来自信息科学技术学院、金融学院、人文与社会发展学院、食品科技学院、理学院等多个学院。81.93%的被试是刚刚进入大二上学期的学生,这些用户都没有使用CNKI的经历,符合实验对于新手用户的要求。

### 6.2.2 平台:CNKI

中国知网(China National Knowledge Infrastructure, CNKI),由清华大学、清华同方发起,始建于1999年6月。CNKI为全社会知识资源高效共享提供最丰富的知识信息资源和最有效的知识传播与数字化学习平台,是中国最大的文献数据库之一。该文献数据库面向海内外读者提供中国学术文献、外文文献、学位论文、报纸、会议、年鉴、工具书等各类资源统一检索、在线阅读和下载服务。在党和国家领导以及教育部等国家教育单位大力推动支持下,CNKI工程经过20余年的建设和完善,利用拥有自主知识产权的先进数字图书馆建设技术,建成了全球文献资源信息承载量最多的"CNKI数字图书馆"。选择CNKI作为新手用户检索文献的平台,是由于CNKI是当前国内大学生利用最多最频繁的文献数据库之一。

### 6.2.3 心智模型测量方法

本研究选取的被试为新手用户,这类用户对文献数据库的认知几乎是一无所知。如果采用访谈法或问卷调查法抽取用户的心智信息,会存在较大的困难。为了保证全面科学地抽取用户心智模型的数据,本研究综合采用了概念列表法和绘图法进行。

概念列表法是基于学习理论的临近原则,关于不同的词语关联的一种方法[141]。该方法主要是通过给定被试一个基本的情境,让其写出在脑海中出现的概念。在信息检索领域,已有研究通过该方法成功抽取了学生知识结构发展的信息[142]。在本研究中,课题组为被试提供了概念列表法的示例如下所示:

在询问你对于淘宝网的认识时,采用该方法,可能出现在你脑海中的词汇为:淘宝、购买、马云、阿里巴巴、衣服、鞋、电子产品、搜索框、评论、天猫、聚划算、快递、图片、淘金币、方便、假货、种类多、价格参差不齐、具有诱惑性、商品、品质、良莠不齐、退换货、快捷、售后、有待改进、严把质量关、集分宝、广告、活动、消费者心理等。

概念列表法在本次实验中使用的样例如下所示：

> 在通过 3 分钟练习使用 CNKI 后，采用概念列表法，在下列输入框中输入您所想到的或者浮现在您脑海中的所有与 CNKI 数据库相关的词语，按照浮现的顺序依次输入。其中，每个词语之间打一个空格。时间为 10 分钟，想不起来时，可以继续到 CNKI 界面查看，辅助您写出相关词汇，词汇没有对错之分，请自由填写。若在 10 分钟之内已经再想不到相关词语，可以提前结束，请尽可能全面地输入您所想到的词汇。

此外，本研究通过让被试在不同的时刻绘图的方法来抽取其心智模型。为了防止数据分析人员对于图形的理解产生偏差，要求被试对所绘制的图进行文字描述和解释。为了识别用户心智模型的演进过程，实验在 T1～T5 阶段都采用概念列表和绘图法来抽取用户的心智模型(详见 6.2.5 小节所述)。

### 6.2.4　任务设计

在信息行为领域，已经有不少学者关注任务对于信息行为的影响机理[113,143,144]。本次实验为了很好地获取用户心智模型动态演进的数据，研究设计了三组任务。

第一组任务是事实型任务，这类任务的答案是确定的，不需要用户花费大的认知负荷。通过让被试完成这组任务，可以了解其使用 CNKI 的初步过程，即心智模型的初步演进。

> 例如：请检索《江苏省粮食消费与粮食安全分析及预测》一文发表于哪个期刊上？

第二组任务是探索型任务，这类任务没有确定的答案，需要用户思考任务的多个维度，并花费较大的认知负荷才能完成。通过让被试完成这组任务，可以了解被试在遇到检索困难时，心智模型是如何演进的。

例如：近年来，国内的环境污染问题一直成为民众担心的问题，为了了解环境污染对日常生活的影响，请您查找该方面的相关文献。

第三组任务是干涉型任务，即明确要求被试采用CNKI中的高级检索方法进行检索，同时要求用户考虑文献的时间和下载量等问题。通过让被试完成这组任务，可了解他们利用高级检索方法和文献数据库的功能时，其心智模型如何发生演进。此外，通过该任务还可了解CNKI的设计是否人性化，例如，用户能否找到高级检索界面等。

例如：请您尝试从CNKI界面找到"高级检索"，进入高级检索界面后，查找武汉大学的"马费成"教授在2010～2014年期间发表的文献中，被下载量(即该文献被用户下载的次数)最高的一篇文献。

考虑到实验时间的限制，第一组有两个简单检索任务。第二组和第三组都只有一项任务。同时，为了防止任务主题对被试的影响，任务尽可能地选择与日常生活有关的主题。每位被试都被要求按照顺序完成三组任务。但在完成第一组任务中的两个子任务时，要求他们按照随机顺序完成，具体的实验任务详见附录D。

### 6.2.5 程序

为了让被试更加自在地开展交互式信息检索，实验场所选择了与他们平时使用CNKI相一致的教室或宿舍。实验时间为2016年9月12日到27日，被试完成实验的时间持续在1.5小时左右。在实验的过程中，被试的电脑上提前安装了屏幕录像软件(KK录像机)。该软件可录制视频以记录被试与CNKI交互的过程。

具体程序为:① 被试者统一参加时长为 15 分钟的实验培训。由课题组人员介绍本次实验的主要目的,以及实验中需要注意的问题(如:概念列表法、绘图法的含义,KK 录像机的使用)。② 被试填写实验同意书。③ 被试填写人口统计学调查问卷。④ 被试自由练习使用 CNKI 3 分钟,要求被试填写概念列表信息、绘制对于 CNKI 的认知或感知的图片并对图片进行文字解释,即 T1 阶段。⑤ 被试分别完成三组任务,在完成每组任务后都被要求填写概念列表、绘图及其解释和填写用户体验问卷,分别为 T2、T3 和 T4 阶段。⑥ 一周后,要求被试回忆对 CNKI 的认知和感知,然后完成概念列表和绘图的任务,即 T5 阶段。为了便于收集和分析实验数据,课题组采用 C# 语言开发与实验手册相对应的实验平台,实验平台的界面详见附录 E。

### 6.2.6　数据分析方法

1. 概念列表编码分析与展示方法

课题组研究人员首先对收集到的用户心智模型的概念列表进行分类,将其分为认知和评价型情感两类,其次分别采用“自下而上”的方法对认知和评价型情感的概念进行编码分析。

编码一致性采用 Kracker 与 Wang (2002)提出的计算公式进行分析,$M$ 为所有编码者都同意的编码事件数;$N_i$ 为分配给第 $i$ 个编码者的编码事件数;$n$ 是参与编码的人员组数。[145]

$$A = M\Big/\left(\sum_{i}^{n} N_i/n\right)$$

在此次研究中,$M$ 分别为两名人员编码一致的认知和评价型情感概念列表的数量;$n$ 为 2,主要由课题主持人和另外一名课题参与人员分别编码完成;为了保证编码的可靠性,两名人员均完成了对所有概念的编码,即 $N_i$ 为收集到的概念数。概念的编码充分考虑了概念列表的前后顺序问题。因此,同一个词会依据该词前后出现的词汇而被分到不同类目。例如:“明确、清晰”这两个概念前面的词为分类,所以将其归为信息组织类目下。此外,“关键词、篇名、作者、期刊名称”既可以称之为著录项,也可以称之为检索项。但是,由于与这些概念前后出现的词汇常常与检索相关。因此,经过两个编码人员的讨论,最终将之归为检索项类目下。

在用户心智模型认知概念的编码方面,编码一致性为79.85%;在用户心智模型评价型情感概念方面,编码一致性为76.23%;对于持有不同观点的概念,最终经过讨论确定其类属。最终形成的编码体系详见附录C。编码体系主要包括文献数据库宏观定位、信息资源、信息组织、检索方法、检索界面、系统后台、检索任务和信息素养八个维度。其中,前6个维度包括认知和评价型情感两个层次。

为了更为直观地揭示文献数据库用户心智模型的演进过程,研究采用Excel和Access软件对收集到的原始概念之间的共现关系进行识别;之后,通过Netdraw软件进行可视化展示。在认知概念演进展示方面,方形结点表示阶段(T*i*),圆点表示具体的概念;在评价型情感演进展示方面,方形结点表示阶段(T*i*),上三角形结点表示评价型情感为正向的概念,圆形结点表示评价型情感为负向的概念。各个结点的大小代表中心度大小,联系的粗细表示共现频次的多少。

2. 心智图分析方法

通过上述实验程序,一共收集了83名被试绘制的425幅图片及其对图形解释的1.4万余字,详见附录F。对用户心智模型分类时,同时关注了图形和文字解释。由于尚无成熟的分类标准,本研究采用定性研究中常用的"自下而上"的编码方式。

具体数据分析步骤如下:首先,由课题的主持人和参与人员分成两组对425幅图和文字进行编码,不断地识别和确定所有可能的用户心智模型类型。同样采用概念列表编码一致性计算方法进行计算,得到的编码的一致性为86.82%(369幅)。编码一致性不是很高,充分表明了用户心智模型分类的复杂性。其次,结合第一步分类的结果,两组人员对心智模型的分类名称及其各类之间的关系进行了分析和讨论。

最终将各种类型的心智模型归纳为客体(系统)导向和主体(用户)导向两大类。其中,系统导向类的心智模型包括宏观功能观、信息资源观、系统观、信息组织观、信息检索方法观和界面观;用户导向的心智模型包括用户类型观、用户信息素养观和人机距离观。最后,结合确定的心智模型分类体系及每类心智模型的特点，对两组分类观点存在不一致的图形及解释进行了讨论，最终确定其类型。此外，为了方便分析，按照被试的编号和测量心智模型的时刻，将对应的图形编码为 $T_{X-Y}$。其中 $X$ 代表被试的编号，$Y$ 代表绘制图形的时刻，$X$ 的取值从 1 到 100，$Y$ 的取值从 1 到 5。

## 6.3　被试完成实验任务的基本情况

### 6.3.1　被试对任务难度的评估结果

用户对任务的评估，主要从被试对任务的难度感知(DP)、为了完成任务所付出的心智努力(ME)和满意度(S)三个维度展开。为了揭示被试者在这三个任务评估维度是否具有显著差异，分别多次采用配对样本 $t$ 检验，得到检验结果如表 6－2 所示，其中，Sig 小于 0.05 的单元格用底纹带阴影标识。由表 6－2 可知，被试在完成事实型任务和干涉型任务时，对应的 DP、ME 和 S 均无显著性差异。用户在完成探索型任务的过程中在 DP 和 ME 变量上显著高于另外两类任务；而在 S 方面的得分显著低于另外两类任务。

**表 6－2　三组任务评估配对样本 $t$ 检验结果**

| 配对情况 | | 配对差分 | | | | | $t$ | df | Sig.双侧 |
|---|---|---|---|---|---|---|---|---|---|
| | | 均值 | 标准差 | 均值的标准误 | 差分的 95%置信区间 | | | | |
| | | | | | 上限 | 下限 | | | |
| 对 1 | DP1－DP2 | −0.843 | 1.292 | 0.142 | −1.126 | −0.561 | −5.945 | 82 | 0.000 |
| 对 2 | ME1－ME2 | −0.747 | 1.333 | 0.146 | −1.038 | −0.456 | −5.106 | 82 | 0.000 |
| 对 3 | S1－S2 | 0.928 | 1.276 | 0.140 | 0.649 | 1.206 | 6.622 | 82 | 0.000 |
| 对 1 | DP3－DP2 | −0.651 | 1.263 | 0.139 | −0.926 | −0.375 | −4.692 | 82 | 0.000 |
| 对 2 | ME3－ME2 | −0.783 | 1.335 | 0.147 | −1.075 | −0.492 | −5.345 | 82 | 0.000 |
| 对 3 | S3－S2 | 1.060 | 1.183 | 0.130 | 0.802 | 1.318 | 8.167 | 82 | 0.000 |
| 对 1 | DP3－DP1 | 0.193 | 1.254 | 0.138 | −0.081 | 0.467 | 1.401 | 82 | 0.165 |
| 对 2 | ME3－ME1 | −0.036 | 1.311 | 0.144 | −0.322 | 0.250 | −0.251 | 82 | 0.802 |
| 对 3 | S3－S1 | 0.133 | 1.113 | 0.122 | −0.110 | 0.376 | 1.085 | 82 | 0.281 |

注：阴影部分表示 Sig 小于 0.05。

被试在各个维度的得分均值如图 6－1 所示。进一步由图 6－1 可知，被试认为探索型任务的难度和为了完成任务所付出的努力均要高于事实型任务和干涉型任务；但满意度却低于这两类任务。充分表明了本次设计的探索型任务确实具有复杂性。但事实型任务和干涉型任务在三个变量上的得分则非常相似，仅有微小区别。

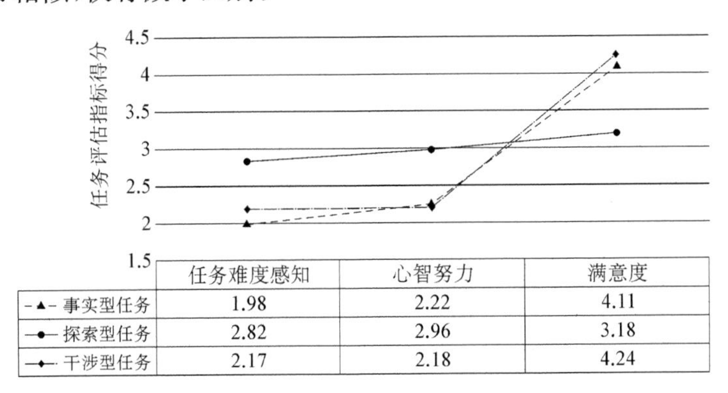


**图 6－1　被试对任务评估的结果**

## 6.3.2　被试对系统的感知结果

被试对系统的感知（$y$）主要从用户对界面（$y=1$）、资源质量（$y=2$）、资源全面性（$y=3$）、系统响应性（$y=4$）、排序功能（$y=5$）、信息组织（$y=6$）和信息服务（$y=7$）七个维度的用户体验进行考察。$x$ 代表任务类型，其中，事实型任务，$x=1$；探索型任务，$x=2$；干涉型任务，$x=3$。为揭示用户在完成三种任务后对于用户体验的这七个维度是否有显著差异，分别多次采用配对样本 $t$ 检验，得到检验结果如表 6－3 所示。其中，具有显著差异结果的配对组（$p<0.05$）用单元格底纹为带阴影标识。

**表 6－3　被试对系统的感知配对样本 $t$ 检验结果**

| 配对情况 | | 配对差分 | | | | | $t$ | df | Sig.双侧 |
|---|---|---|---|---|---|---|---|---|---|
| | | 均值 | 标准差 | 均值的标准误 | 差分的 95% 置信区间 | | | | |
| | | | | | 上限 | 下限 | | | |
| 对 1 | UE11、UE21 | 0.169 | 0.824 | 0.090 | 0.011 | 0.349 | 1.866 | 82 | 0.066 |

续　表

| 配对情况 | | 配对差分 | | | | | t | df | Sig.双侧 |
|---|---|---|---|---|---|---|---|---|---|
| | | 均值 | 标准差 | 均值的标准误 | 差分的 95% 置信区间 | | | | |
| | | | | | 上限 | 下限 | | | |
| 对 2 | UE12、UE22 | 0.108 | 0.733 | 0.080 | 0.052 | 0.268 | 1.348 | 82 | 0.181 |
| 对 3 | UE13、UE23 | 0.169 | 0.746 | 0.082 | 0.006 | 0.332 | 2.060 | 82 | 0.043 |
| 对 4 | UE14、UE24 | 0.193 | 0.903 | 0.099 | 0.004 | 0.390 | 1.944 | 82 | 0.055 |
| 对 5 | UE15、UE25 | 0.530 | 0.967 | 0.106 | 0.319 | 0.741 | 4.995 | 82 | 0.000 |
| 对 6 | UE16、UE26 | 0.265 | 0.842 | 0.092 | 0.081 | 0.449 | 2.867 | 82 | 0.005 |
| 对 7 | UE17、UE27 | 0.301 | 0.934 | 0.102 | 0.097 | 0.505 | 2.939 | 82 | 0.004 |
| 对 8 | UE11、UE31 | 0.048 | 0.731 | 0.080 | 0.473 | 0.154 | 3.902 | 82 | 0.000 |
| 对 9 | UE12、UE32 | 0.012 | 0.561 | 0.062 | 0.171 | 0.074 | 0.783 | 82 | 0.436 |
| 对 10 | UE13、UE33 | 0.120 | 0.672 | 0.074 | 0.159 | 0.135 | 0.163 | 82 | 0.871 |
| 对 11 | UE14、UE34 | 0.398 | 0.875 | 0.096 | 0.312 | 0.071 | 1.254 | 82 | 0.213 |
| 对 12 | UE15、UE35 | 0.169 | 0.883 | 0.097 | 0.590 | 0.205 | 4.104 | 82 | 0.000 |
| 对 13 | UE16、UE36 | 0.084 | 0.695 | 0.076 | 0.320 | 0.017 | 2.210 | 82 | 0.030 |
| 对 14 | UE17、UE37 | 0.482 | 0.719 | 0.079 | 0.241 | 0.073 | 1.068 | 82 | 0.288 |
| 对 15 | UE21、UE31 | 0.482 | 0.802 | 0.088 | 0.657 | 0.307 | 5.476 | 82 | 0.000 |
| 对 16 | UE22、UE32 | 0.157 | 0.740 | 0.081 | 0.318 | 0.005 | 1.927 | 82 | 0.057 |
| 对 17 | UE23、UE33 | 0.181 | 0.701 | 0.077 | 0.334 | 0.028 | 2.349 | 82 | 0.021 |
| 对 18 | UE24、UE34 | 0.313 | 0.780 | 0.086 | 0.484 | 0.143 | 3.660 | 82 | 0.000 |
| 对 19 | UE25、UE35 | 0.928 | 1.080 | 0.118 | 1.163 | 0.692 | 7.829 | 82 | 0.000 |
| 对 20 | UE26、UE36 | 0.434 | 0.814 | 0.089 | 0.612 | 0.256 | 4.852 | 82 | 0.000 |
| 对 21 | UE27、UE37 | 0.386 | 0.824 | 0.090 | 0.565 | 0.206 | 4.263 | 82 | 0.000 |

注:阴影部分表示 Sig 小于 0.05。

进一步依据被试对每个维度的评分绘制出其对系统的感知结果示意图,如图 6-2 所示。从图 6-2 可以粗略看出,整体而言,用户在完成三类任务后,对系统感知的得分结果为:完成探索型任务后对系统感知的得分最低,事实型任务次之,完成干涉型任务后对系统感知的得分最高。我们初步推测:之所以出现这种现象，一方面是由于各类任务的难度导致的；另一方面是随着被试与文献数据库的交互，其心智模型的完备度和精确度发生了正向演进。

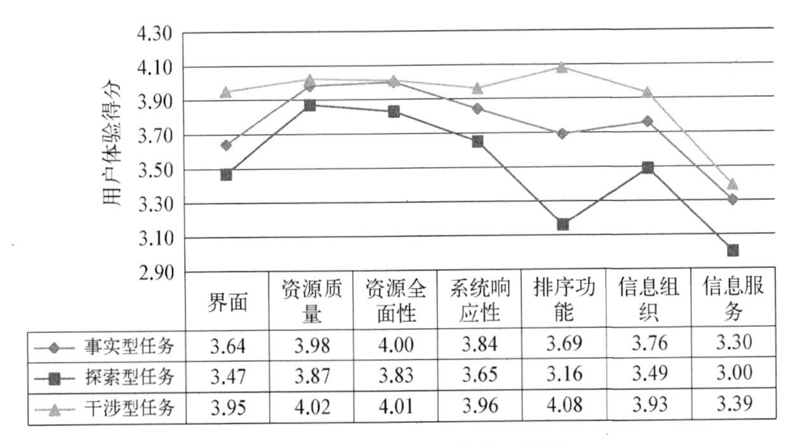


**图 6-2　被试对系统的感知结果**

## 6.3.3　被试完成任务的时间与绩效

1. 完成任务的时间

为了探索被试在完成不同类型的任务所花费的时间是否有显著差异，进行了配对样本 $t$ 检验，结果如表 6-4 所示。事实型任务包括两个子任务，完成时间分别用 T11 和 T12 表示；探索型任务完成时间用 T2 表示；干涉型任务完成时间用 T3 表示。由表 6-4 可知，三类任务之间均具有显著性差异。被试完成每类任务的均值如图 6-3 所示。

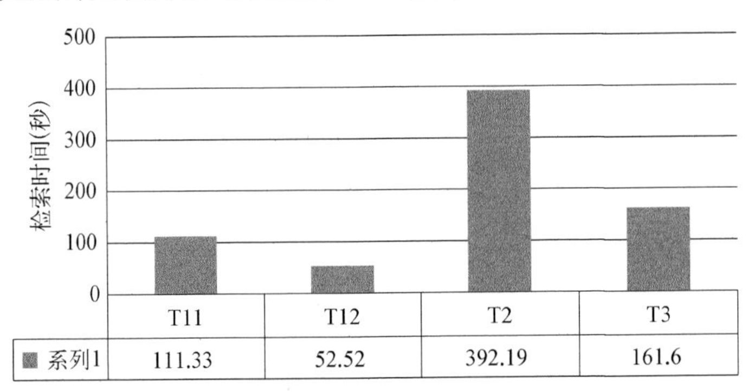


**图 6-3　被试对不同任务的完成时间**

表 6-4 被试完成检索任务时间的配对样本 $t$ 检验结果

| 配对情况 | | 配对差分 | | | | | $t$ | df | Sig.双侧 |
|---|---|---|---|---|---|---|---|---|---|
| | | 均值 | 标准差 | 均值的标准误 | 差分的 95%置信区间 | | | | |
| | | | | | 上限 | 下限 | | | |
| 对 1 | T11、T2 | −280.867 | 369.396 | 40.546 | −361.527 | −200.208 | −6.927 | 82 | 0.000 |
| 对 2 | T12、T2 | −339.675 | 360.637 | 39.585 | −418.422 | −260.927 | −8.581 | 82 | 0.000 |
| 对 3 | T11、T3 | −50.277 | 184.288 | 20.228 | −90.518 | −10.037 | −2.485 | 82 | 0.015 |
| 对 4 | T12、T3 | −109.084 | 146.380 | 16.067 | −141.047 | −77.121 | −6.789 | 82 | 0.000 |
| 对 5 | T2、T3 | 230.590 | 366.275 | 40.204 | 150.612 | 310.569 | 5.736 | 82 | 0.000 |

被试在完成实验中的两个事实型任务时，所花费的时间显著低于探索型任务和干涉型任务。完成第一个子事实型任务的平均时间为 111.33 秒，配对样本 $t$ 检验结果分别为[$t(82)=-6.927, p<0.000$]和[$t(82)=-2.485, p<0.05$]；完成第二个子任务的时间为 52.52 秒，配对样本 $t$ 检验结果分别为[$t(82)=-8.581, p<0.000$]和[$t(82)=-6.789, p<0.000$]。被试完成本次实验中的探索型任务的时间显著高于完成干涉型任务的时间[$t(82)=5.736, p<0.000$]，完成探索型任务的时间为 392.19 秒；完成干涉型任务的时间为 161.6 秒。这些研究结果表明，本次实验任务的设置与预想的是一致的，通过让用户完成不同难度的任务，有利于驱动用户心智模型发生演进。

2. 检索绩效

由于事实型任务和干涉型任务有明确的答案，所以其检索绩效的得分以答对为 100 分，答错为 0 分进行计算。由于探索型任务没有确定的唯一的答案，对于这类任务的检索绩效计算方法常常采用群组一致性方法进行计算。[146]由于本次实验样本的数量较少，采用上述方法进行计算并不合适，因此以检索到的相关文献的数量进行计算，具体被试检索到的文献是否相关由课题组人员进行讨论确定，这种简化后的计算方法可以快速对其检索绩效有一个初步的了解。

为了对三类任务的检索绩效进行对比，将探索型任务的检索绩效也转换为 100 分制。按照上述计算方法，得到三类任务的检索绩效得分如表 6-5

所示。由表 6－5 可知，被试在得分的均值方面，干涉型任务的得分均值(S3＝97.59)＞第一个事实型任务的得分均值(SC11＝84.94)＞第二个事实型任务的得分均值(SC12＝78.31)＞探索型任务的得分均值(S2＝26.70)。进一步，通过配对样本 $t$ 检验得到检验结果如表 6－6 所示。由表 6－6 可知，上述均值大小比较的结果均具有显著意义($p<0.05$)。

**表 6－5　被试在三组任务上的检索绩效得分**

| 检索绩效 | 极小值 | 极大值 | 均值 | 标准差 |
|---|---|---|---|---|
| SC11 | 0 | 100 | 84.94 | 28.94 |
| SC12 | 0 | 100 | 78.31 | 41.46 |
| S2 | 5.26 | 100 | 5.07 | 3.56 |
| S3 | 0 | 100 | 97.59 | 15.43 |

**表 6－6　被试检索绩效的配对样本 $t$ 检验**

| 配对情况 | | 配对差分 | | | | | $t$ | df | Sig.双侧 |
|---|---|---|---|---|---|---|---|---|---|
| | | 均值 | 标准差 | 均值的标准误 | 差分的 95% 置信区间 | | | | |
| | | | | | 上限 | 下限 | | | |
| 对 1 | SC11、S2 | 58.243 50 | 35.231 56 | 3.867 17 | 50.550 48 | 65.936 52 | 15.061 | 82 | 0.000 |
| 对 2 | SC12、S2 | 51.616 99 | 51.669 37 | 5.671 45 | 40.334 67 | 62.899 31 | 9.101 | 82 | 0.000 |
| 对 3 | S3、SC11 | 12.651 | 32.047 | 3.518 | 5.653 | 19.648 | 3.596 | 82 | 0.001 |
| 对 4 | S3、SC12 | 19.277 | 39.687 | 4.356 | 10.611 | 27.943 | 4.425 | 82 | 0.000 |
| 对 5 | S3、S2 | 70.894 | 25.525 | 2.802 | 65.321 | 76.468 | 25.303 | 82 | 0.000 |

## 6.4　基于概念列表的用户心智模型演进分析

### 6.4.1　认知概念的演进分析

1. 认知概念的整体分布情况

整体而言，在 T1 到 T5 阶段分别收集到被试有关文献数据库认知的概念数量为 771、386、266、282 和 394。此外，在 T1 到 T5 阶段存在被试有关任务认知的概念数量为 0、44、52、23 和 21；存在被试有关信息素养认知的概念数量为 0、8、14、9、11。由这些数据可知，被试有关认知的概念主要集中在文献数据库本身，具体可以分为宏观定位、信息资源、信息组织、信息检索方法、检索界面和后台系统六个维度。在 T1 到 T5 阶段，随着被试与文献数据库不断地交互，被试有关文献数据库认知的概念数量呈现出演进，每个阶段的数量均有所变化，如表 6 - 7 所示。每个维度具体的演进情况分析详见下文所述。

**表 6 - 7　被试有关文献数据库用户认知的演进**

| 维度 | T1 | T2 | T3 | T4 | T5 |
|---|---|---|---|---|---|
| 宏观定位 | 200 | 92 | 41 | 43 | 111 |
| 信息资源 | 421 | 123 | 60 | 61 | 131 |
| 信息组织 | 25 | 26 | 33 | 27 | 29 |
| 信息检索方法 | 89 | 132 | 112 | 133 | 110 |
| 检索界面 | 16 | 4 | 7 | 9 | 6 |
| 后台系统 | 20 | 9 | 13 | 9 | 7 |
| 合计 | 771 | 386 | 266 | 282 | 394 |

### 2. 被试在文献数据库宏观定位维度认知的演进

文献数据库宏观定位是指被访谈者在宏观上认为文献数据库是一个什么样的事物，具有哪些基本特征，与哪些实体相类似，有何用途，有哪些用户会使用等。该心智模型维度是对文献数据库的一种整体性认知。通过 Netdraw 绘制文献数据库宏观定位认知的概念列表在五个阶段的演进可视化图，如图 6 - 4 所示。

由图 6 - 4 可知，每个阶段的概念列表均有不同，图中椭圆标识的概念揭示了各阶段间存在共现的概念，即心智模型保持相同的元素；而每个阶段对应的单独的结点即为心智模型在宏观定位维度演进后出现的元素。为了真实地反映各个被试给出的概念，在绘制可视化图时对于明显程度不高的同义词未进行合并，只是简单合并了“检索”“搜索”等同义词。整体而言，T1 和 T5 阶段存在共现的心智模型概念最多，表明这两个阶段的用户心智模型的相似性较高，但 T5 阶段的心智模型概念数量比 T1 阶段明显少了一些。

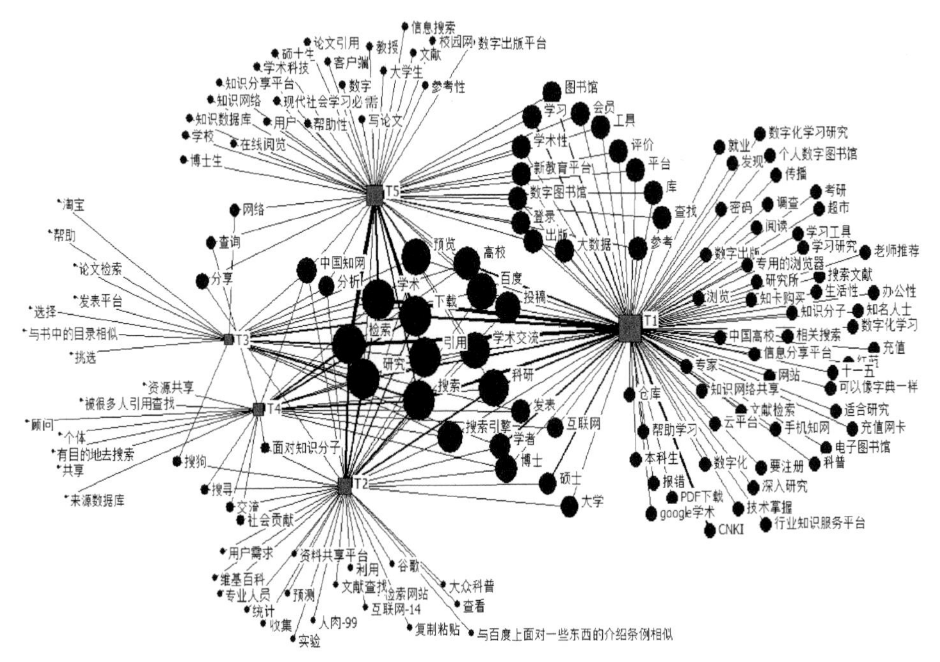


**图 6-4　被试对文献数据库宏观定位认知的演进可视化示意图**

为了进一步详细分析被试在文献数据库宏观定位方面的演进，我们进一步对概念列表进行了细化，主要分为具体实体、类比实体、定位、用户、使用目的、系统效用和利用途径，详见表 6-9。在具体实体维度：主要概念有中国知网和手机知网，其概念的数量在 T1 到 T5 阶段均保持较为稳定的状态。在类比实体维度：主要概念有搜索引擎、百度、谷歌、[①]书中的目录、图书馆、超市和大数据等。但随着实验的进行，被试提出的类比实体的数量有不断减少的趋势。[②] 这一点表明在新手用户与文献数据库不断交互期间，在最初阶段会大量地应用知识迁移的手段辅助其了解文献数据库，但随着交互的不断进行，这种知识迁移的应用会随着其对文献数据库认知的增加而不

① 这些词均是用户提出的，此处需要反映用户的真实情况所以不能合并，后面的“超市”也是一样，用户将这类数据库比作超市。

② T4、T5 阶段均只有两个概念是关于“类比实体的”。

断减少。在定位维度：出现的主要概念有电子图书馆、行业知识服务平台、工具和数字出版平台等。在五个阶段中，T1 和 T5 阶段的概念数量较多，分别为 16 和 13，但在 T2、T3、T4 阶段出现的概念数量较少，表明用户在完成检索任务的过程中关注的焦点不在此。对于文献数据库的定位只有在让用户总结其对文献数据库的认知时才会出现相关的概念。但从 T1 和 T5 阶段的概念名称可以看出，被试者在 T5 阶段出现了不少将文献数据库定位为具体的知识服务平台(如：知识分享平台、知识数据库和知识网络)。表明新手用户通过完成检索任务对于文献数据库定位的认知有了进一步的提升。在用户维度：出现的主要概念既有文献数据库的单位用户(如：高校、研究所等)，也有具体的用户身份(如：学者、博士和本科生等)。从 T1 到 T5 阶段，被试者对该维度的认知变化不大，且都持有正确的心智观。在使用目的维度：虽然五个阶段之间用户持有的心智概念变化并不大，但在每个阶段均存在利用 CNKI 的多种目的，而不是仅仅局限在检索文献方面。例如：评价、学习、投稿、学术交流。在系统效用维度：出现的概念主要有帮助学习、数字出版、学术交流、资源共享等。从 T1 到 T5 阶段，被试者对该维度的认知变化不大，虽然概念数量在 T1 和 T5 阶段较多，用户在五个阶段均认为 CNKI 对其具有学术上的帮助作用。在利用途径维度：只有在 T1 阶段和 T5 阶段出现了多个相关的概念，尤其是 T1 阶段概念数最多，一共有 13 个。表明新手用户在初次接触 CNKI 时会重点关注利用这类平台需要通过哪些途径，是否对浏览器有要求，是否需要付费等。但是当他们对这些问题了解和明确后，便不再将其作为重点的关注对象。

3. 被试在文献数据库信息资源维度认知的演进

文献数据库信息资源认知是指被试对文献数据库所包括的信息资源的特征、属性和类型等方面的认知。通过 Netdraw 绘制文献数据库信息资源认知的概念列表在五个阶段的演进可视化图，如图 6－5 所示。由图 6－5 可知，在这个维度每个阶段的心智模型均有发生演进，即每个阶段均有对应的单独的结点存在；此外，也有一些心智模型元素保持稳定，即存在共现的概念结点。整体而言，T1 阶段的概念结点数量最多，高达 431 个。以上内容表明，被试者在最初接触文献数据库时，会重点关注其信息资源的基本情况。

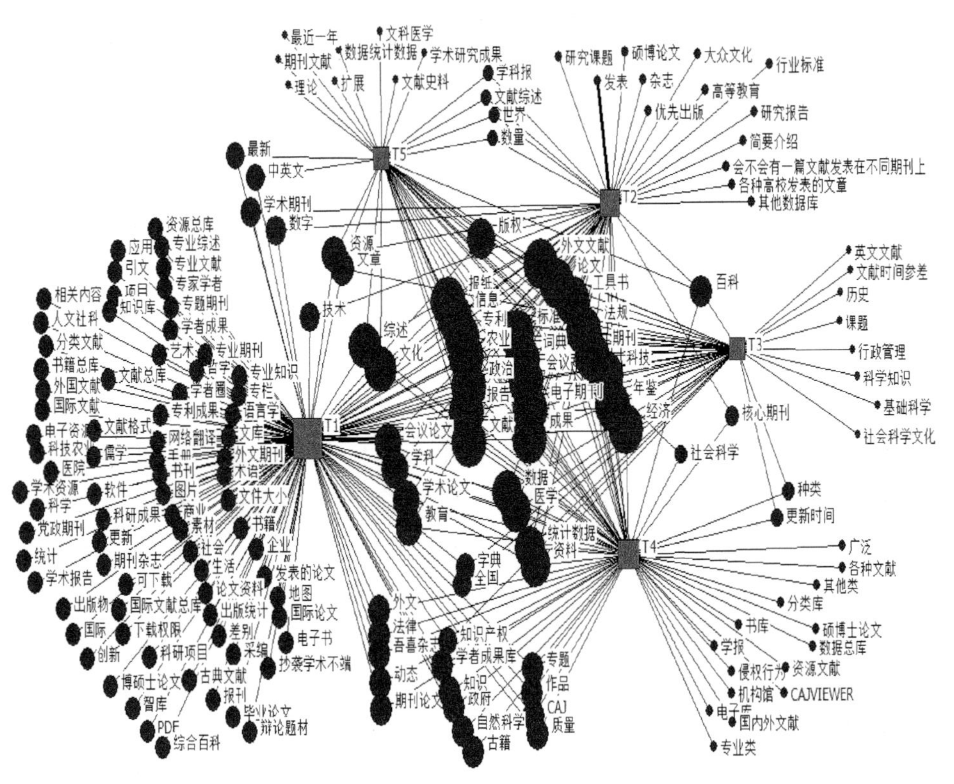


**图 6-5　被试对文献数据库信息资源认知的演进可视化示意图**

为了进一步详细分析被试在信息资源认知方面的演进，我们进一步对概念列表进行了细化，主要分为信息资源格式、信息资源领域、信息资源种类、信息资源数量、信息资源质量、信息资源新颖性、信息资源可获取性和信息资源合法性八个二级维度，详见表 6-10 所示。在信息资源格式维度：被试只有在 T1 阶段和 T5 阶段对其有关注，尤其是在 T1 阶段，他们通过与 CNKI 初步交互了解到该平台上文献的格式有 PDF 和 CAJ 两种，且提出了文件大小概念。但在 T2 和 T4 阶段均没有该维度的任何概念存在。在信息资源领域维度：出现的概念主要有各个学科的名称，如：农业、哲学、政治等，同样就概念的数量而言，也是 T1 阶段最高，T5 阶段其次。在信息资源种类维度：被试在 T1 到 T5 阶段对该维度的关注均远远高于其他七个维度，充分说明在信息资源方面，用户的心智模型主要集中在对信息资源种类的认知方面。在T1阶段,对信息资源种类的概念达到最高,高达344个,之后随着检索任务的进行在T2到T4阶段出现下降趋势,在T5阶段则较检索任务阶段有所上升。表明被试在最初与文献数据库交互时,会重点关注该平台有哪些类型的资源。通过被试提供的概念列表来看,较为常见的信息资源类型都有提及,如期刊、博硕士论文、会议论文、报纸、百科、统计数据和工具书等。我们初步推测,这一方面是由于这些资源是他们需求最为迫切和使用最为频繁的;另一方面是CNKI在其导航栏中明确列出这些常见的资源。但实际上CNKI存在更多的资源类型,如图6-6所示。此外,还发现大部分被试对于资源种类的划分没有一个统一的标准,除了一些典型的资源,常常会用作品、综述、数字和理论等词汇来命名CNKI中的资源,表明他们的心智模型存在不精确的特征,即使是在T5阶段,仍有这种现象存在。此外,在信息资源剩余的维度,被试在T1到T5阶段提出的概念数量都非常少,在信息资源质量和信息资源可获取性方面,心智概念主要存在于T1阶段,表明这些维度不是被试心智模型关注的重点。需要注意的是,有少部分被试在T1到T5阶段均对信息资源新颖性和信息资源合法性有关注,虽然概念数量非常少。

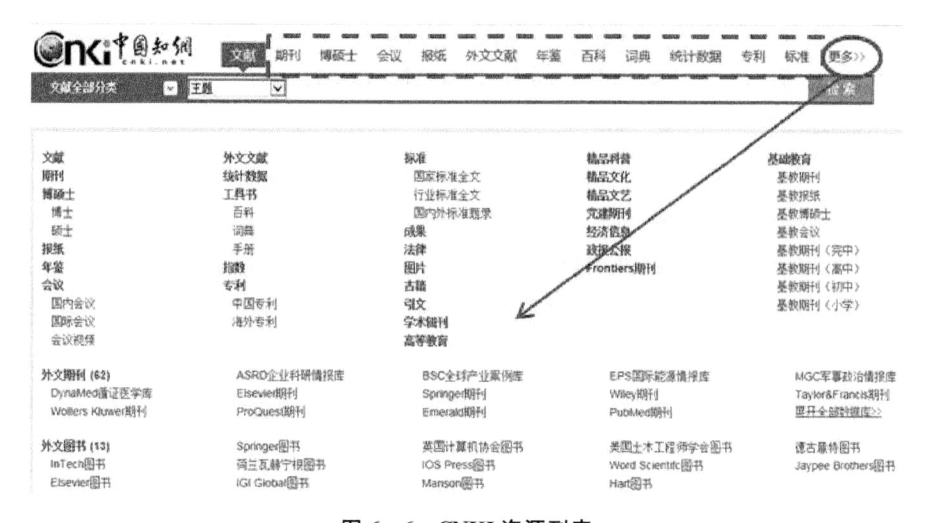


图6-6　CNKI资源列表

4. 被试在文献数据库检索方法维度认知的演进

文献数据库信息检索方法认知是指被试对于文献数据库中存在的具体

的信息检索方法和常用检索项的认知。该维度用户心智模型演进的可视化示意图如图 6-7 所示。由图 6-7 可知,在 T1 到 T5 阶段,都存在独立的概念结点,表明用户对信息检索方法的认知在不断发生变化;而也有一些概念存在于多个阶段,表明用户在该维度的认知存在一定的稳定性。具体可以从检索方法和检索项两个维度进行分析,每个维度对应的概念数量和概念名称如表 6-10 所示。

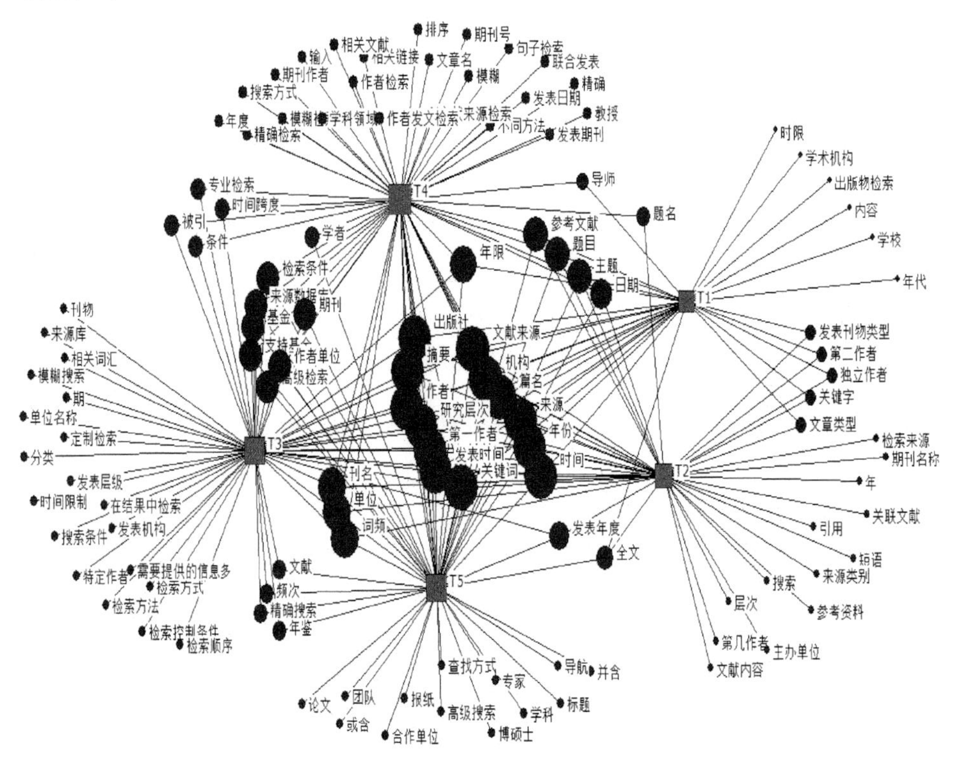


图 6-7 被试对文献数据库检索方法认知的演进可视化示意图

在检索方法维度出现的概念主要有:布尔逻辑运算符(或、并、不含)和具体的检索方法(专业检索、高级检索、分类检索、句子检索、模糊检索、精确检索和跨库检索等)。从该维度在每个阶段的概念分布可以看出,用户在与文献数据库交互的五个阶段中,其认知在不断发生演进,如图 6-7 所示。以高级检索概念为例:在 T1 阶段有 4 名用户自己发现了这种检索方法;在 T2 阶段,随着用户完成事实型检索任务,较上个阶段多了 3 名用户;在 T3 阶段，用户在完成探索型任务的过程中，又多了8名用户；在T4阶段，用户在完成干涉型任务后，高达19名的用户列出该概念；在T5阶段，一共有17名用户继续列出该概念。该实例表明，随着用户不断完成实验任务，对高级检索认知的用户越来越多，尤其是在完成干涉型任务之后，充分表明了用户心智模型在实验检索任务的驱动下发生了演进。但可能由于遗忘的存在，较T4阶段而言，T5阶段的数量又略微有下降。

此外，用户在检索方法维度提出的概念，绝大部分集中在检索项二级维度，数量远远高于检索方法，如图6－8所示。这种趋势表明，当用户在使用文献数据库时，更关注采用什么检索项具体的操作细节以完成检索任务。此外，用户在完成三类任务的过程中，在T2阶段和T4阶段提及的检索项概念的数量高于T3阶段。我们初步推测是由于T3阶段为完成探索型任务，由于任务难度高于T2阶段的事实型任务和T4阶段的干涉型任务，会迫使用户将重点转移到对检索任务的理解和检索词的选取方面上。但经过实验任务的检索环节，被试在T5阶段的概念数量较T1阶段上升了14.29％。

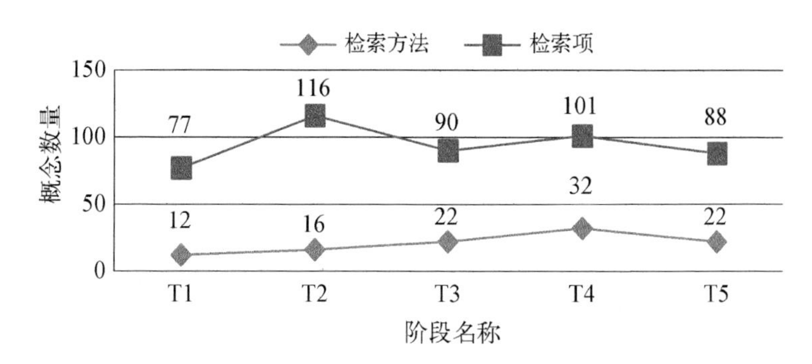


**图6－8　信息检索方法二级维度概念数量演进示意图**

5. 被试对文献数据库信息组织的认知演进

文献数据库信息组织认知是指用户认为文献数据库会以何种科学的规则和方法对其平台上信息外部特征和内容特征进行表征和排序。被试对文献数据库信息组织维度的认知演进可视化展示如图6－9所示。

由图6－9的基本形态可知，相较于前4个维度，用户在该维度提出的概念数量较少。但是用户在该维度的认知同样体现出了一定程度的演进，即

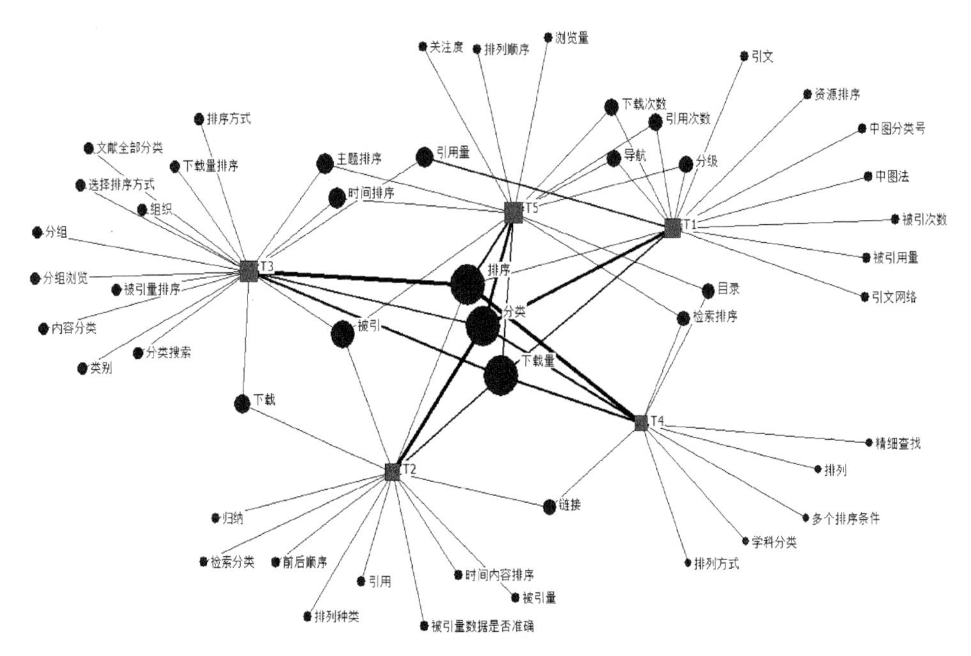


**图 6－9　被试对文献数据库信息组织认知的演进可视化示意图**

每个阶段都有单独的概念存在；而且也存在一定的稳定性，主要集中在排序、分类、下载量等概念方面，如图 6－9 中的共现词汇。为了进一步深入了解被试认知的演进过程，进一步将信息组织分为分类和排序两个二级维度进行分析，对应的概念名称和数量如表 6－11 所示。

在分类二级维度，用户提及的概念主要有分类、中图法、分组浏览、学科分类和目录等。用户心智模型在该维度同样体现出不科学性（如在 T1 阶段提出中图法，但事实上 CNKI 并没有中图法，只是用户会将图书馆中图书的分类简单地迁移到文献数据库的使用中；在 T2 阶段提出的检索分类术语不知表述何种意义）。就演进过程而言，在 T1 阶段用户只是提出了与分类有关的宏观概念；在完成任务的过程中，在 T2 阶段提出了检索分类；在 T3 阶段提出了分组浏览；在 T4 阶段提出了学科分类概念；在 T5 阶段回归到与 T1 阶段相类似的状态。之所以出现分组浏览和学科分类概念，是用户开始尝试利用高级检索方法之后得到的心智概念。因为 CNKI 中对于这些概念的展示，都是位于高级检索界面，如图 6－10 所示。

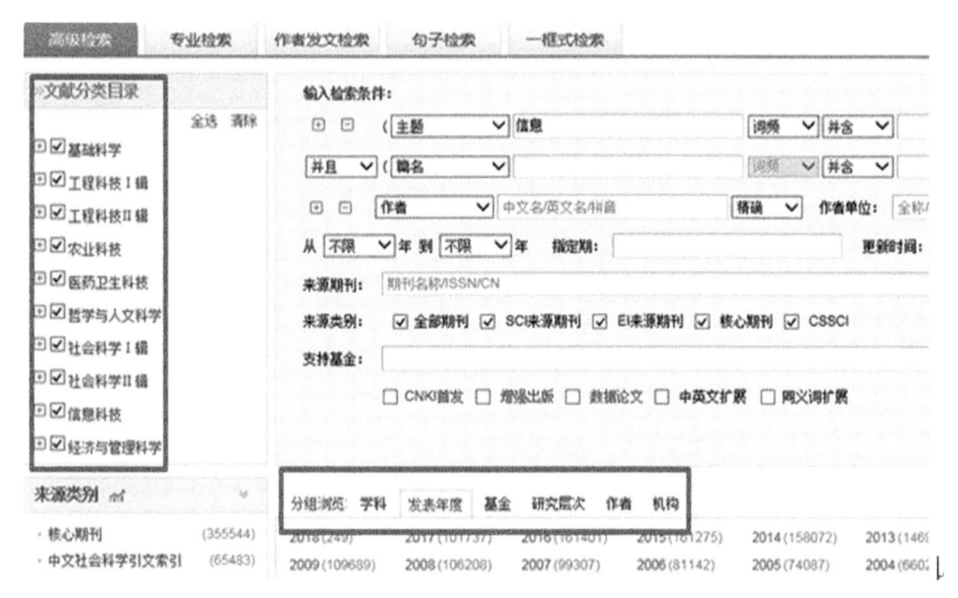


**图 6－10　CNKI 高级检索结果界面**

在排序的二级维度，用户提及的概念主要有被引次数、下载量、主题排序、多种排序方式等。该维度的概念占据了信息组织维度的核心部分，高达 66.43％，表明用户对文献数据库的信息组织认知主要集中在排序方面。此外，发现被试在完成实验的过程中呈现出了不断演进的趋势，在 T1 阶段通过与 CNKI 自由交互已经开始关注排序问题，主要提出了下载量和引用量；在 T2 阶段，进一步提出了时间排序；在 T3 阶段，进一步提出了主题排序和选择排序方式；在 T4 阶段，进一步提出了多个排序条件；在 T5 阶段，被试对排序的认知较 T1 阶段已经有了很大的提升，提到了 CNKI 中全部的排序方式。

6. 被试对后台系统的认知演进

文献数据库后台系统认知是指用户对文献数据库后台及其运作机理的了解和展示。被试提及的概念可以分为系统功能、系统定位和后台处理三个方面，详见表 6－11 所示。被试对此维度的关注明显低于前 4 个维度，他们仅仅认为其后台是庞大的数据库和系统在检索时会利用推断和筛选来处理提出的检索需求。虽然被试在完成实验任务过程中体现出了演进，但是这种演进并不明显，如图 6－11 所示。而且，在该维度用户并未发生实质的演进，这一点可从 T1 和 T5 阶段提出的概念基本一致得到验证。

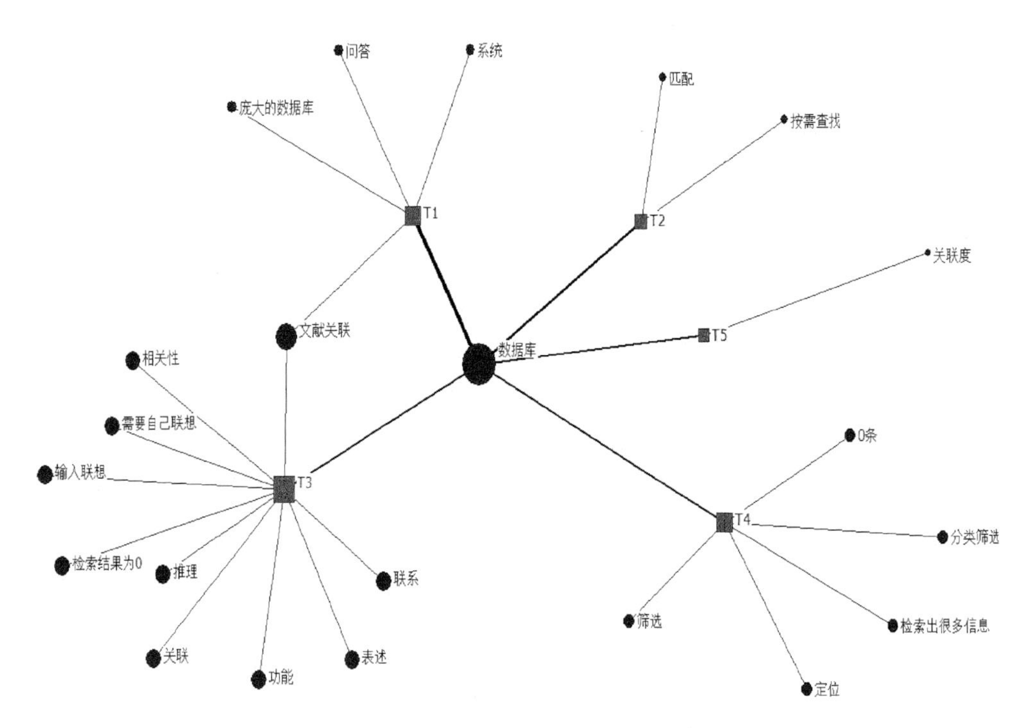


**图 6－11　被试对文献数据库后台系统认知的演进可视化示意图**

7. 被试对文献数据库界面的认知演进

文献数据库界面认知是指用户对文献数据库界面元素和功能的理解。被试在该维度提及的概念数量最少，尤其是在完成任务的三个阶段，被试提及的概念数量较 T1 和 T5 阶段都低很多。这表明在完成检索任务时，用户的关注点会聚焦于如何检索面临的问题，而不再重点关注检索界面。但在检索任务期间，用户对于检索界面元素和功能的理解也在不断地扩宽（例如：T2 阶段提出的文件大小，T3 阶段提出的“从……到……”，T4 阶段提出的“跨库检索选项”），详见图 6－12 所示。被试在界面元素和功能二级维度上的概念数量和概念名称如表 6－12 所示。

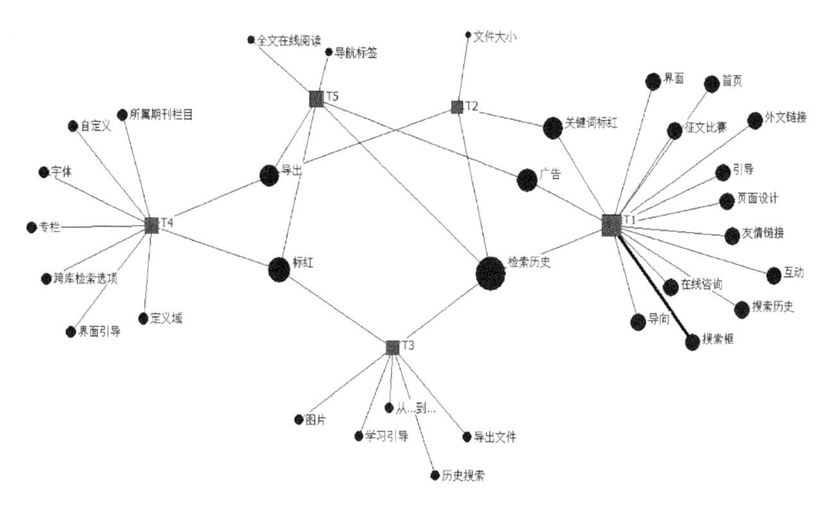


图6-12 被试对文献数据库检索界面认知的演进可视化示意图

8. 被试对信息素养的认知演进

研究发现在T2到T5阶段出现了少量用户对自身信息素养认知和反思的一些概念，如表6-8所示。表明用户在完成实验任务的过程中，会不断地思考如何提升其自身的信息素养，以及在今后的检索任务中尝试学习到的新技能。尤其是当用户在完成探索型任务时，由于任务难度较大，会思考为什么找不到想要的答案以及什么样的文献是质量好的文献等。由于T1阶段仅仅是让用户与文献数据库进行自由交互，用户在这个阶段没有开始关注自身信息素养的问题。

表6-8 信息素养概念演进分布一览表

| 阶段 | T1 | T2 | T3 | T4 | T5 |
|---|---|---|---|---|---|
| N | 0 | 8 | 14 | 9 | 11 |
| 具体概念 | — | 关键词的把握、关键词很重要、检索技巧、解决策略、熟能生巧、思考、搜索方式很重要、搜索技术 | 不会、不会筛选、查找后要挑选、答卷人检索能力差、大范围的检索、技巧、了解、如何更精准查找相关文献、套路、需要多次检索、需要明确查找目的、需要掌握较多的技巧、引用量大的文献质量相对好 | 反复、高级检索需要勇于尝试、耐心、尝试、武汉大学、需求、需要正确的条件、研究方向、以前没接触过、细心 | 会用；记忆犹新；技巧；检索技能；了解；熟悉(2)；提供更多的信息的时候，收获的才更详细；信息意识；意识 |

注："($n$)"表示有$n$个被试提出该概念。如"(2)"表示这个概念被用户列出了两次。

表 6-9　宏观定位概念演进分布一览表

| 认知维度 | | T1 N | T1 具体概念 | T2 N | T2 具体概念 | T3 N | T3 具体概念 | T4 N | T4 具体概念 | T5 N | T5 具体概念 |
|---|---|---|---|---|---|---|---|---|---|---|---|
| 宏观定位 | 具体实体 | 10 | CNKI(9)、手机知网 | 3 | 中国知网(3) | 3 | 中国知网(3) | 3 | 中国知网(3) | 3 | 中国知网(3) |
| | 类比实体 | 18 | 搜索引擎(3)、Google学术、百度、超市、大数据、个人数字图书馆、可以像字典一样、图书馆(7)、网站(2) | 10 | 百度(2)、谷歌(2)、搜狗、搜索引擎(2)、维基百科、与百度上面对一些东西的介绍条例相似 | 5 | 百度、淘宝、搜狗、搜索引擎、书中的目录 | 2 | 互联网、搜索引擎 | 3 | 百度、图书馆(2) |
| | 定位 | 16 | 仓库、电子图书馆、工具、行业知识服务平台、红蓝、库、平台(2)、十一五、数字化(2)、数字图书馆(2)、新教育平台、学习工具、云平台 | 2 | 检索网站、资料共享平台 | 1 | 发表平台 | 1 | 来源数据库 | 13 | 大数据、工具、库(2)、平台、数字出版平台、数字图书馆(2)、网络、新教育平台、知识分享平台、知识数据库、知识网络 |
| | 用户 | 28 | 本科生、博士(2)、大学、高校(5)、硕士(4)、学者(6)、研究所、知名人士、知识分子、中国高校、专家(5) | 12 | 博士(3)、大学、硕士(3)、学者(2)、用户需求、专业人员面对知识分子 | 2 | 高校、学者 | 4 | 博士、高校、个体、面对知识分子 | 8 | 博士生、大学生(2)、高校、会员、教授、硕士生、用户 |

续　表

| 认知维度 | | T1 | | T2 | | T3 | | T4 | | T5 | |
|---|---|---|---|---|---|---|---|---|---|---|---|
| | | N | 具体概念 | N | 具体概念 | N | 具体概念 | N | 具体概念 | N | 具体概念 |
| 宏观定位 | 使用目的 | 82 | 参考、查找(2)、出版(2)、发表(2)、发现、检索(16)、就业、考研、科研(5)、浏览、评价(2)、深入研究、数字化学习、数字化学习研究、搜索(9)、搜索文献、调查、投稿(2)、文献检索、下载(9)、相关搜索、学术交流、学习(5)、学习研究、研究(8)、引用(2)、预览(3)、阅读 | 63 | 下载(7)、查看、分析(2)、分享、复制粘贴、检索(10)、科研(4)、利用、实验、收集、搜索(5)、搜寻、统计、投稿、文献查找、研究(8)、引用(3)、预测、预览(3) | 26 | 发表、分析、检索(5)、论文检索、搜索(5)、挑选、下载(5)、选择、研究(2)、引用(3)、预览 | 26 | 被很多人引用查找、查询(2)、发表、共享、检索(7)、科研、搜索(4)、搜寻、下载(5)、研究、引用、有目的地去搜索 | 63 | 参考(2)、查询(2)、查找(2)、出版、分析、分享、检索(21)、科研、论文引用、评价、数字、搜索(4)、投稿、文献(3)、下载(11)、写论文、信息搜索(2)、学术交流、学习、研究(2)、引用(6)、预览、在线阅览 |
| | 系统效用 | 33 | 办公性、帮助学习、传播、技术掌握、科普(2)、生活性、适合研究、数字出版、信息分享平台、学术(17)、学术性(2)、学习工具、知识网络共享 | 11 | 大众科普、分享、交流、社会贡献、学术(6)、学术交流 | 3 | 帮助、学术(2) | 7 | 顾问、交流、社会贡献、学术(2)、学术交流、资源共享 | 16 | 帮助性、参考性、现代社会学习必需、学术(11)、学术科技、学术性(2) |
| | 利用途径 | 13 | PDF下载、报错、充值、充值网卡、登录、互联网、会员、老师推荐、密码、手机知网、要注册、知卡购买、专用的浏览器 | 1 | 互联网 | 1 | 网络 | 0 | —— | 5 | 登录、客户端、校园网(2)、学校 |

注：“(*n*)”代表有 *n* 个被试提出该概念。

**表 6-10　信息资源概念演进分布一览表**

| 认知维度 | | T1 | | T2 | | T3 | | T4 | | T5 | |
|---|---|---|---|---|---|---|---|---|---|---|---|
| | | N | 具体概念 | N | 具体概念 | N | 具体概念 | N | 具体概念 | N | 具体概念 |
| 信息资源 | 格式 | 7 | CAJ(2)、PDF(3)、文件大小、文献格式 | 0 | — | 0 | — | 0 | — | 2 | CAJ、CAJVIEWER |
| | 领域 | 53 | 法律(2)、分类文献、技术、教育(7)、经济(6)、科技(2)、科技农业、科学、农业(3)、企业、人文社科、儒学、商业、社会(2)、生活、文化(2)、学科(2)、医学(2)、医院、艺术、语言学、哲学、政府(2)、政治(8)、自然科学、综合 | 17 | 大众文化、发表SCI专业领域、高等教育、技术、教育、经济、科技(2)、农业、文化、学科(5)、医学、政治 | 11 | 行政管理、基础科学、经济、科技、历史、农业、社会科学文化、医学、政治、种类 | 8 | 经济、科技、农业、社会科学、文化、文科医学、政治 | 16 | 法律、广泛、教育、经济、科技、农业(2)、其他类、社会科学、文化、学科、医学、政府、政治、专业类、自然科学 |
| | 种类 | 344 | 百科(10)、报告(3)、报刊(3)、报纸(8)、毕业论文、辩论题材、标准(7)、博硕论文(12)、采编、成果(4)、出版统计、出版物、词典(9)、党政期刊、地图、电子期刊(2)、电子书、电子资源、发表的论文、法规(4)、工具书(14)、古典文献、古籍(8)、国际论文、国际文献、国际文献总库、核心期刊、会议(3)、会议论文(3)、 | 99 | 百科、报告(4)、报纸(2)、标准(2)、成果、词典、电子期刊、法规、各种高校发表的文章、工具书、行业标准、会议(2)、会议论文、简要介绍、论文(11)、年鉴(3)、期刊(20)、其他数据 | 43 | 百科、报告、报纸、标准、成果、词典、电子期刊、法规、工具书、会议、科学知识、课题、论文(4)、年鉴(2)、期刊(7)、数据、统计数据、外文文献、文献(8)、文章、信 | 49 | 百科、报告、报纸、标准、成果、词典、电子期刊、法规、工具书、会议、扩展、理论、论文、年鉴(2)、期刊(11)、期刊文献、世界、数据统计数据、外文文献、文献(7)、 | 107 | 百科(4)、报告、报纸(4)、标准、成果、词典(2)、电子库、电子期刊、法规(2)、分类库、各种文献、工具书(2)、古籍、国内外文献、核心期刊、会议、会议论文、机构馆、论文(12)、年鉴(2)、期刊(17)、期刊论文、书库、数据(3)、 |

续 表

| 认知维度 | | T1 | | T2 | | T3 | | T4 | | T5 | |
|---|---|---|---|---|---|---|---|---|---|---|---|
| | | N | 具体概念 | N | 具体概念 | N | 具体概念 | N | 具体概念 | N | 具体概念 |
| 信息资源 | 种类 | 344 | 科研成果、科研项目(2)、论文(22)、论文资料、年鉴(8)、期刊(34)、期刊论文(4)、期刊杂志、软件(2)、手册、书籍、书籍总库、书刊、术语(2)、数据(8)、数字、素材、统计、统计数据(8)、图片、外国文献、外文(7)、外文期刊、外文文献(4)、网络翻译、文库、文献(37)、文献总库、文章(2)、吾喜杂志、相关内容、项目、信息、学术报告、学术论文(3)、学术期刊、学术资源、学者成果、学者成果库、学者圈、引文、应用、知识(10)、知识库、智库、中英文、专家学者、专栏、专利(15)、专利成果、专题、专题期刊、专业期刊(2)、专业文献、专业知识、专业综述、资料(7)、资源(15)、资源总库(2)、字典(2)、综述、作品(2) | 99 | 库、数据(3)、数字、硕博论文、统计数据(3)、外文文献、文献(14)、文献综述(2)、信息(2)、学科报、学术论文、学术期刊(2)、研究报告(2)、研究课题、杂志、专利(2)、资料(2)、资源(4)、综述 | 43 | 息(2)、英文文献、专利、资料、字典 | 49 | 文献史料、文献综述、文章、信息(2)、学科报、学术研究成果、中英文、专利、资源、综述 | 107 | 数据总库、硕博士论文(3)、统计数据(2)、外文(2)、外文文献、文献(15)、吾喜杂志、信息(2)、学报、学术论文、学者成果库、知识(4)、种类、专利(4)、专题、资料(2)、资源文献、综述、作品 |

续　表

| 认知维度 | | T1 | | T2 | | T3 | | T4 | | T5 | |
|---|---|---|---|---|---|---|---|---|---|---|---|
| | | N | 具体概念 | N | 具体概念 | N | 具体概念 | N | 具体概念 | N | 具体概念 |
| 信息资源 | 数量 | 2 | 国际、全国 | 2 | 世界、数量 | 2 | 全国(2) | 1 | 数量 | 0 | — |
| | 质量 | 4 | 差别、创新(2)、质量 | 0 | — | 0 | — | 0 | — | 1 | 质量 |
| | 新颖性 | 4 | 动态(2)、更新、最新 | 2 | 优先出版(2) | 2 | 更新时间、文献时间参差 | 2 | 最近一年、最新 | 2 | 动态、更新时间 |
| | 可获取性 | 2 | 可下载、下载权限 | 0 | — | 0 | — | 0 | — | 0 | — |
| | 合法性 | 5 | 版权(2)、抄袭学术不端、知识产权 | 2 | 版权、会不会有一篇文献发表在不同期刊上 | 2 | 版权、知识产权 | 1 | 版权 | 2 | 侵权行为、法律 |

注:“($n$)”代表有 $n$ 个被试提出该概念。

**表 6-11 检索方法概念演进分布一览表**

| 认知维度 | | T1 | | T2 | | T3 | | T4 | | T5 | |
|---|---|---|---|---|---|---|---|---|---|---|---|
| | | N | 具体概念 | N | 具体概念 | N | 具体概念 | N | 具体概念 | N | 具体概念 |
| 检索方法 | 检索方法 | 12 | 按期刊名检索、按作者检索、并含、不含、高级检索(4)、关键词检索(2)、或含、跨库检索 | 16 | 范围检索、分类、分类检索、高级检索(7)、关键词检索、检索方式、精确查找、刊物种类、笼统搜索、文献分类 | 22 | 高级检索(15)、检索方法、检索方式、检索顺序、精确搜索、模糊搜索、需要提供的信息多、在结果中检索、专业检索 | 32 | 句子检索(2)、不同方法、高级检索(19)、精确检索、模糊检索、搜索方式、文献来源检索(2)、专业检索(3)、作者发文检索、作者检索 | 22 | 并含、导航、或含、精确搜索、查找方式、高级搜索(5)、高级检索(12) |
| | 检索项 | 77 | 参考文献、出版社、出版物检索、导师、第二作者、第一作者、独立作者、发表刊物类型、发表时间(2)、关键词(13)、关键字、机构、来源(3)、内容(2)、年代、年份(4)、年限(2)、篇名、全文(2)、 | 116 | 参考文献(2)、参考资料、层次、出版社、词频、单位(2)、第二作者、第几作者、第一作者(4)、独立作者、短语、发表刊物类型、发表年度、发表时间(9)、关键词(16)、关键字(3)、关联文献、机构(5)、检索来源、 | 90 | 被引(2)、出版社、词频、单位(4)、单位名称、第一作者(5)、定制检索、发表层级、发表机构、发表年度、发表时间(3)、分类、关键词(12)、机构(2)、基金(3)、检索控制条件、检索条件、刊名、刊物、来源(3)、来源库、 | 101 | 被引、参考文献(3)、出版社、词频、单位(2)、导师、第一作者(4)、发表日期、发表期刊、发表时间(3)、关键词(9)、机构(4)、基金(2)、检索条件、精确、教授、刊名、来源(5)、来源数据库、联合发表、模糊(4)、年度、年份、 | 88 | 报纸、标题、博硕士、参考文献、出版社、词频、第一作者(2)、单位、发表年度、发表时间(2)、关键词(9)、合作单位、机构、基金、检索条件、刊名、来源(5)、来源数据库、论文、年 |

续 表

| 认知维度 | | T1 | | T2 | | T3 | | T4 | | T5 | |
|---|---|---|---|---|---|---|---|---|---|---|---|
| | | N | 具体概念 | N | 具体概念 | N | 具体概念 | N | 具体概念 | N | 具体概念 |
| 检索方法 | 检索项 | 77 | 时间、时限、题目(2)、文献来源、文章类型、学术机构、学校、研究层次、摘要(5)、主题(7)、作者(27) | 116 | 刊名、来源(4)、来源类别、年、年份(2)、篇名(7)、期刊名称、全文(4)、日期、时间(2)、搜索、题名、题目、文献来源(3)、文献内容、文章类型、研究层次、引用、摘要(6)、主办单位、主题(4)、作者(18) | 90 | 来源数据库、年份(2)、年鉴、年限、篇名、频次、期、期刊、时间(2)、时间跨度、时间限制、搜索条件、特定作者、条件、文献、文献来源(3)、相关词汇、研究层次、摘要、支持基金、作者(17)、作者单位(2) | 101 | 年限、排序、篇名(3)、期刊(3)、期刊号、期刊作者、日期、时间、时间跨度、输入、题名、题目、条件、文献来源(2)、文章名、相关链接、相关文献、学科领域、学者、研究层次、摘要(2)、支持基金、主题(3)、作者(17)、作者单位(3) | 88 | 份(2)、年鉴、年限(2)、篇名(3)、频次、期刊(2)、全文、日期、时间(3)、题目、团队、文献(2)、文献来源(2)、学科、学者(2)、研究层次(2)、摘要(4)、支持基金(2)、主题(3)、专家、作者(17)、作者单位 |

注:“(n)”代表有 n 个被试提出该概念。

**表6-12 信息组织等维度概念演进分布一览表**

| 认知维度 | | T1 | | T2 | | T3 | | T4 | | T5 | |
|---|---|---|---|---|---|---|---|---|---|---|---|
| | | N | 具体概念 | N | 具体概念 | N | 具体概念 | N | 具体概念 | N | 具体概念 |
| 界面 | 界面元素 | 9 | 广告、界面、首页、搜索框(2)、外文链接、页面设计、友情链接、征文比赛 | 1 | 文件大小 | 2 | “从……到……”;图片 | 1 | 跨库检索选项、所属期刊栏目、专栏、字体 | 4 | 广告 |
| | 功能 | 7 | 导向、关键词标红、互动、检索历史、搜索历史、引导、在线咨询 | 3 | 导出、关键词标红、检索历史 | 5 | 标红、导出文件、检索历史、历史搜索、学习引导 | 5 | 导出、导航标签、检索历史、全文在线阅读、标红 | 5 | 标红、导出、定义域、界面引导、自定义 |
| 后台系统 | 系统功能 | 0 | — | 1 | 按需查找 | 3 | 功能、输入联想、需要自己联想 | 0 | — | 0 | — |
| | 系统定位 | 18 | 庞大的数据库、数据库(16)、系统 | 8 | 匹配、数据库(7) | 3 | 数据库(3) | 5 | 定位、数据库(4) | 6 | 数据库(6) |
| | 后台处理 | 2 | 问答、文献关联 | 0 | — | 7 | 表述、关联、文献关联、检索结果为0、联系、推理、相关性 | 4 | 0条、分类筛选、检索出很多信息、筛选 | 1 | 关联度 |

续 表

| 认知维度 | | T1 | | T2 | | T3 | | T4 | | T5 | |
|---|---|---|---|---|---|---|---|---|---|---|---|
| | | N | 具体概念 | N | 具体概念 | N | 具体概念 | N | 具体概念 | N | 具体概念 |
| 信息组织 | 分类 | 11 | 导航、分级、分类(7)、中图法、中图分类号 | 12 | 分类(9)、归纳、检索分类(2) | 9 | 分类(3)、分类搜索、分组、分组浏览、类别、内容分类、文献全部分类 | 6 | 分类(5)、学科分类 | 9 | 分类(7)、分级、目录 |
| | 排序 | 14 | 被引次数、被引用量、排序 、下载次数、下载量(3)、引文、引文网络、引用次数、引用量(3)、资源排序 | 14 | 被引(2)、被引量、被引量数据是否准确、链接、排列种类、排序、前后顺序、时间内容排序、下载量(3)、下载、引用 | 24 | 被引、被引量排序、排序(8)、排序方式、时间排序、下载、下载量(6)、下载量排序、选择排序方式、引用量、主题排序、组织 | 21 | 多个排序条件、检索排序、精细查找、链接、目录、排列、排序(8)、排列方式、下载量(6) | 20 | 被引、导航、关注度、检索排序、浏览量、排列顺序、排序(6)、时间排序、下载量(3)、下载次数(2)、引用次数、主题排序 |

注:“(n)”代表有 $n$ 个被试提出该概念。

9. 被试对检索任务的认知演进

研究识别到一些用户提供了不少关于检索任务的概念，这些概念主要代表了其对检索任务的理解和认知，如表 6 - 13 所示。这表明，用户在完成信息检索过程中，会不可避免地关注检索任务本身，进而决定其对文献数据库的利用。但是通过分析这些概念，可以发现，这类概念主要集中于几位特定的被试，例如：被试 14、被试 50 和被试 97 等，详见表 6 - 13。其中“—$n$”代表此概念为第 $n$ 个被试提出的。

**表 6 - 13　检索任务概念演进分布一览表**

| 阶段 | T1 | T2 | T3 | T4 | T5 |
| --- | --- | --- | --- | --- | --- |
| N | 0 | 44 | 52 | 23 | 21 |
| 具体概念 | — | 环境污染-16、城市污染影响-50、畜产品-51、畜产品-75、畜牧-97、对生活的影响-92、儿童发育-50、发展-51、环境污染-90、环境污染-92、吉林大学-78、江苏省-75、金华火腿-97、居民-90、科学-51、科学家-97、粮食-75、粮食-97、民生-92、南京农业大学-97、南京农业大学报-63、农林-97、农业-51、农业-71、农业-97、铅锰污染-50、青少年-50、趋势-51、人的健康-50、人的生育问题-50、日常生活-50、日常生活-90、社会-92、生活影响-90、首席科学家-97、水质污染-50、特色-97、污染-50、西北农林科技大学-97、现状-51、影响-90、噪声污染-50、浙江大学-97、重金属-50 | 食品加工-14、SRT-11、博弈论-97、不相关-97、财经大学-97、产品安全-14、城市-51、地下水-97、发表时间-56、发达国家-97、腐败-97、根源-51、拐点-97、环境-51、环境-71、环境污染-16、健康-71、江苏-34、交叉-23、经济-97、粮食产地-14、粮食产量-14、粮食供需-14、马费成-50、南京农业大学-97、农村-97、农业-97、女干部-97、情报学-50、情报学发展及历史-50、囚徒困境-97、曲线-97、全国各地-34、人类-51、人民健康-14、日常生活-51、生活-71、食品-34、食品安全-14、数学模型-97、途径-51、土壤-97、外贸-97、污染-51、污染-71、武汉-50、武汉大学-50、西北-97、指数-97、治理-51、中国农业科学-14、资源-51 | 食品-34、暴雨-97、湖南-97、环境污染-16、江苏-34、粮食-38、粮食-50、粮食安全-50、粮食产量-50、粮食分配情况-50、南京农业大学-50、农业-50、全国各地-34、食品-38、食品-50、食品安全-50、食品安全影响-50、湘潭大学-97、中国农业-50、中国农业的现状-50、中国农业发展-50、中国食品报-50、周光宏-50 | 南京农业大学-14、党政-97、对人的影响-50、法律-14、法律意识-14、法治政府-14、健康-50、江苏-34、粮食安全-50、粮食产量-50、南京农业大学-50、农业-50、情报学-50、全国各地-34、生物学-99、食品-34、食品安全-50、土地法-14、污染-50、武汉大学-50、周光宏校长-50 |

### 6.4.2 评价型情感概念的演进分析

虽有学者不断关注人类信息行为中的情感因素，但由于情感概念本身的复杂性，以及多个学科都在探索情感的相关问题，在科学社区中对于情感是什么和如何揭示它仍缺乏一致的认可。在 LIS 学科，表达情感的术语有情感（affect）、情绪（emotion）、心境（mood）、偏好（preference）、态度（attitude）、评估（evaluation）等。本书在使用术语方面，选择具有宏观性质的“情感”，采用 Julien 与 McKechnie（2005）的观点，认为情感包括情绪和心境。[148]

第一类相关研究关注信息检索（或搜索）过程中的情感问题。Lopatovska（2014）构建了在线信息搜索过程中用户的情感与情绪模型，该模型关注初级情绪、二级情绪、心境、用户感知、在线搜索过程（搜索行动和搜索绩效）之间的关系机理。[36] Wu（2015）分析了儿童利用数字图书馆时的信息需求、媒体界面和情感状态之间的关系，研究表明信息需求的不同会通过媒体界面对用户情感状态产生不同程度的显著影响。[35]第二类相关研究关注用户情感特征对检索行为与绩效的影响。Bilal（2000）提出用户在检索过程中管理自我情感的能力会影响其搜索行为和搜索绩效。[149]其中，情感控制即解决问题时控制自己的情感和行为的程度，是反映管理情感能力的一个核心构念。Kim（2008）探索了情感控制和任务对用户网络搜索行为的影响，研究发现任务、情感控制、二者的交互均会对其搜索行为产生影响。[5]韩正彪与罗瑞等（2017）分析了情感控制和心智模型对于检索绩效的影响，研究表明情感控制高的用户在完成任务时会调节信息检索过程中的负面情感，更加有耐心完成检索任务，花费较长的检索时间从而获得较高的相关性得分。[126]第三类相关研究同时关注用户信息检索过程中的情感和认知。Tenopir 等（2008）对学术用户与 ScienceDirect 交互过程中的情感和认知行为进行分析，研究发现积极的感受普遍与搜索结果有关，消极的感受更多与系统、检索策略和检索任务有关。[7]此外，Zhang（2009）的研究表明用户心智模型由对系统认知、检索策略和具有评价性的情感三个维度构成。[78]韩正彪（2014）进一步采用数理统计的方法得出用户心智模型的三个构成维度间存在显著的相关关系。[16]

当前对于用户信息检索过程中的情感问题的研究已经取得不少成果，但对于用户情感与认知之间的关联分析仅仅处于探索阶段。心理学领域的研究认为，带有评价性质的情感是心理学家关注的重点。[150]而这类情感也被 LIS 学科证实是用户心智模型构成的核心维度之一。Savolainen(2016)提出从评估理论视角探索用户信息行为中的情感问题。[13]本研究中该部分内容重点展示了新手用户心智模型中带有评价性质的情感的演进，详见下文所述。

1. 情感概念的整体分布

在 T1 到 T5 阶段，通过概念列表法分别收集了被试提供的 1085、659、529、547、716 个心智概念，反映评价性质的情感概念数及其占总概念的百分比如表 6-14 所示。

**表 6-14　情感概念占心智模型概念的比例**

| 阶段 | 总概念数 | 积极情感 | | 消极情感 | | 情感百分比 |
|---|---|---|---|---|---|---|
| | | 概念数 | 百分比 | 概念数 | 百分比 | |
| T1 | 1 085 | 226 | 21.00% | 46 | 4.00% | 25.00% |
| T2 | 659 | 154 | 23.00% | 62 | 9.00% | 32.00% |
| T3 | 529 | 108 | 20.00% | 86 | 16.00% | 36.00% |
| T4 | 547 | 189 | 35.00% | 40 | 7.31% | 42.00% |
| T5 | 716 | 242 | 34.00% | 45 | 6.00% | 40.00% |

由表 6-14 可知，在被试提供的心智模型概念列表中，情感维度占据了核心位置。虽然在 T1 阶段情感词汇占据整个概念列表的比例最低，但也达到了 25.00%。随着用户不断地使用文献数据库，其对于文献数据库的情感也呈现出增加的趋势。但是正向情感和负向情感呈现出不同的演进趋势。整体而言，在 T3 阶段，用户的消极情感达到最高，而其积极情感达到最低。相对于 T3 阶段而言，在 T4 阶段用户的消极情感呈现下降趋势，而用户的积极情感呈现出上升趋势。情感词汇在各个认知维度的分布如表 6-15 所示，情感概念分布在微观系统和信息资源两个维度上的数量排在前两位，而分

布在用户信息素养和检索任务两个维度上的数量排在最后两位。

表 6-15 用户情感概念数量的演进分布

| 关注维度 | 情感类型 | T1 | T2 | T3 | T4 | T5 |
| --- | --- | --- | --- | --- | --- | --- |
| 文献数据库宏观定位 | 正向 | 25 | 18 | 8 | 9 | 35 |
| | 负向 | 2 | 3 | 3 | 2 | 1 |
| 文献数据库系统 | 正向 | 34 | 35 | 48 | 64 | 77 |
| | 负向 | 13 | 13 | 39 | 25 | 19 |
| 信息资源 | 正向 | 142 | 78 | 32 | 38 | 93 |
| | 负向 | 18 | 13 | 14 | 1 | 13 |
| 信息组织 | 正向 | 6 | 13 | 9 | 12 | 13 |
| | 负向 | 3 | 5 | 6 | 4 | 1 |
| 检索方法 | 正向 | 4 | 7 | 10 | 58 | 9 |
| | 负向 | 2 | 17 | 12 | 6 | 1 |
| 系统界面 | 正向 | 13 | 2 | 0 | 3 | 10 |
| | 负向 | 10 | 8 | 10 | 5 | 10 |
| 检索任务 | 正向 | 0 | 0 | 0 | 0 | 0 |
| | 负向 | 0 | 4 | 0 | 0 | 0 |
| 用户信息素养 | 正向 | 0 | 0 | 1 | 2 | 5 |
| | 负向 | 0 | 0 | 2 | 0 | 0 |

2. 情感在文献数据库宏观定位维度的演进

该类情感主要集中在文献数据库平台的性质(权威性、严谨、高大上、独家、国际化、广告少等)、文献数据库平台的定位(论文搜索神器、学习助手、学术圣地等)和自身的情感体验(不明觉厉、超越想象、有趣)。就情感词汇的数量而言,积极情感的概念数量在 T1 到 T5 阶段均远高于消极情感的概念数量,消极情感的数量分布在 1～3 个之间。这表明,被试在 T1 阶段对 CNKI 宏观定位持有积极的体验,认为该平台专业和严谨,拥有权威和合法的信息资源,对其专业学习和检索信息帮助较大。情感概念的演进如图 6-13所示。

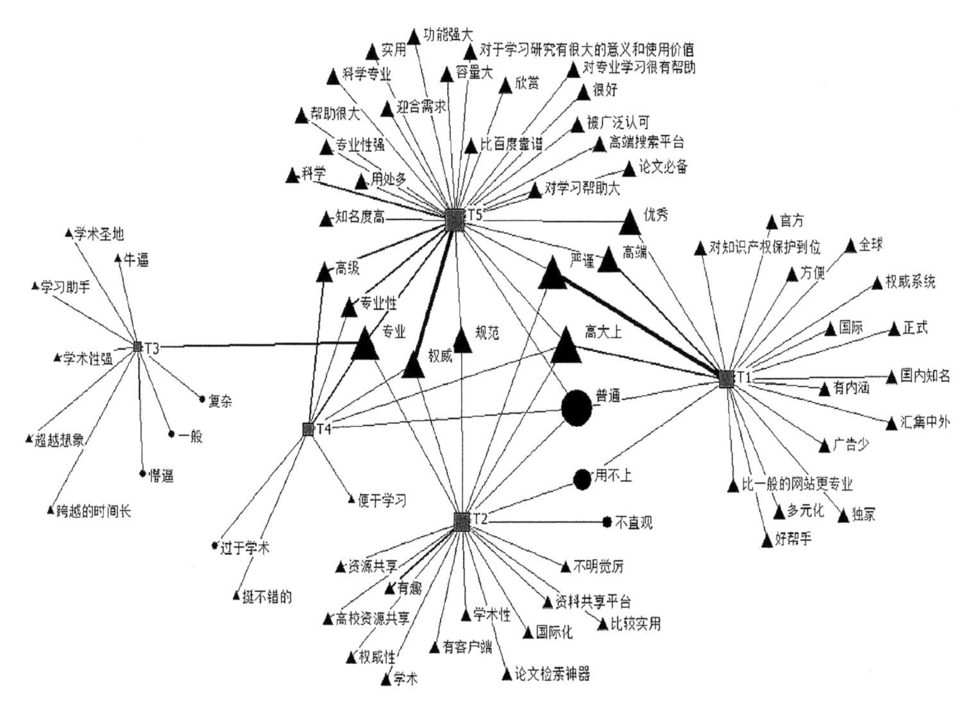


**图 6－13　情感概念在文献数据库宏观定位维度的演进**

由图 6－13 可知，在情感的演进方面，积极情感的概念数量在 T3、T4 时刻较 T1、T2 时刻有所下降，在 T5 时刻，则又有所上升。这表明：当新手用户在最初接触文献数据库时，会将部分情感集中在其宏观定位维度，开始探索和了解该文献数据库的性质如何？有什么作用？是什么样的平台？但有最初的了解后，情感词汇数量则慢慢有所下降，将关注点转移到别的维度（系统和资源）。当一周后，让用户回忆关于文献数据库的心智概念时，被试对文献数据库宏观定位的情感又成为用户心智模型的核心组成部分。就情感词在各个阶段的共现情况而言，只有具有负向情感的“普通”同时出现在了 T1、T2、T4、T5 阶段，但更多的共现词为正向情感词汇，主要有“专业”“专业性”“高大上”等。“用不上”只出现在 T1 和 T2 阶段，而在 T3 阶段出现了“学习助手”，在 T4 阶段出现了“便于学习”，T5 阶段出现了“对于学习研究有很大的意义和使用价值”等概念，表明随着新手用户与文献数据库的不断接触,有关于文献数据库平台宏观定位的情感发生了由负向到正向的演进。

3. 情感在文献数据库系统维度的演进

该类情感集中在易用性(比较好用、便捷、快捷、节约时间、机械化搜索、无从下手等)、响应性(响应慢、速度快、搜索快速、系统运行流畅、预览太慢等)、智能性(准确、精确、智能识别、不够智能、智能欠缺、找不到、针对性不强等)、功能全面性(功能多、功能多样、功能强大)和权限(限制下载量)几个方面。情感概念的演进如图 6-14 所示。

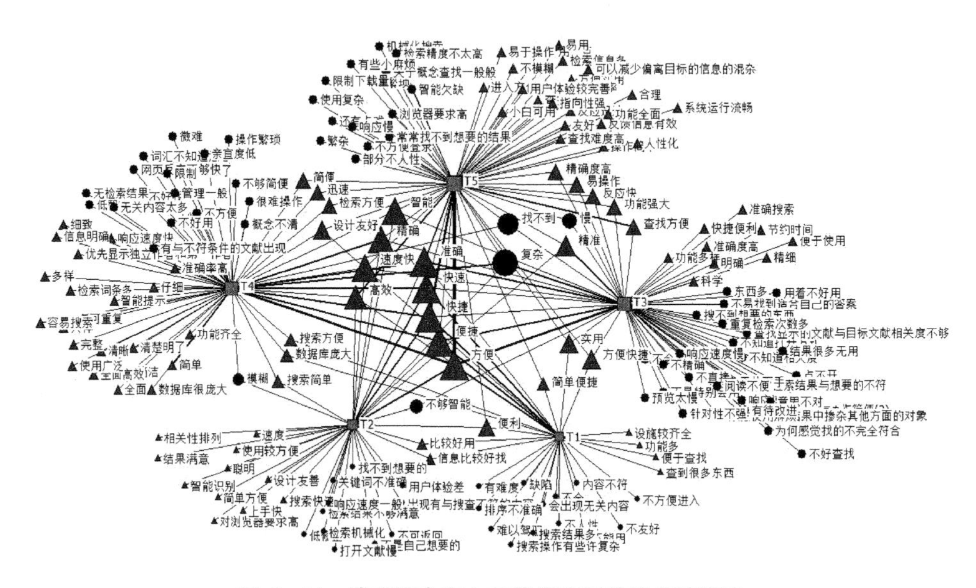


**图 6-14 情感概念在文献数据库系统维度的演进**

由图 6-14 可知,就情感概念的数量而言,积极情感呈现出不断上升的趋势,在 T1 到 T5 阶段分别为 34、35、48、64、77;消极情感的数量在 T1 和 T2 阶段保持稳定(都为 13 个),在 T3 阶段达到最高(达到 39 个),随后在 T4 和 T5 阶段又呈现出下降趋势(分别为 25 个和 19 个)。T3 阶段为要求被试完成探索型任务,需要被试花费更多的认知负荷理解检索任务,以及通过系统检索不同维度的文献。用户需要不断地深入探索文献数据库,以至于出现了不少关于系统智能性方面的负面情感(如:查找显示的文献与目标文献相关度不够、检索结果与想要的不符、结果很多为无用、为何感觉找的不完全符合)。但无论是正向还是负向情感,用户在每个阶段都关注易用性、响应性和智能性。这三个指标是用户心智模型对于检索系统重点持续关注的内容。此外,在 T5 阶段出现了关注文献数据库系统下载权限的情感词汇。在 T5 阶段,用户在该维度的情感概念数量呈现出正向大于负向的现象。这表明新手用户通过利用 CNKI 后,对于其后台的运行系统持有更多正向的情感。

4. 情感在信息资源维度的演进

整体而言,被试对该维度的评价型情感集中在信息资源新颖性(动态更新、时效性不强等)、信息资源全面性(多样化、资源丰富等)、信息资源可信性(可信度高、文章质量参差不齐等)和信息资源可获取性(学生免费、收费项目略贵和有时无法查看作品内容等)四个方面。情感概念的演进如图 6-15所示。

由图 6-15 可知,该维度正向情感数量在 T1 到 T5 阶段分别为 142、78、32、38、93;负向情感数量分别为 18、13、14、1、13。

在 T1 阶段,用户对信息资源的关注度最高,无论是正向还是负向情感词汇数量都在五个阶段中最高。这表明新手用户最初接触文献数据库时,会重点关注文献数据库中的信息资源的基本情况。用户对信息资源具体维度关注的强度从高到低依次为信息资源全面性、信息资源可信性、信息资源可获取性和信息资源新颖性。该阶段用户的负面情感主要集中在信息资源可信性(部分用户认为 CNKI 中的文章质量存在参差不齐、抄袭、烦琐和繁杂等问题)和信息资源可获取性方面(部分用户认为 CNKI 中文献资源存在需要付费、收费项目略贵等问题)。在 T2 阶段,用户的正向情感词汇数量较上一阶段大幅下降,而负向情感词汇数量也有略微下降。该阶段,情感词汇主要集中在信息资源全面性、可信性和可获取性三个方面。负向情感词汇开始出现在信息资源全面性维度(如:文学作品少、不全面等);在信息资源可获取性方面仅有一个负向情感词汇(需要查找),其他大部分负向情感词汇集中在信息资源全面性方面。在 T3 阶段,用户的正向情感词汇较 T2 阶

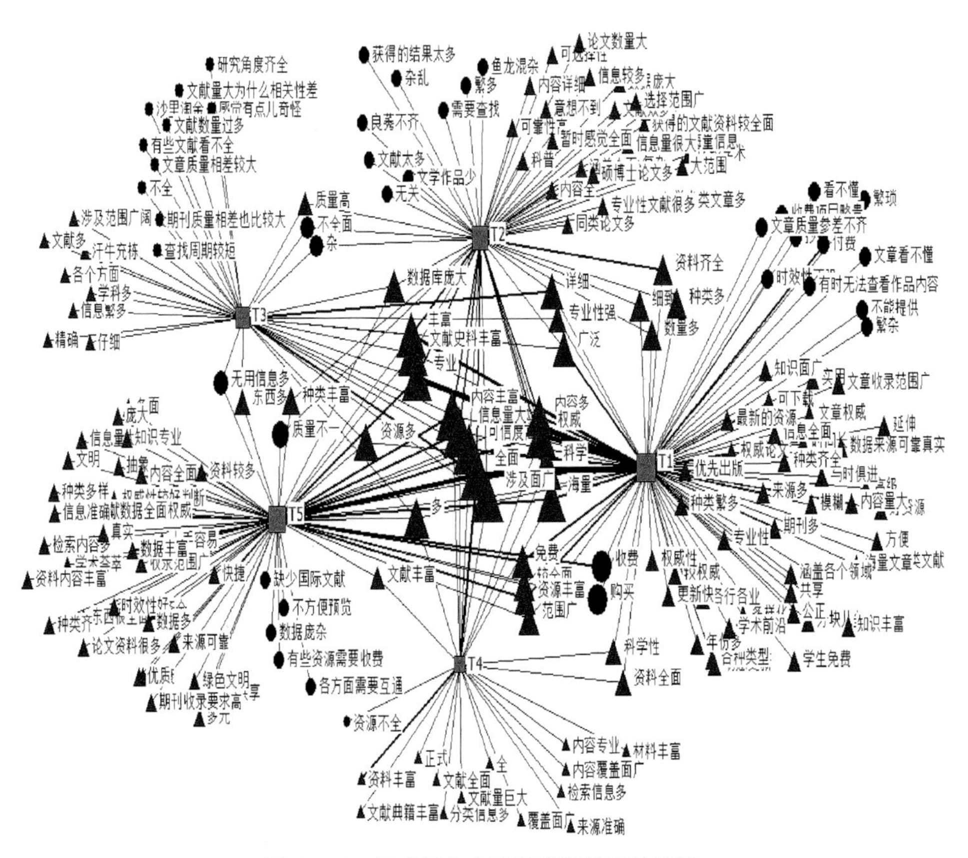


**图 6－15　情感概念在信息资源维度的演进**

段有大幅的下降，负向情感词汇数量则仅有微小的波动。其中，负向情感词汇分别分布在四个维度，而正向词汇仅存在于信息资源全面性和可信性两个方面。在 T4 阶段，用户的正向情感词汇较 T3 阶段有少量的上升；负向情感词汇的数量则急剧下降，仅有“资源不全”一个。这些情感词汇仅仅分布在信息资源全面性和可信性维度。在 T5 阶段，用户的正向情感词汇较 T4 阶段有大幅的上升，仅低于 T1 阶段的数量；负向情感词汇的数量较 T4 阶段有大幅的上升，却与 T2 和 T3 阶段的数量基本保持一致。情感词汇在信息资源维度的演进充分表明：第一，新手用户在利用文献数据库的过程中，关注的重点从高到低依次为信息资源的全面性、可信性、可获取性和新颖性。第二，新手用户在首次接触文献数据库时，信息资源是其关注的核心维度；

但随着任务的进行，对于信息资源的关注度会有所降低，进而转移到数据库后台系统和检索方法维度；在利用完成后，用户对数据库的认知仍旧会将重点放在信息资源维度。

5. 情感在信息组织维度的演进

被试在该维度的情感集中在分类准确性(分类明确、分类科学、分类不明确等)、分类可理解性(有些分类对于刚入门的人不太明确、无头绪、不方便可分类更细致等)、分类全面性(分类多、分类详细等)、分类效果(便于查找等)和对排序的评价(搜索排序准确、下载次数和被引次数可作参考、主题排序功能作用不大等)五个方面。情感概念在该维度的演进如图 6 - 16 所示。

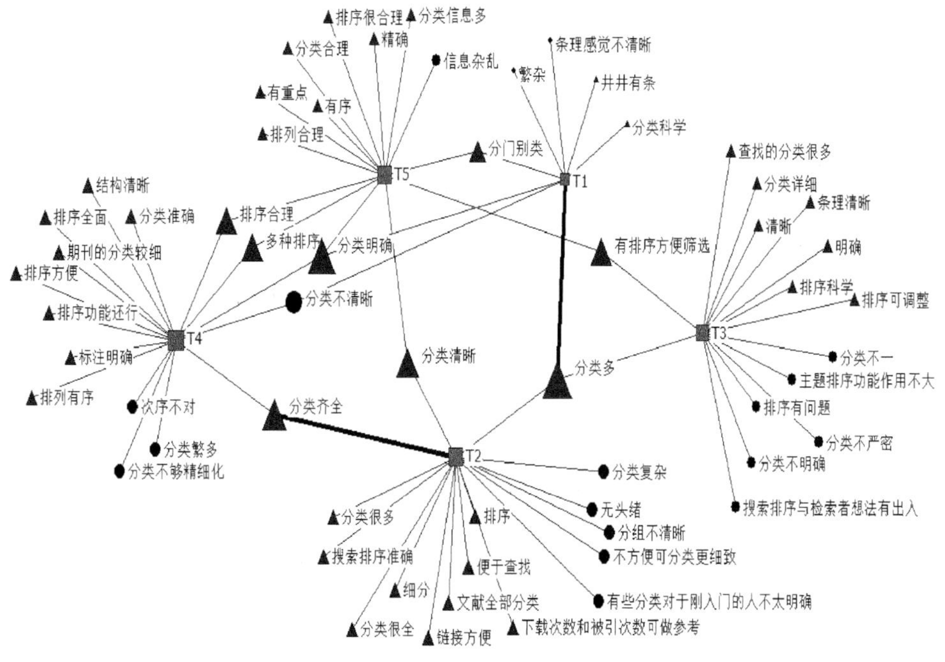


**图 6 - 16　情感概念在信息组织维度的演进**

在信息组织维度，用户正向情感数量在 T1 到 T5 阶段分别为 6、13、9、12、13；负向情感数量分别为 3、5、6、4、1。由图 6 - 16 可知：在 T1 阶段，用户对于信息组织关注较少，集中在分类准确性、分类全面性和分类可理解性等方面。在 T2 阶段,用户为了完成事实型检索任务,关注的焦点在 T1 阶段的基础上有所增加,新增了分类效果、对排序的评价;在该阶段,无论是正、负向情感词汇的数量均较 T1 阶段有大幅增加。在 T3 阶段,用户的正向情感数量较上个阶段有所降低,负向情感的数量有所增加。较 T2 阶段而言,T3 阶段用户对排序的评价在逐渐深入,并且开始出现对排序的负面评价(占据了本阶段负面情感词汇的 50%)。在 T4 阶段,用户的正向情感有所增强,而负向情感有所减弱,这种现象一直持续到 T5 阶段。T4 和 T5 阶段情感词汇的变量也主要体现在对排序的评价方面。随着用户不断利用 CNKI,他们对排序功能从不理解和认为有问题转向了排序合理和排序全面等。在完成检索任务的整个过程中,能够明显地看到新手用户的学习行为。从最初仅仅是关注 CNKI 资源的分类,逐步转向增加对排序的初步认知以及对排序的深入认知。从 T1 阶段和 T5 阶段的情感词汇数量可知,用户对信息组织的关注有了较大的增强,从开始的 9 个词汇上升到 14 个。而且,用户在完成实验后,对于信息组织维度更多的是持有正向的情感。

6. 情感在信息检索方法维度的演进

被试对该维度的情感主要集中在检索方法的便捷性(检索方便、查找简单、检索过程简单和查找比较麻烦等)、检索方法的多样性(检索方法丰富、检索方式多样性和检索路径死板等)、检索方法的效果(精确、全文检索准确性不高、各种检索方式结果并不令人满意等)和检索技能(少用关键词、高级检索不会用等)四个方面。每个方面均有正负向情感词汇的存在。情感概念在该维度的演进如图 6-17 所示。

在检索方法维度,用户正向情感数量在 T1 到 T5 阶段分别为 4、7、10、58、9;负向情感数量分别为 2、17、12、6、1。由图 6-17 可知,在 T1 到 T5 阶段情感词汇分布于检索方法的便捷性、检索方法的多样性和检索方法的效果三个方面。在 T2 和 T4 阶段,增加了检索技能方面的词汇。在 T1 阶段,用户对于 CNKI 检索方法的关注较低,仅有 6 个相关的情感词汇;在 T2 阶段,用户对于 CNKI 检索方法的关注有所增强,尤其体现在负面情感方面。以上内容表明,当新手用户在首次完成实际的检索任务时,开始考虑采用什么样的方法进行检索。但由于他们没有信息检索经验,对于 CNKI 提供的

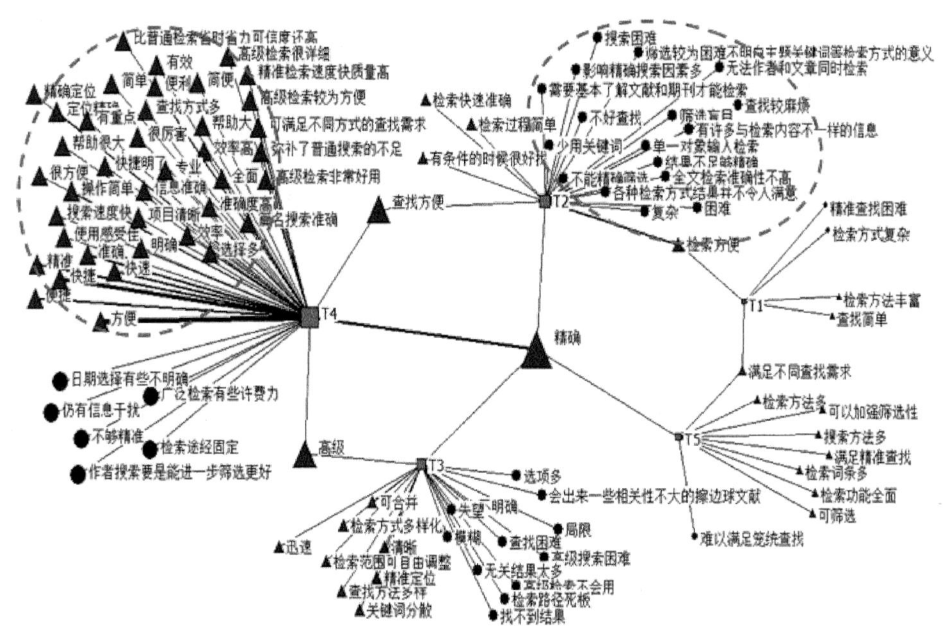


**图 6－17　情感概念在信息检索方法维度的演进**

检索方法并不能够很好利用，因此出现了大量的负向情感词汇，如图6－17中的 T2 部分椭圆所标识的内容所示。在 T3 阶段，用户对检索方法的正向情感较上个阶段有所增加，负向情感则有所降低。在 T4 阶段，用户对检索方法的正向情感数量有剧烈的上升，高达 58 个，而负面情感词汇数量则进一步呈现出下降趋势。正向情感词汇数量的急剧上升是由于该阶段要求用户采用 CNKI 提供的高级检索功能完成检索任务。在用户尝试利用高级检索后，体验了该检索方法的高效性和准确性。但由于用户检索知识和技能的匮乏或界面引导不明显，导致用户提出了“日期选择有些不明确”和“作者搜索要是能进一步筛选更好”等负面情感词汇。在 T5 阶段，用户对于检索方法的关注较 T1 阶段有所增加，且正向情感词汇数量远高于负向情感词汇。这表明用户通过完成一系列的检索任务，对于检索方法有一定的认知，认为 CNKI 的检索方法设计合理。在整个实验过程中，用户对于检索方法维度也体现出学习行为。这一点除了可以通过 T1 和 T5 情感词汇的变化看出，还可以通过检索技能方面的情感词汇演进得出。当用户不断与 CNKI

交互时,尤其是完成检索任务的环节,会不断思考检索方法的内在机理问题(如:影响精确搜索因素多、篇名搜索准确),从而逐步加深对检索方法的认知和提升关于检索方法的操作技能。

7. 情感在检索界面维度的演进

被试在该维度的情感集中在界面的引导与提示(查找历史和近期关注版块方便回顾自己的关注点;导引分类不完善;没有适当引导和帮助;如果想按多分类检索,不是很好找到那个界面等)、界面简洁性(界面简洁、页面复杂、页面烦琐等)、界面清晰性(清晰、页面不清晰等)、页面字体(字小、字有点小)、页面整体布局(符合审美、页面布局过密、页面布局较为过时等)五个方面。情感概念在该维度的演进如图 6-18 所示。

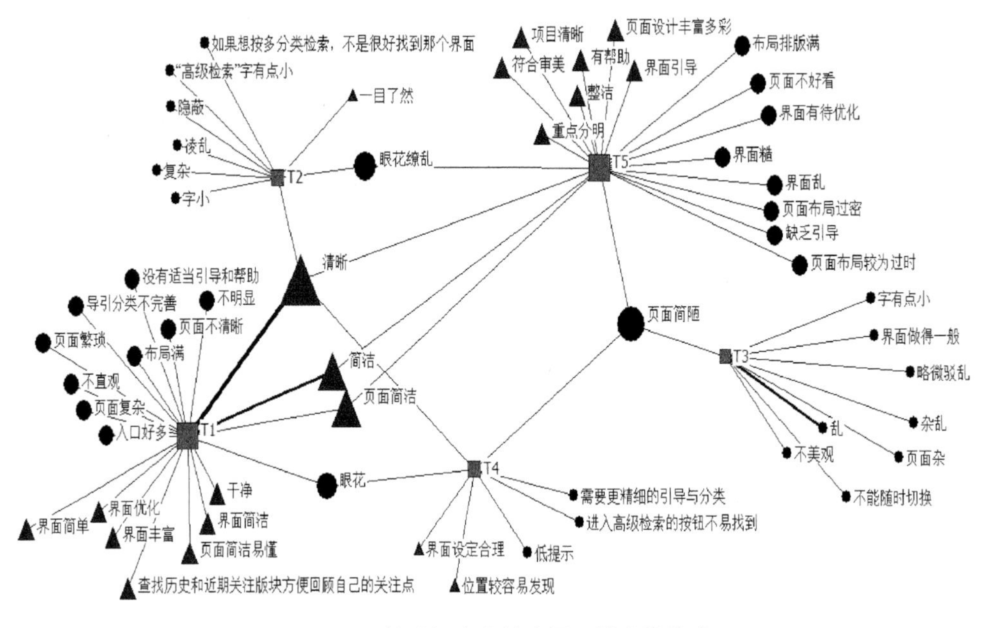


图 6-18 情感概念在检索界面维度的演进

由图 6-18 可知,当被试不断与文献数据库交互时,他们对于 CNKI 界面的正向情感的数量呈现出"V"形,即两端高中间低的现象。尤其是在 T3 阶段全部为负向情感词汇。正向情感词汇数量在 T1 到 T5 阶段分别为 13、2、0、3、10;负向情感词汇数量则较为稳定,在 T4 阶段达到最少,仅有 5 个。

情感在该维度的演进也表明了检索任务对情感的影响。在T3阶段，用户为完成探索型任务，需要耗费较多的认知负荷，负向情感的概念数量也达到最大。在T4阶段，要求被试完成干涉型任务，使得用户的情感评价呈现出“两级分化”的现象。且该阶段有50%的情感词汇与“界面的引导与提示”有关。有部分被试明确指出CNKI的高级检索界面按钮找不到，揭示了当前CNKI设计方面存在的问题。

8. 情感在其他维度的演进

从T3阶段开始，出现用户信息素养方面的情感词汇。只在T3阶段存在负向词汇“不知道看什么”和“使用不当”。正向词汇在T3到T5均有，T3的为“越用越熟”；T4的为“加修饰词后不易搜索”和“以后多应用高级检索”；T5的为“锻炼检索技巧和能力”“新的发现”“需要进行学习后才能熟练运用”“需要练习”和“需要规划”。此外，有少量与检索任务有关的情感词汇，这些词汇集中在T2阶段，且均为负向情感词汇。这表明，当用户信息检索时，只有当任务较难时，才会产生与任务有关的情感词汇。

## 6.5　基于心智图的用户心智模型分类与演进分析

### 6.5.1　用户心智模型分类

1. 用户心智模型分类结果

(1) 宏观功能观

持有宏观功能观的用户在使用文献数据库时倾向于从宏观功能的角度理解文献数据库。该类用户主要是将文献数据库比作是生活中所熟悉的其他事物，以描述其对用户的作用，即用户可以利用文献数据库做什么。该类可划分为宏观功能描述观和宏观功能评价观，如图6-19所示。

持有宏观功能描述观的用户主要从检索功能、连接功能和存储功能三个维度描述文献数据库的宏观功能。连接功能是指将文献数据库理解为连接文献存储和文献检索的桥梁，用以进行学术交流活动等。例如：“CNKI像这个中间人，收录研究者的各类文献资源，又提供给他们以产生更多更好的知识。”($T_{3-1}$)。在对宏观功能描述时，用户擅用类比，表明用户心智模型常常具有学习迁移性。在描述时，用户大多从检索功能和存储功能去定义文献数据库的宏观功能，少数用户从连接功能角度理解文献数据库，后者仅占1.11%。

持有宏观功能评价观的用户从简易性、便捷性、智能性和实用性维度对文献数据库的宏观功能展开评价。评价类型以用户的情感导向作为分类依据。其中，对于简易性和便捷性，既有正面评价又有负面评价，其余两个维度只有正面评价。正面评价占据了总评价的91.9%，这类用户大部分认为文献数据库的宏观功能简易便捷，比较实用。例如：“很方便”($T_{1-4}$)；“CNKI就像一座书架，将每一个种类的书放在书架，既快速又方便地提供读者搜索平台”($T_{17-5}$)。负面评价则仅占全部评价的8.1%。

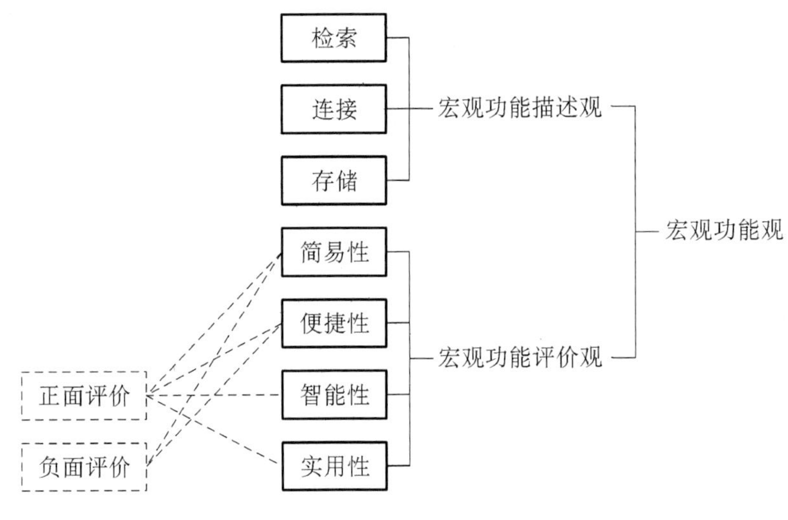


**图6-19　宏观功能观结构**

(2) 信息资源观

持有信息资源观的用户在使用文献数据库时重点关注平台中信息资源的情况或对信息资源的多个维度进行评价。信息资源观的下级维度分为信息资源描述观和信息资源评价观，这两类心智观关注的具体内容如图6-20所示。

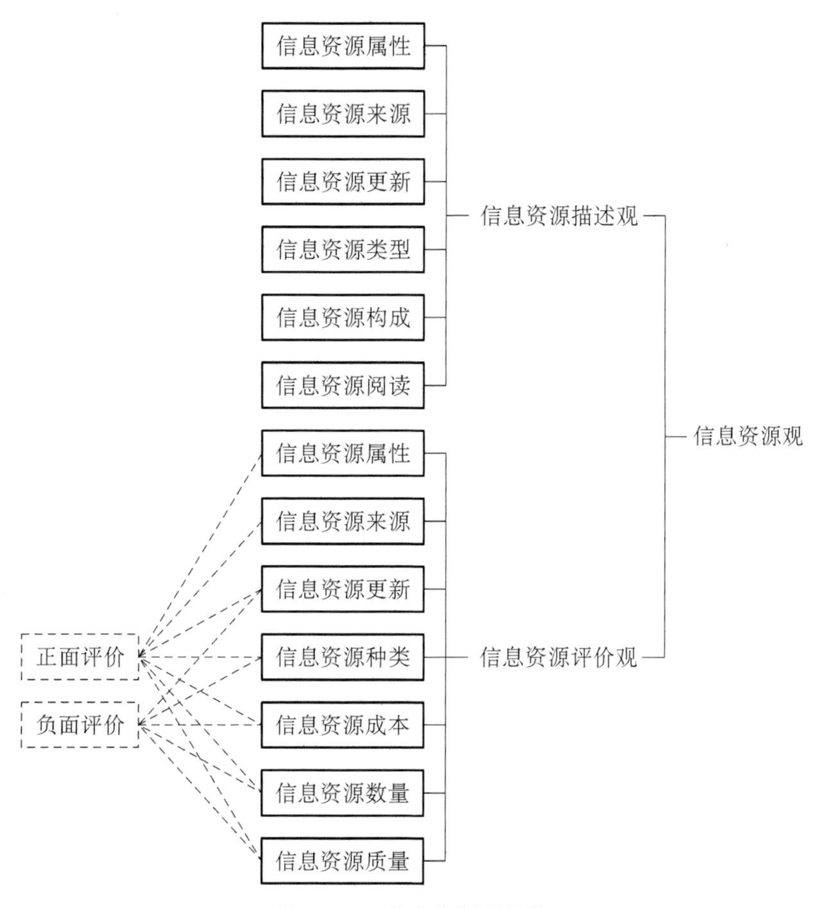


**图 6－20　信息资源观结构**

持有信息资源描述观的用户主要从信息资源属性(学术型)、信息资源载体类型(如:期刊、学位论文等)、信息资源的类型(多种学科)、有无分类、更新情况和信息来源(全国各地资源的收集)、阅读信息资源需要的软件等多个维度进行描述,以揭示其对文献数据库的认知。其中,72.7%的用户从信息资源类型着手描述。在描述时,用户认为文献数据库中有各种载体类型和内容类型的资源,同时资源偏向学术性。例如:“有各种各样分支学科的知识资料”($T_{2-4}$);“有各种期刊、论文等资料”($T_{30-1}$);“学术的海洋”($T_{4-4}$)。

持有信息资源评价观的用户主要对文献数据库中的资源从属性、类型、数量、质量、成本、更新、来源等维度进行评价。对于信息资源属性、信息资源来源和信息资源成本的评价均为正面评价，即用户认为 CNKI 平台资源专业可靠同时方便用户获取，无须花费额外费用。其余维度两类评价都有。在对资源评价时，用户认为文献数据库中的资源可免费获取，且十分丰富，但这也导致在检索时会有一定困难。例如："想要查找的内容处在大量无用的内容中，查找起来很麻烦"($T_{5-2}$)；"健康、绿色、文明"($T_{14-1}$)；"免费向大众提供资料，很满意"($T_{30-4}$)。

(3) 系统观

持有系统观的用户在使用文献数据库时重点关注其背后的运行机制，更偏向从技术角度理解。即重点从技术的角度分析和评价文献数据库的运行原理和使用体验。系统观也可分为系统描述观和系统评价观，其结构如图 6-21 所示。

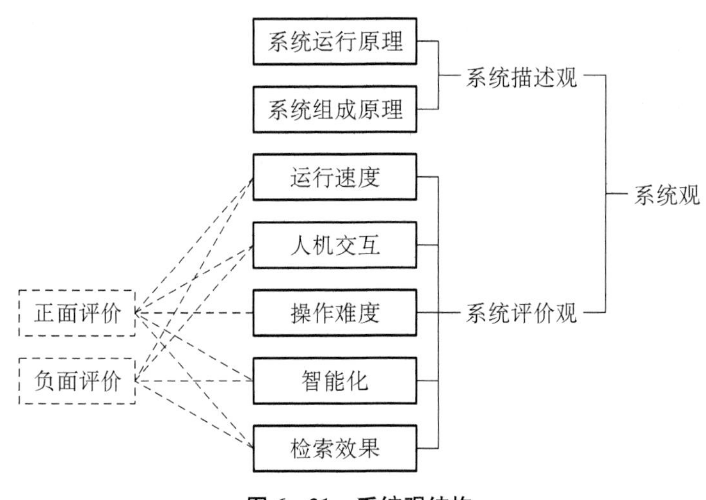


**图 6-21　系统观结构**

持有系统描述观的用户主要从文献数据库的系统组成原理和系统运行原理两个维度对其展开描述。系统组成原理即文献数据库平台搭建的框架与组成内容；系统运行原理即文献数据库运行的基本规律等。但值得注意的是，用户对这两个维度的理解，不全是完善的描述，用户可能会选取系统的局部特征进行描述。例如："系统有一定的权限"($T_{15-4}$)。此外，也有从整体角度进行描述的，即资源的整合、加工、排列，再到用户的搜索与利用，更为全面客观。例如："不同来源的资料通过一定手段的处理、分类、汇聚到数据库，并将文件标题关键字提取出来便于快速定位，快速查阅下载"（$T_{48-5}$）。

持有系统评价观的用户主要从系统的运行速度、人机交互体验、系统智能化程度、操作难度及系统对检索效果的影响等维度展开评价。其中，对于检索效果的评价又是从检索结果的质量、数量和检索是否便捷等角度展开。对于操作难度的评价只有正面评价，即认为 CNKI 的操作难度较低，方便用户学习使用。对于检索效果的负面评价大多发生在用户完成探索型任务之后。其余各维度则正负面评价都有。整体而言，绝大部分用户认为系统运行速度快（仅一位认为系统响应速度慢，文献打开不及时）、检索结果较准确、人机交互和智能化程度有进步空间。例如："搜索快速，目标准确"（$T_{37-2}$）；"智能化低，没有关于内容的模糊检索"（$T_{29-3}$）。

（4）信息组织观

持有信息组织观的用户在使用文献数据库时倾向于从平台资源的整合方面展开描述或评价，即关注平台如何对信息资源的外在特征和内容特征进行组织以实现从无序到有序的转变。在信息组织观下，同样也分为信息组织描述观和信息组织评价观，其结构如图 6 - 22 所示。

持有信息组织描述观的用户主要是对文献数据库信息资源组织方式和组织原理进行描述。因用户对平台认知程度的不同，大致可分为认知较清晰和认知较模糊两类。认知较清晰是指用户能概括出信息资源的组织模式，大致有网状、树状、集合和平行等几类。例如："是网状的检索系统"（$T_{34-3}$）。其中，有 44.83％的用户将文献数据库资源的组织模式归结为网状或树状。平行模式是指将文献数据库的信息组织模式比作衣柜、书架、仓库和存储物等，绘制的图形由平行线段组成。认知模糊是指用户在对平台资源组织方式进行阐述时，只是简单地概述其有分类，但具体是哪种组织模式没有清晰的认知。例如："数据库是一个仓库，有分类"（$T_{11-5}$）。

持有信息组织评价观的用户主要是从分类的准确性、合理性、关联性、齐全性以及分类的效果，即是否有利于检索等多维度对文献数据库的组织方式进行评价。对于分类的准确性和分类效果的评价基本只有负面评价；

对于分类的合理性、关联性和齐全性只有正面评价。在对信息组织方式评价时,用户认为整体分类较为齐全合理、类与类之间的关联性较密切、分类效果较好、分类的准确性较高。例如:“分类详细、准确,检索方便”($T_{22-5}$)。仅两位被试分别在分类效果和分类准确性上给予正面评价。例如:“分类齐全,查找方便”($T_{25-2}$)。

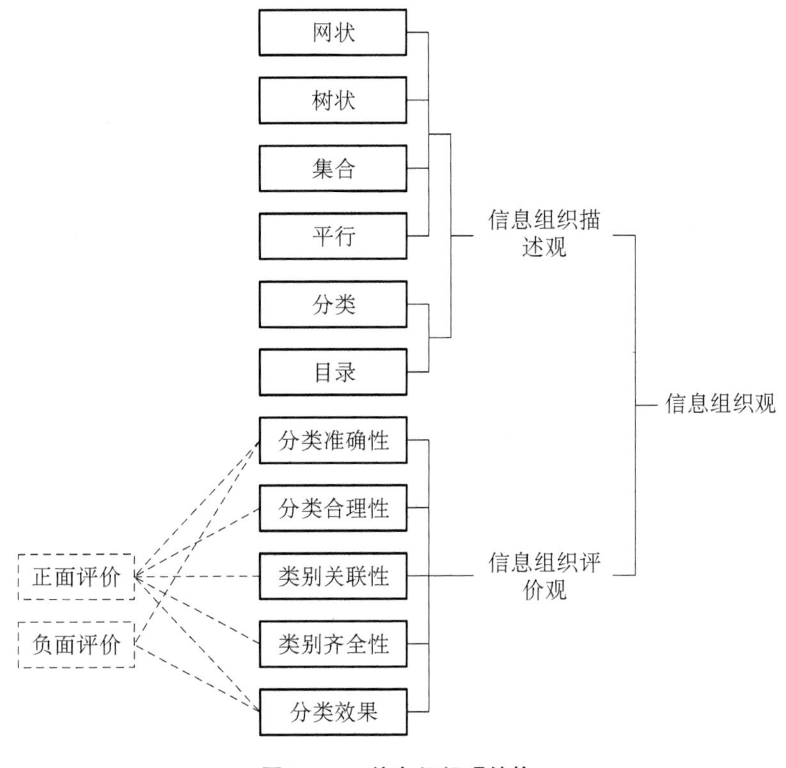


**图 6－22　信息组织观结构**

(5) 信息检索方法观

持有信息检索方法观的用户主要是对文献数据库提供的检索方法进行描述或使用后从多维度对其展开评价。可以划分为检索方法描述观和检索方法评价观两类,具体结构如图 6－23 所示。

持有信息检索方法描述观的用户主要从文献数据库的检索方式、检索过程中可以采取的检索策略、检索结果及检索功能等多维度进行描述。在检索功能方面,被试注意到了其具备延伸性、自动联想性、可重复性和检索操作的可逆性。在检索方式方面,被试提及较多的为著录项和高级检索方法。通过被试对检索方法的描述和绘制的图形可以发现,他们认为文献数据库提供的检索方法较多,可选择性较大;同时检索功能有特色且方便检索。例如:“既可以逐级分类寻找,如树状图般寻找自己想要的文献……通过划分区域或各种属性的作者、机构等,寻求结果”($T_{7-5}$)。

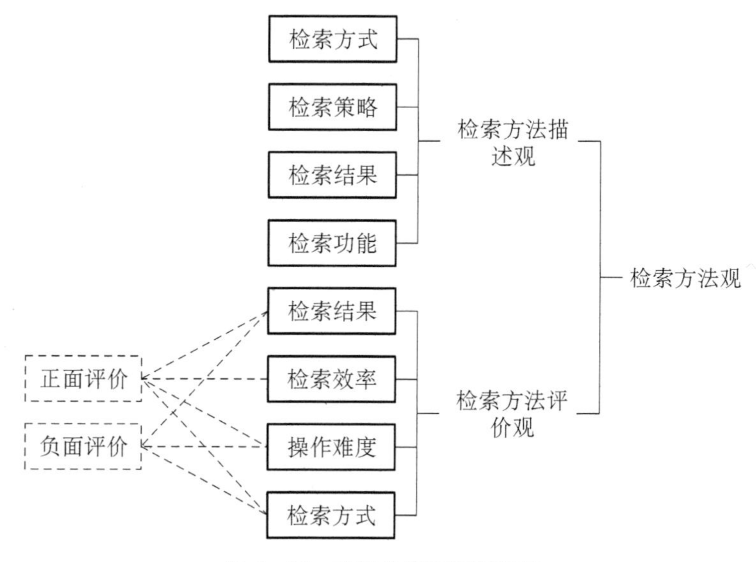


**图 6－23　信息检索方法观结构**

持有信息检索方法评价观的用户主要从检索结果、检索效率、操作难度和检索方式等多维度进行评价。对于检索效率的评价均为正面评价,其余各维度正、负面评价均有。负面评价较少,占总体评价的 18.52%,且集中在 T3 阶段的检索结果和检索方式上。用户在对文献数据库提供的检索方法进行评价时,认为平台检索效率较高、操作难度不大。但在完成探索型任务时,检索方式和检索结果还有令人不满意的地方。同时,被试在对检索方法进行评价时,对于关键词概念的界定不够清晰,有将所有的检索词统称为关键词的现象。例如:“关键词可用,但句子和短语不太容易”($T_{62-3}$)。

(6) 界面观

持有界面观的用户倾向于关注文献数据库的检索界面,具体可划分为界面描述观和界面评价观，其结构如图 6－24 所示。

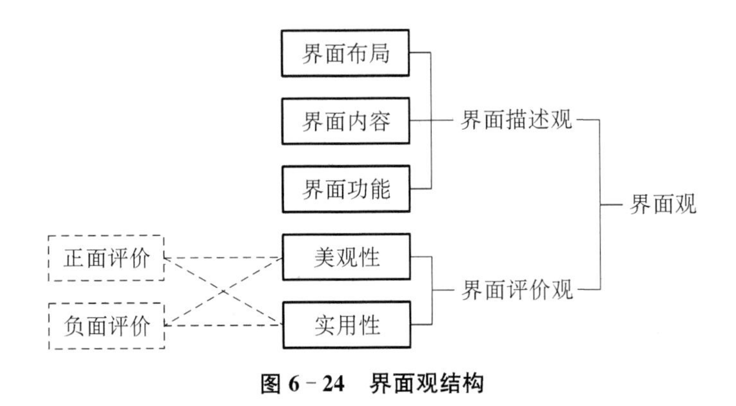


**图 6－24　界面观结构**

持有界面描述观的用户主要从界面布局、界面内容和界面功能维度对文献数据库的界面展开描述。在绘图时，用户重点将文献数据库界面布局、内容和功能等绘制出来。典型的实例有：上方是“中国知网”名称和其他内容。下方的左边是检索内容，右边是来源、关键词和检索历史等（$T_{5-1}$）。持有界面评价观的用户主要从美观度和实用度对文献数据库的界面进行评价。用户对实用度的评价大多从界面布局的规律性、智能提示和高级检索链接的查找等角度展开。有近 62.5%的用户对文献数据库的界面给出了负面评价。用户认为文献数据库界面的智能提示功能可以帮助用户检索[智能提示，相关词汇标红显示（$T_{10-3}$）。]；但排版还需要完善以提高实用度，方便用户实际应用操作[这是见到网站的第一眼，可能是习惯使然，觉得排版不太好，十分混乱，再加上内容十分多，难免有冗长之感（$T_{42-1}$）。]。

（7）用户类型观

持有用户类型观的用户在使用文献数据库时关注的是文献数据库的用户群。持该类心智模型的用户较少。这些被试认为文献数据库是一个知识分子使用较多，日常生活不太常见的检索平台。例如：这个网络在生活中不常见（$T_{20-3}$）；在大学生中认知度不高（$T_{30-5}$）。

（8）用户信息素养观

持有用户信息素养观的用户在使用文献数据库时关注的是其本身是否具备能利用现有的知识背景，通过自身的检索技能去发现、检索和利用信息的能力。用户认为其对于文献数据库的认识不足，自身的检索技能还需进一步提高。例如：这是一个鼠标，知网检索需具备一定的检索能力（$T_{85-2}$）。

(9) 人机距离观

持有人机距离观的用户在使用文献数据库时关注的是他们与文献数据库之间的“距离”，即用户对文献数据库的熟悉程度。此类用户较为特殊，在绘图时，擅用比喻手法描述与文献数据库之间的距离。在对人机距离进行描述时，$T_{35}$被试较为特殊：随着实验进程的推进，在不同的阶段，认为人机距离在不断缩小，如图 6－25 所示。

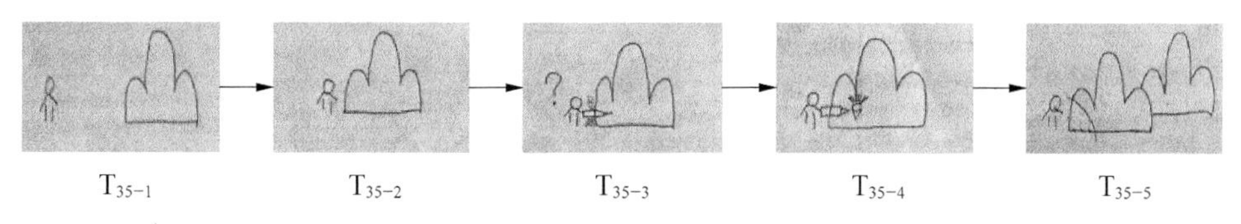


**图 6－25　人机距离观心智模型图实例**

2. 用户心智模型分类的个体差异

(1) 在性别上的个体差异

为了更方便地对数据进行分析，将复合型心智模型拆分为单个心智模型进行计数。从样本总体来看：58 名女性被试包含 372 个心智模型观，25 名男性被试包含 161 个心智模型观。其中，两类用户中占比重较多的均为宏观功能观、信息资源观、系统观和信息检索方法观，超过了平均值(11.11%)，具体内容见表 6.16。不同的是，男性被试中，占比重较多的排序为系统观、宏观功能观、信息检索方法观和信息资源观。女性被试依次为宏观功能观、信息资源观、信息检索方法观和系统观。即相比女性用户倾向于从文献数据库平台的宏观功能、资源和检索方法的角度去描述和评价文献数据库，男性用户倾向从系统、宏观功能和检索方法的角度去描述和评价文献数据库。即男性用户关注文献数据库背后的运行机制是什么样的，女性用户关注的是文献数据库平台能提供什么样的资源，对于系统本身运行原理的关注不是很多。这与 Yan(2008)研究的用户心智模型对于搜索行为的影响中，对于不同性别的用户的心智模型类型差异有相似之处，在该研究中女性对于技术相关的心智观关注较少。[70]

表 6 - 16　不同性别的用户心智模型类型分布情况

| 心智观类型 | 男生/占比(%) | | 女生/占比(%) | | 合计/占比(%) | |
|---|---|---|---|---|---|---|
| 宏观功能观 | 29 | 18.01% | 88 | 23.66% | 117 | 21.95% |
| 信息资源观 | 25 | 15.53% | 86 | 23.12% | 111 | 20.83% |
| 系统观 | 31 | 19.25% | 43 | 11.56% | 74 | 13.88% |
| 信息组织观 | 13 | 8.07% | 29 | 7.80% | 42 | 7.88% |
| 信息检索方法观 | 29 | 18.01% | 72 | 19.35% | 101 | 18.95% |
| 界面观 | 22 | 13.66% | 31 | 8.33% | 53 | 9.94% |
| 用户类型观 | 0 | 0.00% | 4 | 1.08% | 4 | 0.75% |
| 用户信息素养观 | 8 | 4.97% | 5 | 1.34% | 13 | 2.44% |
| 人机距离观 | 4 | 2.48% | 14 | 3.76% | 18 | 3.38% |
| 合计 | 161 | 100.0% | 372 | 100.0% | 533 | 100.0% |

(2) 在使用搜索引擎和电子商务网站年限上的差异

在以使用搜索引擎的年限作为划分用户类型的依据中，均以统计所得的平均数作为阈值。其中 83 名被试的搜索引擎平均使用年限为 7.9 年，而淘宝的平均使用年限为 3.6 年，具体划分结果见表 6 - 17 所示。

不同的是，使用搜索引擎较少的用户还会关注文献数据库的界面，对其展开更多的描述和评价。虽然两者对于文献数据库的信息组织方式关注较少，但是使用搜索引擎较多的用户相比使用搜索引擎较少的用户，对于信息组织的关注仍然稍高。即一个搜索引擎的资深用户，对于文献检索平台的界面关注会更少，更多关注其能带来的实际检索效果。

对于使用淘宝年限不同的用户而言，两者均较多倾向的是宏观功能观、信息资源观、信息检索方法观和系统观。不同的是，淘宝的资深用户对于界面的关注远低于淘宝的新手用户。同时两者心智模型占比排序也有较大的不同。资深用户的占比排序为宏观功能观、信息资源观、信息检索方法观和系统观；新手用户的占比排序为信息检索方法观、信息资源观、宏观功能观、界面观和系统观。即对于资深用户而言，文献数据库能给用户带来什么样的功能体验尤为重要，而新手用户则更多关注怎样在文献数据库中进行检索，其界面特点又是什么。

表 6-17　不同搜索引擎和淘宝使用年限的用户心智模型类型分布情况

| 心智模型类型 | 搜索引擎 | | | | 电子商务网站 | | | | 合计/占比 | |
|---|---|---|---|---|---|---|---|---|---|---|
| | 年限短 | | 年限长 | | 年限短 | | 年限长 | | | |
| 宏观功能观 | 48 | 21.72% | 69 | 22.12% | 54 | 19.01% | 63 | 25.30% | 117 | 21.95% |
| 信息资源观 | 48 | 21.72% | 63 | 20.19% | 57 | 20.07% | 54 | 21.69% | 111 | 20.83% |
| 系统观 | 30 | 13.57% | 44 | 14.10% | 35 | 12.32% | 39 | 15.66% | 74 | 13.88% |
| 信息组织观 | 15 | 6.79% | 27 | 8.65% | 19 | 6.69% | 23 | 9.24% | 42 | 7.88% |
| 信息检索方法观 | 42 | 19.00% | 59 | 18.91% | 61 | 21.48% | 40 | 16.06% | 101 | 18.95% |
| 界面观 | 28 | 12.67% | 25 | 8.01% | 37 | 13.03% | 16 | 6.43% | 53 | 9.94% |
| 用户类型观 | 3 | 1.36% | 1 | 0.32% | 3 | 1.06% | 1 | 0.40% | 4 | 0.75% |
| 用户信息素养观 | 4 | 1.81% | 9 | 2.88% | 5 | 1.76% | 8 | 3.21% | 13 | 2.44% |
| 人机距离观 | 3 | 1.36% | 15 | 4.81% | 13 | 4.58% | 5 | 2.01% | 18 | 3.38% |
| 合计 | 211 | 100.00% | 312 | 100.00% | 284 | 100.00 | 249 | 100.00 | 533 | 100.0% |

## 6.5.2　用户心智模型演进过程

在本次实验的五个时刻，持有复合观的用户分别有 29、18、22、16 和 28 人。为了更加真实地比较和反映用户心智模型关注的焦点，对复合观进行了拆分处理，最终得到用户心智模型分类的演进数据，如表 6-18 所示。

表 6-18　各类用户心智模型在五个阶段的数量分布

| 心智模型分类 | T1 | T2 | T3 | T4 | T5 | 总计 | 总计% |
|---|---|---|---|---|---|---|---|
| 宏观功能观 | 34 | 15 | 15 | 14 | 39 | 117 | 21.91% |
| 信息资源观 | 38 | 11 | 20 | 13 | 29 | 112 | 20.97% |
| 系统观 | 7 | 24 | 22 | 15 | 6 | 74 | 13.86% |
| 信息组织观 | 5 | 11 | 7 | 9 | 11 | 43 | 8.05% |
| 信息检索方法观 | 6 | 19 | 27 | 39 | 10 | 101 | 18.91% |
| 界面观 | 16 | 13 | 4 | 7 | 13 | 52 | 9.74% |
| 用户类型观 | 0 | 1 | 1 | 0 | 2 | 4 | 0.75% |
| 用户信息素养观 | 1 | 3 | 6 | 1 | 2 | 13 | 2.43% |

续 表

| 心智模型分类 | T1 | T2 | T3 | T4 | T5 | 总计 | 总计% |
|---|---|---|---|---|---|---|---|
| 人机距离观 | 7 | 4 | 3 | 1 | 3 | 17 | 3.18% |
| 总计 | 114 | 101 | 105 | 99 | 115 | 534 | 100% |

由表 6-18 可知，持有系统导向的心智模型占据绝大部分比例，高达 81.44%。在持有用户导向的心智模型中，人机距离观的数量略高，有 17 人；其次为用户信息素养观，有 13 人；用户类型观仅有 4 人。由于用户导向的心智模型的数量较低，无法识别其演进的特点。下面重点分析持有系统导向的各类用户心智模型的演进。已有研究得出，系统的用户心智模型通常由认知、策略和评价型情感三个部分构成。但由于以往的研究是从静态视角出发，策略主要是关注用于预期的检索模式。在本研究中将策略纳入认知中，如检索方法部分。因此，本研究持有系统导向的用户心智模型也可以从认知与策略、评价型情感两个方面进行分析。由于情感/评估是对认知和策略描述基础上的进一步评价，所以在分析认知和策略时，以系统导向的心智模型作为分析对象；在情感/评估时，则是将评价型的系统导向的心智模型作为分析对象。

1. 心智观在认知维度的演进

本研究中持有系统导向的心智模型的类型在 T1 到 T5 时数量的变化如图 6-26 所示。

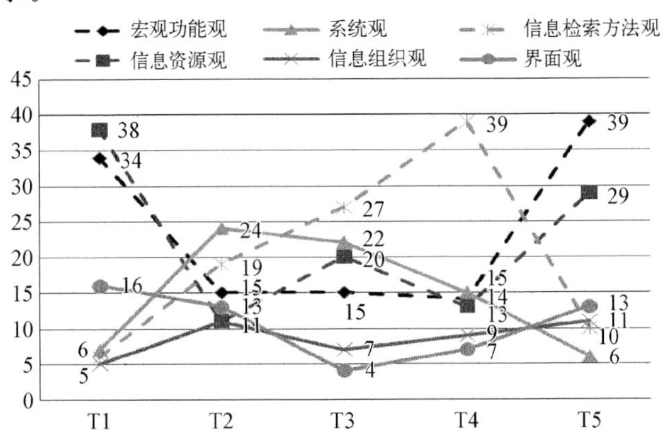


图 6-26　各类用户心智模型在 5 个时期的演进

在 T1 时刻:绝大部分用户持有信息资源观(38 人)和宏观功能观(34 人)。表明用户对 CNKI 自由探索后,主要关注 CNKI 中所拥有的资源。新手用户首次接触 CNKI,他们会发现 CNKI 与之前的搜索引擎最大的不同在于资源的专业性、丰富性和学术性。此外,还会重点关注文献数据库的宏观功能,将 CNKI 比作一种事物,如放大镜、知识殿堂、图书馆。在用户心智模型的形成时刻,常常具备迁移性,即利用自己所持有的相似事物的心智模型来理解当前事物的心智模型。Marchionini(1989)研究发现一些学生简单地将纸质的百科全书的心智模型转移到搜索电子的百科全书上。[45] 此外,有 16 名用户持有界面观,数量仅次于宏观功能观,表明新手用户在初次接触 CNKI 时,主要关注 CNKI 中有什么,做什么用的,是什么样子的。但对于系统内在的运行、信息的组织方式、信息检索方法这些系统的深层次内容与功能则关注较少。持有系统观、信息检索方法观和信息组织观的用户分别有 7 人、6 人和 5 人。

在 T2 时刻:相对于 T1 时刻,持有系统观、信息检索方法观和信息组织观的被试人数呈现出明显的上升趋势,分别增加了 17 人、13 人和 6 人;持有信息资源观、宏观功能观的被试人数则呈现出明显的下降趋势,分别下降了 27 人、19 人;持有界面观的被试人数有略微的下降趋势,下降了 3 人。T2 时刻的图形是让用户以随机顺序完成两个事实型检索任务后绘制的。用户在任务上从自由探索过渡到了实际完成检索任务。为了完成检索任务,用户需要深入到 CNKI 的具体维度,如考察系统的内在运行机制、检索方法和信息组织方式,而不再停留于对 CNKI 宏观功能和资源的认知和评价时刻。但该时刻,更多的用户关注系统的响应性[如:搜索快速,目标准确,直击要害,就像狙击枪上的瞄准镜一样($T_{37-2}$)。]。

在 T3 时刻:整体而言,该时刻被试关注最多的为 CNKI 的检索方法、系统内在运行机制与系统性能评价以及资源。相对于 T2 时刻,持有信息资源观和信息检索方法观的被试数量呈现出明显的上升趋势,分别增加了 9 人和 8 人;持有界面观和信息组织观的被试数量呈现出明显的下降趋势,分别下降了 9 人和 4 人;持有系统观的被试数量略微有所下降,持有宏观功能观的被试数量保持不变。T3 时刻的心智观反映被试在完成探索型任务后对于CNKI的认知与评价。由于探索型任务对于新手用户有一定的难度，需要比T2时刻花费更长的时间，而且检索答案不确定。这类任务会驱使被试探索CNKI是否有更好的检索方法可以供他们完成任务？是否是CNKI内的资源不好，以至于他们无法完成任务？在这个时刻，对资源的负向评价呈现出上升趋势，这一点由后文图6-29可知。

在T4时刻：被试持有信息检索方法观的数量最多，高达39人，并且较前3个时刻都有明显的上升趋势。持有系统观、信息资源观和宏观功能观的被试数量呈现出下降趋势，分别下降了7人、7人和1人。持有界面观和信息组织观的被试数量呈现上升趋势，分别上升了3人和2人。T4时刻的心智观反映了被试在完成干涉型的检索任务后对于CNKI的认知和评价。在任务的驱动下，用户的心智模型发生了较大的改变，高达46.99%的被试集中到了信息检索方法观。由于该任务还提及了下载量和时间，所以拥有信息组织观的被试数量也有略微的增加。而对高级检索界面的关注也引发界面观的被试数量有所增加。由于检索任务的目标非常明确，所以持有信息资源观的被试数量有所下降。而系统观的被试数量的降低(相对于T3)，主要是由于绝大部分被试找到了高级检索功能，并顺利完成了任务，仅有2名未找到检索结果，对系统的抱怨和关注均有所下降，这一点在下文中图6-29中也可以看出。

在T5时刻：用户心智模型的分布与T1时刻类似。绝大部分的用户持有宏观功能观和信息资源观。与T1相比，在完成这些搜索任务后，更多的用户关注到了文献数据库的检索方法和信息组织维度。

2. 评价型情感维度的演进

在文献数据库用户心智模型的类型中带有评价型情感的心智观数量高达287个，占据了总数的53.75%。这表明评价型情感常常伴随着对于文献数据库构成部件的感知和学习而产生。这些情感按照数量的高低分别聚焦于信息资源、系统、信息检索方法、宏观功能、信息组织和界面，如图6-27所示。如前文所述，这些评价观可以分为正向、负向、中立三种，但持有中立评价观的心智模型数量较少，仅有10个。图6-28和图6-29分别揭示了各类评价观中的正、负向情感/评估在T1～T5期间的演进情况。

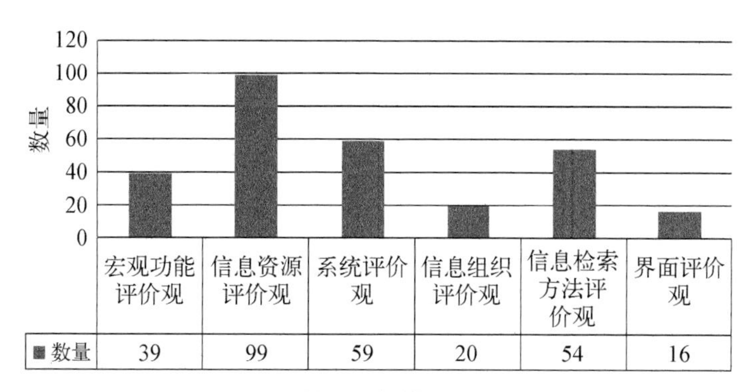


图 6－27　评估型心智模型类型分布情况

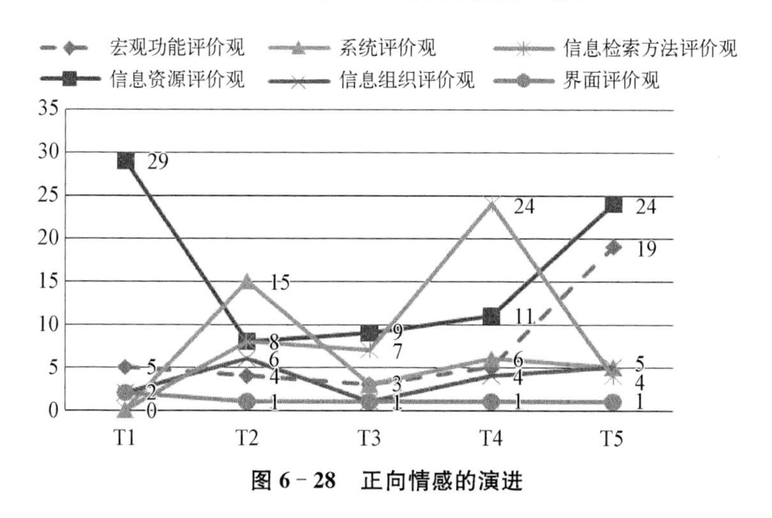


图 6－28　正向情感的演进

由图 6－28 可知：在 T1 时刻，有 29 名被试持有正向的信息资源评价观；有 5 名被试持有正向的宏观功能评价观；分别有 2 名被试持有正向的界面评价观和信息组织评价观。这些数据表明：新手用户在与文献数据库进行初次交互时，主要对其资源较为关注，并且对其留下了正向的情感；而对其宏观功能、界面和信息组织留有正向情感的新手用户却较少，对于系统和检索方法则无人持有正向情感。在 T2 时刻，正向的系统评价观和信息检索方法评价观的数量有迅速的上升，由 T1 时刻的无用户关注分别增长到 15 人和 8 人；正向的信息组织评价观的数量也有所增加，达到 6 人；正向的信息资源评价观的数量下降了 72.41％；正向的宏观功能评价观和界面评价观的数量则分别减少了 1 人。在 T3 时刻，除了信息资源评价观的数量有略微上升,界面评价观的数量保持不变,其他类型的评价观数量则均有所下降。其中,系统评价观的数量下降幅度最大,由 T2 时刻的 15 人下降到 3 人。在 T4 时刻,除了界面评价观数量保持不变,其他类型评价观的数量则较 T3 时刻均有所上升。其中,信息检索方法评价观的上升最为明显,增加了 17 人;系统评价观的数量也有所上升,增加到 6 人。在 T5 时刻,界面评价观的数量保持不变,信息检索方法评价观和系统评价观的数量有所下降,其他评价观的数量则均有所上升。其中,信息检索方法评价观的数量下降幅度最大,下降了 20 人;宏观功能评价观和信息资源评价观上涨幅度较为明显,分别增加了 13 人和 15 人。

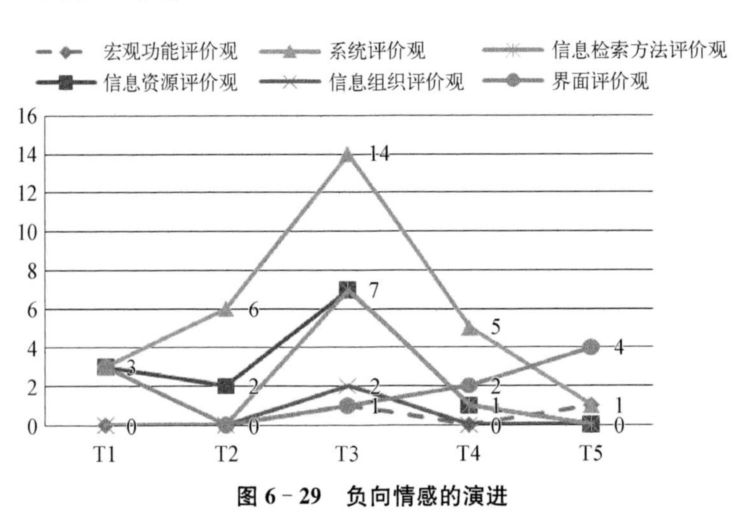


**图 6－29　负向情感的演进**

由图 6－29 可知:整体而言,持有正向情感的评价观的数量高于持有负向情感评价观的数量。在 T1 时刻,分别只有 3 名用户持有负向的界面评价观、信息资源评价观和系统评价观。在 T2 时刻,持有负向的系统评价观的数量上升,此外,仅有 2 名用户持有负向的信息资源评价观。在 T3 时刻,六类负向评价观的数量都较 T2 时刻有所上升,尤其是对于信息资源评价观、信息检索方法评价观和系统评价观的数量。我们推测出现这种情况的原因是由于该时刻的任务类型为探索型任务。相对于事实型任务,探索型任务没有确定答案。Hsieh-Yee(2001)、Kim 和 Allen(2002)的研究均表明:无确定答案的检索任务需要花费用户更大的搜索时间和步骤[152-153]。在 T4 时刻，除了负向的界面评价观数量有略微的上升，其他类评价观的数量均有所下降，下降幅度较大的为系统评价观、信息资源评价观和信息检索方法评价观。在 T5 时刻，负向的界面评价观数量持续上升，其余类型的负向评价观的数量则为 0 或 1，处在一个很低的状态。

### 6.5.3　用户心智模型演进模式

1. 用户与文献数据库交互期(T1～T4)

通过分析用户在 T1 到 T4 时刻绘制的图形及解释，本研究归纳出用户心智模型的四种演进模式，如图 6－30 所示。外围的圆形代表用户心智模型最好的时刻，即与系统的概念模型相一致。箭头代表用户心智模型演进的路线。

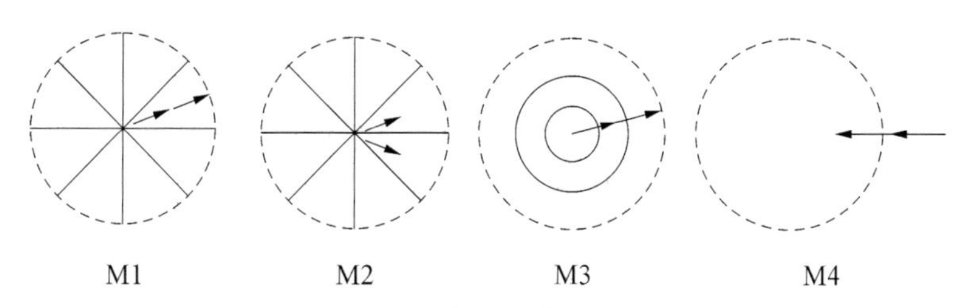


**图 6－30　用户心智模型演进模式**

模式 1：用户心智模型从开始构建到提高的演进过程中，一直是聚焦于文献数据库的一个具体维度，在用户心智模型的精确度方面不断提升，如图 6－30 中的 M1 所示。在用户心智模型的类型上表现为在 T1 到 T4 四个时刻用户的心智观都是信息资源观、系统观、信息组织观、信息检索方法观和界面观中的一种类型，并且呈现出心智模型精确度逐步提高的趋势。

模式 2：在用户心智模型演进的过程中，即在 T1 到 T4 时刻，用户的心智模型会聚焦于文献数据库的不同维度，在完备度方面逐步提升，如图 6－30中的 M2 所示，箭头沿着最优的心智模型的不同部分旋转。在用户心智模型类型的演进上，体现为用户在不同的时刻较前一时刻而言持有不同或更为综合的心智观。

模式 3：在用户心智模型演进过程中，即在 T1 到 T4 时刻，用户都是持有宏观功能的心智观，从整体上描述和评价 CNKI，并且呈现不断提升的趋势,如图 6-30 中的 M3 所示。

模式 4:在用户心智模型演进过程中,即在 T1 到 T4 时刻,用户都是持有人机距离观或用户信息素养观。在其演进过程中表现为用户不断接受和利用文献数据库,缩短与系统之间的"距离"或者感到自己的检索技能不断提高,如图 6-30 中的 M4 所示。

2. 交互一周后(T5)

纵观被试在 T5 时刻对于 CNKI 的心智模型,可以发现该时刻与 T1 时刻非常类似,但又有所不同。不同体现了用户心智模型的演进,相同则体现了用户心智模型的稳定性。通过用户对图形的解释可知,在该时刻用户心智模型主要呈现出"遗忘"和"保持"两种状态。例如,有被试指出:和上周界面一样,感觉印象也停留在上周,没感觉($T_{73\text{-}5}$);只记得一个搜索框了($T_{62\text{-}5}$)。

为了更加清楚地揭示文献数据库用户心智模型的演进规律,依据文献数据库用户心智模型的 4 类演进模式和用户心智模型类型的演进特点,探索性地绘制了新手用户心智模型的演进曲线,如图 6-31 所示。在图 6-31 中,纵轴是用户心智模型的质量,以完备性和精确性两个指标来衡量。心智模型的完备性指用户心智涉及文献数据库维度的多少。心智模型的精确性指用户心智模型对于文献数据库维度认知的准确性。横轴是时间,可以分为学习区和遗忘区两个区域。

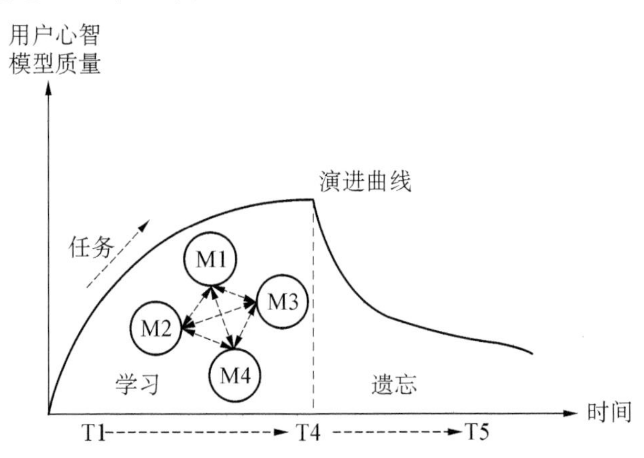


**图 6-31 新手用户心智模型演进曲线图**

在 T1 到 T4 期间，新手用户不断地构建和完善了自己的心智模型。从开始仅仅关注文献数据库的资源和宏观功能逐步转向关注文献数据库后台的运行方式、信息的组织方式、数据库提供的检索方法和数据库的界面功能等。此外，他们依据自身信息检索的体验对系统的构成部分形成了自己的情感性评价。而且，这些认识和评价在不同的时刻都受到外在任务的驱动，进而促发用户发生信息检索行为，从而使得心智模型不断演进。在用户完成检索任务的一周后，即 T5 时刻，被试的心智模型类型分布基本回到了 T1 时刻，虽然有着微小的演进，这表明用户心智模型的演进其实是一个漫长的过程。

## 6.6　研究结论与讨论

### 6.6.1　用户心智模型认知维度的演进规律

1. 新手用户与文献数据库交互中的认知维度

研究发现：当新手用户与文献数据库交互时，用户的认知主要包括对文献数据库的认知、对自身信息素养的认知和对检索任务的认知三个方面。但用户绝大部分的精力集中在对文献数据库的认知维度，高达 92.04%，具体包括对文献数据库宏观定位的认知、对信息资源的认知、对信息检索方法的认知、对信息组织的认知、对文献数据库界面的认知和对系统后台的认知。此外，对自身信息素养的认知概念数量占总概念数量的 6.13%；对检索任务的认知概念数量占总概念数量的 1.84%。

2. 新手用户与文献数据库交互中的认知演进模式

研究发现：随着新手用户与文献数据库的交互，用户对文献数据库的认知呈现出演进趋势，演进示意图如图 6－32 所示。

由图 6－32 可知，整体而言，在五个时刻，新手用户关注的重点维度集中在宏观定位、信息资源和信息检索方法；其次为信息组织；最后为后台系统和系统界面。这表明，当用户在刚刚开始学习和利用文献数据库的过程中，会首先关注文献数据库的宏观功能、信息资源和信息检索方法，也就是会思考文献数据库是什么？有什么？怎么用？而这些问题正是用户使用文献数据库需要具备的基本知识。

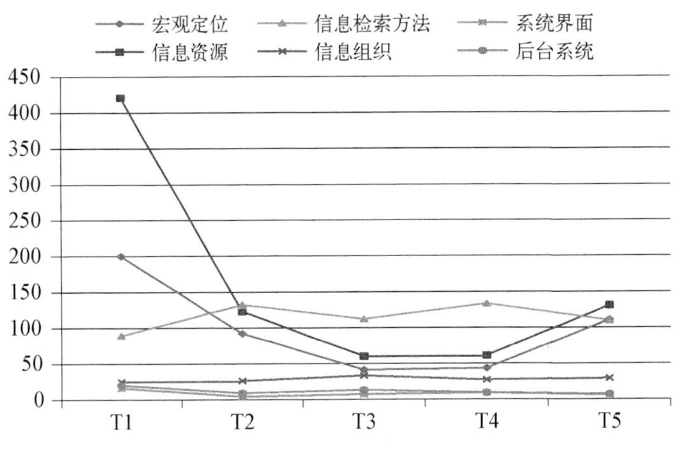


**图 6－32　用户信息检索中的认知演进示意图**

通过进一步观察图 6－32 可知，新手用户认知的演进按照各个维度的演进形态基本可以分为四类。为了便于描述，依据实验设计，可将实验过程分为前期（T1 首次接触期）、中期（T2 到 T4 基于任务的交互期）和后期（T5 回忆期）三个阶段。其中，下文所总结的模式中的高或低是三个阶段对比的结果，是一个相对值。第一种演进模式为，“前期高关注，中期大幅下降，后期又有所上升”，主要有宏观定位和信息资源两个维度。这种模式反映了新手用户在完成实际检索任务的过程中会将认知的重点转向别的维度。第二类演进模式为，“前期低关注，中期高关注，后期又有所下降”，主要有信息检索方法维度。这种模式反映了新手用户在完成实际检索任务的过程中，会将认知的重点集中到该维度，重点思考该采用什么样的检索方法来完成检索任务。第三类演进模式为，“五个阶段均基本持平，上下起伏不大，维持在中等关注水平”。这类模式表明，被试对于信息组织的认知以一种缓慢的方式在演进，通过前文的分析可得到验证。第四类演进模式为，“前期高关注，中后期低关注”，主要有系统界面和后台系统两个维度。这类模式表明随着用户对文献数据库有一定的了解之后，对于系统后台和界面的关注度会降低。上述这些演进过程均表明随着新手用户与文献数据库交互，其认知状态一直在发生变化。

3. 任务类型对用户认知的影响

由六个维度在 T2、T3、T4 的数量一直在发生变化可知，本研究设计的三类检索任务确实驱动着用户认知发生变化。而且，不同的任务类型使得用户认知发生了不同的变化。例如，在 T2 阶段，要求用户完成事实型任务，这类任务较为简单，用户对系统界面和信息组织的关注在这三个阶段中都达到最低，因为用户不需要对检索进行排序和寻找高级检索方法的位置等。在 T3 阶段，要求用户完成探索型任务，难度相对较高，用户对信息组织、系统界面和后台系统的关注都较 T2 阶段有所上升。用户为了完成这类任务，需要不断尝试文献数据库的各种功能。在 T4 阶段，要求用户完成干涉型任务，要求他们利用高级检索完成任务。所以，用户关注的重点自然转到了对检索方法的认知。在该阶段，用户对检索方法的认知强度达到五个阶段的最高峰。

### 6.6.2　用户心智模型评价型情感维度的演进规律

1. 新手用户与文献数据库交互中的情感来源

研究发现：当新手用户与文献数据库交互时，用户会产生带有评价性质的正向和负向两种情感。这些情感与用户对于系统的认知、对自身信息素养的认知和对检索任务的认知相关联。其中，高达 99%的情感集中在对系统的认知层面，主要包括对文献数据库宏观定位、后台系统、信息资源、信息组织、信息检索方法和系统界面。

2. 新手用户与文献数据库交互中的情感演进模式

研究发现：随着用户与文献数据库的交互，用户对文献数据库的情感呈现出演进趋势，且不同维度的情感演进模式存在差异，演进示意图如图 6－33所示。同样，按照认知阶段对前期、中期和后期的定义，演进模式可以归纳为以下几种：第一种演进模式为“前期高关注，中期有所下降，后期上升”，具体维度有信息资源、宏观功能定位和系统界面。第二种演进模式为“前期低关注，中后期关注逐步上升”，具体维度有后台系统。第三种演进模式为“前期低关注，中期逐步上升，后期下降”，具体维度有信息检索方法。

第四种演进模式为“前期低关注，中后期有所上升，但起伏不大”，具体维度有信息组织。由于对自身信息素养的认知和对检索任务的认知的情感词汇非常少，无法揭示这两类情感的演进。此外，本研究发现新手用户情感的演进在一定程度上揭示了用户的学习行为。而如何对交互式信息检索中的学习行为进行测量是当前信息行为的分主题——“搜索即学习”的难点所在（Hanson 与 Rieh，2016[139]；Vakkari，2016[153]）。本研究为测量用户交互式检索过程中学习行为提供了一种新的思路，即情感的演进是信息用户学习行为的一个核心维度。

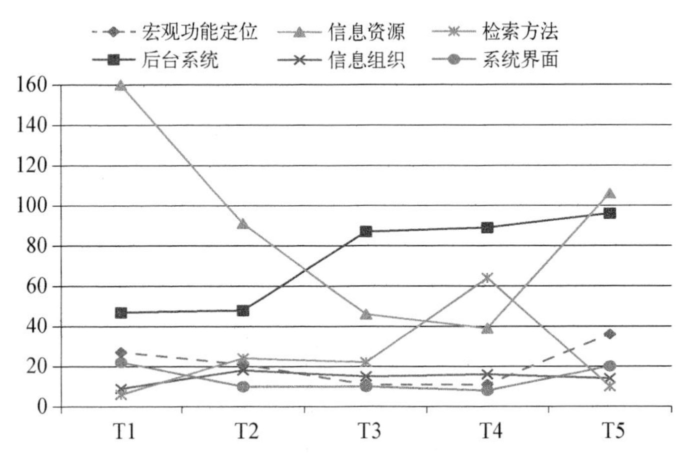


**图 6-33　用户信息检索中的情感演进示意图**

3. 情感与用户面临的任务有关系

研究发现：新手用户在与 CNKI 交互过程中，其对文献数据库情感的表达受到了检索任务类型的影响，尤其体现在正负向情感的分布方面。本次实验设计了事实型检索任务、探索型检索任务、干涉型检索任务三种类型。探索型任务难度较高，需要用户花费更多的时间和认知。因此，在 T3 阶段，宏观功能定位、后台系统、信息组织、系统界面五个维度的负向情感的数量均达到最高水平，即任务越复杂，越容易引发用户的负向情感。本研究中的干涉型任务，重点是让用户学习使用高级检索方法。研究结果表明，用户在 T4 阶段，在检索方法维度，情感的数量达到五个阶段中的最高水平。而且，在该阶段，正向情感的数量远远高于负向情感，表明大部分新手用户可以有效利用CNKI提供的高级检索功能。只有部分新手用户找不到高级检索功能，进而产生负向情感。该研究结论进一步证明了通过设计基于任务的信息检索实验可以用来揭示用户心智模型和用户领域知识结构变更的可行性。

### 6.6.3　用户心智模型分类体系

本研究以用户绘制的415幅图及其解释为分析对象，借鉴扎根理论的思想，以“从下而上”的编码思路，得到了用户心智模型的分类编码体系。将文献数据库新手用户的心智模型按照系统导向和用户导向分为宏观功能观、资源观、系统观、信息组织观、信息检索方法观、界面观、用户类型观、用户信息素养观和人机距离观九个子类。其中，持有系统导向的心智观占绝大部分比例。以往对于用户心智模型的分类主要是按照其精确性（Royer and Cisero，1993[118]）和完备性（Borgman，1984[53]；Dimitroff，1990[54]；Saxon，1997[55]）来进行划分。本研究对于心智模型的分类能够同时关注精确性和完备性两个方面。例如，综合观在一定程度上反映了用户心智模型的完备性。每类心智模型的演进过程体现了用户心智模型精确性的变化。尤其是这种分类体系能够更好地揭示用户关注文献数据库的哪个维度，有利于为今后数据库开发商和界面设计师提供指导建议。

此外，系统导向的心智观都包括描述型和评价型两个子类。评价型心智观是用户对文献数据库认知之后形成的情感方面的评价。在情感研究领域，有学者指出情感常常是伴随着评价发生的（Ellsworth and Scherer，2003[154]）。在LIS学科，Savolainen(2015)提出分析用户信息行为的情感维度时需要从评估理论的视角进行分析。[155] Nahl(2005)指出情感行为可以从积极情感和消极情感两个方面进行分析。[156]本研究发现系统导向的心智模型都包括描述型和评价型两个子类。评价型心智观可以分为正向和负向两种，并且与文献数据库不同的维度相关联。此外，只有极少部分用户持有中立观，但这种中立观也体现为同时含有正向和负向。这一点进一步表明情感或情感评价是用户心智模型常见的构成部分之一。

Ford等（2001）[157]、Papastergiou与Solomonidou（2005）[158]、Kamala

(1991)[96]的研究成果表明性别对用户检索行为和绩效的影响存在相反的结论。造成这种现象的原因:一方面是由于样本问题;另一方面则有可能是由于用户持有不同的心智模型。这一现象的解决需要引入心智模型作为用户个体差异因素和用户检索绩效与行为的中介变量来解释(Zhang,1998[58])。本研究得到心智模型的分类体系,有利于今后对用户按照心智模型类型进行分组研究,从而更为详尽地揭示用户心智模型对于用户检索绩效和行为的影响。

### 6.6.4 基于分类的用户心智模型演进模式

1. 任务对用户心智模型演进的影响

该研究通过设计三类不同的检索任务让文献数据库新手用户完成,并在用户完成任务后测量了用户的心智模型。通过6.4与6.5小节的分析可知,在任务的驱动下,可以成功地提取用户心智模型的演进数据。Zhang(2013)认为任务对用户心智模型的影响,主要是用户对于系统特定维度的关注进而对其产生影响[159]。本次研究在一定程度上证实了这个观点。但任务对用户心智模型的影响主要体现在系统导向的心智观上。对于用户导向的心智观,如人机距离观、用户信息素养观和用户类型观影响则不明显,用户主要关注是自身的检索技能和与文献数据库之间的距离等。由于本次研究获取的用户导向心智观数量较少,没法分析演进特点。今后需要进一步关注任务对用户导向心智模型的影响。

任务对系统导向的用户心智模型的驱动体现在对系统的认知和评价型情感维度,被试在T2、T3、T4时刻,各类心智观的数量均发生了变化。不同类型的任务对用户心智模型的演进产生不同的影响。事实型任务会驱使用户从自由探索阶段重点关注CNKI的宏观功能和资源转向重点关注系统的响应性、信息组织和检索方法维度。由于该类任务较为简单,不需要用户花费太多的认知负荷,用户会非常在意文献数据库的响应性。在本研究中,T2时刻被试的心智模型对CNKI的系统响应性的正向情感高于负向情感。在完成探索型任务时,用户对文献数据库负向的情感强度远超事实型任务和干涉型任务。这表明,面对同样的文献数据库,用户对其会随着任务的难度和聚焦数据库的维度不同而产生不同的情感与评价。任务难度增加，用户的负向情感评价也随之增强。在完成干涉型检索任务后，即 T4 时刻，被试对检索方法的认识有了实质性的进步，并对高级检索方法留下了深刻的印象，进而内化为自身的心智模型。同时，由于绝大部分被试能够利用高级检索顺利完成任务，在该时刻，被试对于检索方法的正向评价达到最高。因此，该结论为今后模拟文献数据库用户心智模型的演进提供思路。即可以通过设计不同的检索任务驱动用户心智模型发生演进，进而分析用户心智模型演进的机理，从动态的角度分析用户与系统的交互。

2. 用户心智模型演进模式

通过对本研究被试心智模型的演进数据进行分析，探索性地绘制了新手用户对于文献数据库用户心智模型的演进曲线。该曲线可以分为 T1～T4 阶段的学习期，以及 T4～T5 阶段的遗忘期。在学习期，被试心智模型的演进模式主要包括四种类型。M1 为用户一直重点关注文献数据库的某一维度，随着任务的进行，对于这一维度的认识的精确度不断提高。M2 为用户一直关注文献数据库的不同维度，随着任务的进行，用户心智模型的完备度逐渐提高。M3 为用户仅仅关注文献数据库宏观功能，即该数据库能够做什么，且这种认知的准确性逐步提高。M4 为用户不断在思考其与系统之间的距离，以及自身信息素养是否有所提高。在遗忘期，用户心智模型会随着时间的推移而退化。特别是当用户在一段时间没有使用系统的某些功能时，其心智模型更容易发生退化(Kieras 与 Bovair，1984[48])。

本研究得到的新手用户心智模型演进曲线与 Ebbinghaus 提及的学习曲线和遗忘曲线基本吻合。这表明可以将用户心智模型的演进看作是一种学习行为演进的结果。“搜索即学习”研究主题已被 Jansen 等(2009)[160]、Hansen 与 Rieh (2016)[139] 等不少学者提出；并且，Gwizdka 与 Chen (2016)[161]，Freund、Dodson 与 Kopak(2016)[162] 等均分析了将搜索视为学习应该如何测量的问题。将信息检索作为学习的过程，关注的核心内容是用户知识结构的变更。而以往的研究更多的是关注用户对于信息需求主题知识结构的变化(Belkin、Oddy 与 Brooks，1982[2])。但其实用户在检索过程中，对文献数据库的认知和情感也会发生变化，尤其是对于新手用户，而这正是用户关于文献数据库心智模型的演进过程。事实上,用户的心智模型演进是用户在信息检索行为情境中学习行为的一部分。此次研究结果对于从整体论视角探索用户学习行为具有一定的理论贡献,即需要同时考察用户的心智模型、用户的领域知识和用户的情感。而且,为了提高用户与文献数据库的交互效率,学术数据库设计者需要调整其设计策略以与用户心智模型的演进机制相吻合。

## 6.7 小结

本章是整个研究的重点部分,主要通过基于任务的信息检索实验法模拟了新手用户心智模型的演进过程。通过综合采用绘图法、概念列表法和问卷调查法收集了用户关于文献数据库心智模型和用户体验等的数据,并采用可视化方法和内容分析法成功地揭示了用户心智模型的演进过程。本章成功地识别了用户心智模型演进过程中的核心维度和元素。其中,评价型情感维度的元素可为下一章文献数据库评价指标的设计提供理论依据。

# 第 7 章　基于用户心智模型演进视角的文献数据库评价

## 7.1　文献数据库评价相关研究

为了促进国内文献数据库的蓬勃发展，以及随着图书馆和相关机构开始尝试对数字资源进行评价，国内外不少学者开始思考如何评价文献数据库的优劣问题。最初的研究仅仅是从定性的角度对文献数据库的评价问题进行探索，主要包括评价原则与标准[163]、评价指标[164]、存在的问题分析[165]。2000 年之后，对于该问题的探索，相关学者开始尝试从“用户视角”出发，不断引入多种新的理论，借以制定相关的评价指标体系。其中，主要有信息构建理论、用户满意度理论和技术接受模型。

1. 用户满意度视角

用户满意度源自市场营销领域 Cardozo(1965)率先提出的顾客满意度。[166]就术语而言，在实物产品与服务领域常常采用顾客满意度，而在信息产品与服务领域常常采用用户满意度。在实物产品与服务领域，典型的满意度模型有 Kano 模型、SCSB(Sweden customer satisfaction barometer)模型、ACSI(American customer satisfaction index)模型、ECSI(European customer satisfaction index)模型和 CCSI(China customer satisfaction index)模型。[167]在信息产品与服务领域，相关研究人员主要借鉴实物产品与服务领域的顾客满意度模型，结合评价的信息产品与服务的特点，来构建相应的用户满意度模型。评价的信息产品与服务的对象主要为电子商务网站[168]、电子政务网站[169]、图书馆[170]、图书馆网站[171]和文献数据库(有的文献用数字图书馆术语)[172]。

对文献数据库的用户满意度进行分析,可为系统的优化提供建议,具体优化建议可以围绕用户感知结构变量和对应的观测变量最终的得分展开。对文献数据库的用户满意度进行分析,可以剖析用户在利用文献数据库时其满意度的形成机理,深入用户的心理发现文献数据库存在的问题。在文献数据库用户满意度方面,南京理工大学甘利人教授的研究团队对该问题进行了较为系统和全面的研究。在 2004 年,甘利人等以 ACSI 模型为基础,结合文献数据库的特点,构建了一套用户满意度评价指标,采用多层次模糊综合评价方法对国内四大文献数据库进行了评价。[173]之后,该研究团队进一步构建了基于感知质量的科技文献数据库网站信息用户满意度模型,采用问卷调查法收集数据,采用结构方程建模法分析数据,最终得出了信息用户满意度的形成机理和影响因素等结论。[174]此外,也有学者单独对文献数据库中的资源内容质量的满意度及其影响因素进行探索。[175,176]

2. 信息构建视角

信息构建(information architecture,IA)由 Wurman 于 1975 年提出,并于 1976 年将其在美国建筑师协会会议上公开。[177]之后,大量的学者开始探索将该理论用于评价网站的可用性问题,认为其核心内容主要包括组织系统、搜索系统、标识系统和导航系统四大系统,该理论可以指导网站设计人员通过设计和处理这四个系统,帮助用户更加迅速和有效地获取信息,同时也可以帮助其组织管理网站中的信息资源。[178]国内周晓英教授探索了信息构建的若干理论问题,提出了基于信息理解的信息构建[179];首次将信息构建与情报学联系起来,并将其作为情报学的研究热点之一。[180,181]近年来,也有学者以美国 iSchool 联盟院校的样本为例,提出以信息构建与信息交互为定位的信息管理专业教育。[182]

甘利人在国内率先将信息构建作为评价文献数据库的一个新视角,依据信息构建的基础理论和信息构建在网站评价中的应用,提出了一套完整的评价指标。[183]并且进一步采用该指标对 CNKI、万方、维普和“国家科技图书文献中心”进行了评价。[184]通过这些研究发现在做基于 IA 的文献数据库评价时,需要在选择评价人员方面非常慎重,因为评价人员使用文献数据库经历的个体差异会对评价结果产生较大的影响。

3. 技术接受模型视角

技术接受模型(technology acceptance model,TAM)由Davis于1989年提出,是信息系统研究领域经典的模型之一。[185]该模型可以解释为什么会存在信息技术的高投入和低使用率的问题,因此被广泛地应用到电子商务、电子政务、移动学习等众多领域。[186]

数字图书馆或文献数据库作为一种信息技术,作为信息系统和用户行为研究的交叉领域之一,TAM自然也可以用于分析数字图书馆或文献数据库的用户接受问题。Thong、Hong和Tam(2002)基于TAM模型分析了数字图书馆的用户接受问题,其中,系统界面特征(术语、屏幕设计和导航)、组织情境变量(相关性、系统的易接近性和系统的可见性)和个体差异特征(使用计算机的自我效能、使用计算机的经验和领域知识)被视为影响用户利用数字图书馆时的感知有用性和感知易用性的外在影响因素。[187]之后,Park、Roman和Lee等(2009)基于技术接受模型对发展中国家用户对数字图书馆采纳的影响因素进行分析,研究发现数字图书馆的易用性显著影响感知有用性,并且间接影响到用户使用意愿。[188]在国内,李贺等(2010)构建了一套数字图书馆资源的用户接受模型,考察了系统帮助和用户的主观规范对用户感知易用性和感知有用性及对用户使用数字图书馆的影响作用。[189]此外,国内也有学者将TAM引入到档案学教学资源库[190]和用户数字学术资源搜索行为[191]的研究之中。

## 7.2　研究问题

以往研究的共同点都是从“用户”视角出发,呼吁文献数据库设计者关注用户,实施以用户为中心的设计。但是评价指标的提出虽然考虑了用户所关心的内容,但大都是基于理论直接构建或者通过专家的建议来获得。而且研究没有针对用户对于文献数据库的熟练程度来分别进行探索。当用户与文献数据库交互时,由于用户心智模型的演进,他们对文献数据库关注的维度和评价的结果也会随之发生变化。对于文献数据库的评价,应该同时从“用户”和“动态”双视角出发。在人机交互领域，心智模型被认为可以降低用户在任务执行期间的认知负荷，常用来指导系统的界面优化和对系统进行可用性评价。[192]因此，自然可以利用用户心智模型对文献数据库进行评价，但是尚未发现有密切相关的研究成果。可能是由于用户心智模型本身存在内隐性特征，难以进行全面的测量。本研究这部分的研究问题为：如何从动态视角利用用户心智模型信息对文献数据库进行评价？

## 7.3 研究设计

### 7.3.1 调查问卷设计

由第 6 章的研究结果可知，文献数据库用户心智模型由认知和评价型情感两个核心维度组成。其中，认知是用户对于文献数据库的感知和了解；评价型情感则是在认知的基础上对于文献数据库优化的判定。这种评价型情感取决于用户认知水平的高低。例如，同样是对于文献数据库 CNKI 的检索界面，有的用户认为目前的检索界面较好，有的用户则认为需要进一步改进。

为了从用户心智模型演进的动态视角对文献数据库进行评价，首先需要制定一套基于用户心智模型的文献数据库评价指标。本研究中，这些评价指标主要是源自文献数据库用户心智模型评价型情感的核心维度。这些维度反映了用户在利用文献数据库的过程中，会对文献数据库的哪些维度产生评价型情感，反映了用户的关注焦点。

结合第 6 章的研究结果，我们制定了具体的测评指标，一级指标为宏观定位、后台系统、信息资源、信息组织、检索方法、检索界面；二级指标为文献数据库的性质、文献数据库的功效、文献数据库的功能、后台系统易用性和后台系统响应性等 26 个指标，详见表 7 - 1。在设计的评价指标和指标含义的基础上，进一步设计了调查问卷的问项，详见附录 G。其中，为了能够反映从动态视角出发，我们选择了“初级用户”“中级用户”和“专家用户”三类群体，以反映从初级用户到专家用户的演进。具体的划分标准详见后文数据分析部分。

**表 7-1　基于用户心智模型的文献数据库评价指标体系**

| 评价指标 | | 指标含义 | 问项 |
|---|---|---|---|
| 一级指标 | 二级指标 | | |
| 宏观定位 | 性质 | 用户是否知道 CNKI 平台本身具有权威性 | Q1 |
| | 功效 | 用户是否知道 CNKI 是搜索文献资源的平台 | Q2 |
| | 功能 | 用户是否视 CNKI 为其学习助手 | Q3 |
| 后台系统 | 易用性 | CNKI 具有易用性 | Q4 |
| | 响应性 | CNKI 的响应性好 | Q5 |
| | 智能性 | CNKI 具有智能性 | Q6 |
| | 功能多样 | CNKI 存在功能多样的性质 | Q7 |
| | 下载量权限 | CNKI 限制下载量的功能不会影响日常的使用 | Q8 |
| 信息资源 | 新颖性 | CNKI 中的信息资源具有新颖性 | Q9 |
| | 类型丰富性 | CNKI 中的信息资源类型足够丰富 | Q10 |
| | 数量 | CNKI 中的信息资源数量足够用户需求 | Q11 |
| | 可信性 | CNKI 中的信息资源足够可信，即可信度高 | Q12 |
| | 可获取性 | CNKI 中的资源具有可获取性 | Q13 |
| 信息组织 | 分类可理解性 | CNKI 中的资源分类具有可理解性 | Q14 |
| | 分类准确性 | CNKI 中的资源分类具有准确性 | Q15 |
| | 分类全面性 | CNKI 中的资源分类具有全面性 | Q16 |
| | 分类效果 | CNKI 中的资源分类效果好(即便于日常的检索) | Q17 |
| | 排序功能 | 用户清楚 CNKI 有四种排序功能(主题排序、时间排序、被引排序和下载排序) | Q18/Q19 |
| 检索方法 | 检索方法多样性 | CNKI 提供的检索方法具有多样性，能够满足用户的检索需求 | Q25 |
| | 检索方法效果 | CNKI 提供的检索方法的检索效果好，能够满足用户的检索需求 | Q26 |
| | 检索方法易学性 | 用户能够自己学会利用 CNKI 提供的各类检索方法 | Q20～Q24 |

续 表

<table>
<tr><th colspan="2">评价指标</th><th rowspan="2">指标含义</th><th rowspan="2">问项</th></tr>
<tr><th>一级指标</th><th>二级指标</th></tr>
<tr><td rowspan="5">检索界面</td><td>界面引导与提示</td><td>CNKI提供了能够帮助到用户的界面引导与提示功能(如:检索历史、检索咨询按钮明显等功能)</td><td>Q27</td></tr>
<tr><td>简洁性</td><td>CNKI界面具有简洁性</td><td>Q28</td></tr>
<tr><td>清晰性</td><td>CNKI界面具有清晰性</td><td>Q29</td></tr>
<tr><td>符号设计</td><td>CNKI界面的字体大小和颜色搭配让用户感觉舒服</td><td>Q30</td></tr>
<tr><td>整体布局</td><td>CNKI界面的整体布局不错</td><td>Q31</td></tr>
</table>

### 7.3.2 调查问卷发放

在2017年6月对制定的调查问卷进行了预调研。预调研随机选择了10名南京农业大学信息科学技术学院的研究生和博士生参加。针对这10名学生在填写问卷过程中遇到的问题进行交流,对表达不清晰的专业术语进行修正,形成了本研究正式调查问卷。调查于2017年6月29日开始,持续到8月28日。一共发放603份问卷,回收513份,有效问卷493份。被调查者群体中男性比例为43.2%,女性比例为56.8%;年龄主要分布在21～40岁,这个年龄段占据了被调查人员的92.1%;被调查人员分布于华东、华南、华中、华北、西北、西南和东北各个区域;其余人口统计学特征详见表7-2所示。

**表7-2 人口统计学特征**

<table>
<tr><th colspan="2">人口统计变量</th><th>人数</th><th>百分比(%)</th><th colspan="2">人口统计变量</th><th>人数</th><th>百分比(%)</th></tr>
<tr><td rowspan="2">性别</td><td>男</td><td>213</td><td>43.2%</td><td rowspan="4">身份</td><td>本科生</td><td>130</td><td>26.4%</td></tr>
<tr><td>女</td><td>280</td><td>56.8%</td><td>硕士生</td><td>177</td><td>35.9%</td></tr>
<tr><td rowspan="4">年龄</td><td>18～20岁</td><td>20</td><td>4.0%</td><td>博士生</td><td>123</td><td>24.9%</td></tr>
<tr><td>21～30岁</td><td>311</td><td>63.1%</td><td>科研人员</td><td>63</td><td>12.8%</td></tr>
<tr><td>31～40岁</td><td>143</td><td>29.0%</td><td rowspan="2">检索课学习经历</td><td>学过</td><td>363</td><td>73.6%</td></tr>
<tr><td>>40岁</td><td>19</td><td>3.9%</td><td>没有</td><td>130</td><td>26.4%</td></tr>
</table>

续　表

| 人口统计变量 | | 人数 | 百分比(%) | 人口统计变量 | | 人数 | 百分比(%) |
|---|---|---|---|---|---|---|---|
| 区域 | 华东地区 | 212 | 43.0% | 使用年限 | 小于等于 1 年 | 79 | 16.0% |
| | 华南地区 | 53 | 10.7% | | 大于 1 年小于等于 3 年 | 176 | 35.7% |
| | 华中地区 | 51 | 10.3% | | 大于 3 年 | 238 | 48.3% |

## 7.4　研究结果分析与讨论

### 7.4.1　信度分析

本次调查问卷数据整体的信度 Cronbach's $\alpha$ 系数为 0.958;宏观定位变量的 Cronbach's $\alpha$ 系数为 0.824;后台系统变量的 Cronbach's $\alpha$ 系数为 0.841;信息组织变量的 Cronbach's $\alpha$ 系数为 0.851;检索方法变量的 Cronbach's $\alpha$ 系数为 0.847;检索界面变量的 Cronbach's $\alpha$ 系数为 0.869;信息资源变量的 Cronbach's $\alpha$ 系数为 0.827。信度分析结果表明:本次调查收集到的问卷数据具有较高的可靠性、一致性和稳定性,可以进行进一步的统计分析。

### 7.4.2　评价指标得分

首先对一级评价指标对应的二级评价指标的均值和标准差进行分析,主要通过 SPSS 软件的描述性统计分析功能获得,如表 7－3 所示。

**表 7－3　评价指标均值与标准差一览表**

| 评价指标 | | 初级用户 | | 中级用户 | | 专家用户 | | 全部用户 | |
|---|---|---|---|---|---|---|---|---|---|
| 一级指标 | 二级指标 | 均值 | 标准差 | 均值 | 标准差 | 均值 | 标准差 | 均值 | 标准差 |
| 宏观定位 | 性质 | 3.80 | 0.82 | 3.98 | 0.86 | 4.17 | 0.76 | 3.99 | 0.84 |
| | 功效 | 3.92 | 0.86 | 4.16 | 0.92 | 4.54 | 0.68 | 4.19 | 0.89 |
| | 功能 | 3.87 | 0.81 | 4.11 | 0.89 | 4.51 | 0.75 | 4.14 | 0.88 |

续 表

| 评价指标 | | 初级用户 | | 中级用户 | | 专家用户 | | 全部用户 | |
|---|---|---|---|---|---|---|---|---|---|
| 一级指标 | 二级指标 | 均值 | 标准差 | 均值 | 标准差 | 均值 | 标准差 | 均值 | 标准差 |
| 后台系统 | 易用性 | 3.54 | 0.91 | 3.91 | 0.86 | 4.269 | 0.83 | 3.91 | 0.89 |
| | 响应性 | 3.39 | 0.90 | 3.92 | 0.92 | 3.95 | 0.85 | 3.85 | 0.92 |
| | 智能性 | 3.45 | 0.95 | 3.87 | 0.88 | 3.58 | 0.81 | 3.76 | 0.89 |
| | 功能多样 | 3.56 | 0.81 | 3.91 | 0.87 | 3.81 | 0.93 | 3.85 | 0.88 |
| | 下载量权限 | 3.03 | 1.11 | 3.53 | 1.10 | 3.56 | 1.12 | 3.47 | 1.12 |
| 信息资源 | 新颖性 | 3.37 | 0.83 | 3.88 | 0.91 | 3.71 | 0.81 | 3.78 | 0.90 |
| | 类型丰富性 | 3.68 | 0.86 | 3.94 | 0.93 | 4.08 | 0.73 | 3.92 | 0.89 |
| | 数量 | 3.49 | 0.92 | 3.82 | 0.98 | 3.71 | 0.90 | 3.76 | 0.96 |
| | 可信性 | 3.75 | 0.82 | 3.94 | 0.90 | 4.00 | 0.81 | 3.92 | 0.87 |
| | 可获取性 | 3.46 | 0.97 | 3.88 | 0.85 | 4.09 | 0.71 | 3.85 | 0.86 |
| 信息组织 | 分类可理解性 | 3.63 | 0.85 | 3.95 | 0.83 | 3.94 | 0.74 | 3.90 | 0.82 |
| | 分类准确性 | 3.55 | 0.73 | 3.96 | 0.87 | 3.63 | 0.82 | 3.85 | 0.86 |
| | 分类全面性 | 3.56 | 0.81 | 3.89 | 0.91 | 3.74 | 0.87 | 3.82 | 0.89 |
| | 分类效果 | 3.49 | 0.79 | 3.92 | 0.89 | 3.74 | 0.95 | 3.83 | 0.90 |
| | 排序功能 | 3.97 | 0.78 | 4.02 | 0.73 | 4.22 | 0.68 | 3.97 | 0.78 |
| 检索方法 | 检索方法多样性 | 3.32 | 0.84 | 3.92 | 0.86 | 4.00 | 0.77 | 3.85 | 0.87 |
| | 检索方法效果 | 3.46 | 0.75 | 3.90 | 0.87 | 3.99 | 0.61 | 3.86 | 0.83 |
| | 检索方法易学性 | 3.79 | 0.77 | 3.88 | 0.72 | 4.08 | 0.60 | 3.79 | 0.77 |
| 检索界面 | 界面引导与提示 | 3.32 | 0.84 | 3.45 | 0.84 | 3.88 | 0.70 | 3.89 | 0.83 |
| | 简洁性 | 3.46 | 0.75 | 3.54 | 0.84 | 3.82 | 0.75 | 3.87 | 0.90 |
| | 清晰性 | 3.45 | 0.84 | 3.55 | 0.84 | 3.87 | 0.73 | 3.86 | 0.88 |
| | 符号设计 | 3.41 | 0.77 | 3.41 | 0.77 | 3.86 | 0.68 | 3.82 | 0.86 |
| | 整体布局 | 3.45 | 0.86 | 3.45 | 0.88 | 3.83 | 0.76 | 3.85 | 0.87 |

为了便于直观地观察三类用户对这些指标评价得分的差别，笔者分别绘制了折线图，如图 7－1、图 7－2、图 7－4、图 7－5、图 7－6、图 7－7 所示。

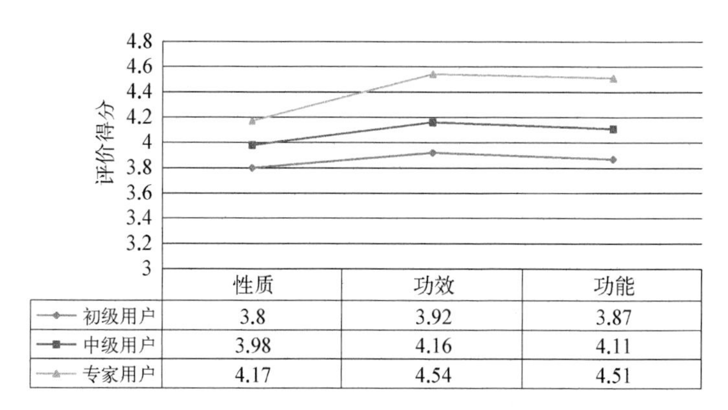


**图 7－1　宏观定位二级指标得分均值图**

由图 7－1 可知，三类用户对于文献数据库的性质、功效和功能的认可程度呈现出类似的趋势：功效的评分＞功能的评分＞性质的评分。就用户的类型来看，在宏观定位的三个二级指标方面，专家用户的评分明显高于中级用户；中级用户的评分明显高于初级用户。这也就意味着，专家用户知道 CNKI 平台具有权威性，是搜索文献资源的平台，会视其为学习助手。而初级用户在这三个维度上的得分均低于 4，表明还是存在不少初级用户不了解文献数据库的宏观功能，不认可该平台具有权威性，不会将其视为学习助手。中级用户除了在性质二级指标得分低于 4，另外两个指标均高于 4。

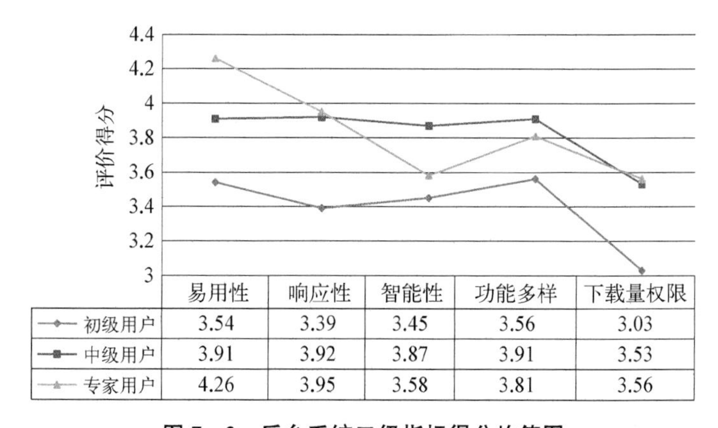


**图 7－2　后台系统二级指标得分均值图**

由图 7－2 可知，专家用户对于系统后台五个指标的评分均高于初级用户，但是在智能性和功能多样两个指标方面却低于中级用户。之所以出现这种情况，我们初步推测是由于随着中级用户向专家用户转变，其对文献数据库的智能性和功能多样的要求会增高。由于当前 CNKI 的智能性和功能多样没法全部满足这类用户的需求，导致其得分降低。而初级用户常常是由于对文献数据库后台系统的智能性和功能多样了解不够充分，也就是其心智模型不够完善，导致这类用户对于这两个指标的评分较低。例如，在以往的新手用户信息检索实验中发现：CNKI 虽然会根据用户输入的检索内容提供有智能推荐检索内容的功能（如图 7－3 所示），但是初级用户却常常会忽略，没有很好地体验类似的功能。[193]在响应性和易用性方面，随着用户专业程度的提高，他们的评价分数也不断提升。在这五个二级指标中，三类用户对于下载量权限指标的评分均最低，表明 CNKI 的限制下载量功能会影响用户日常的使用。

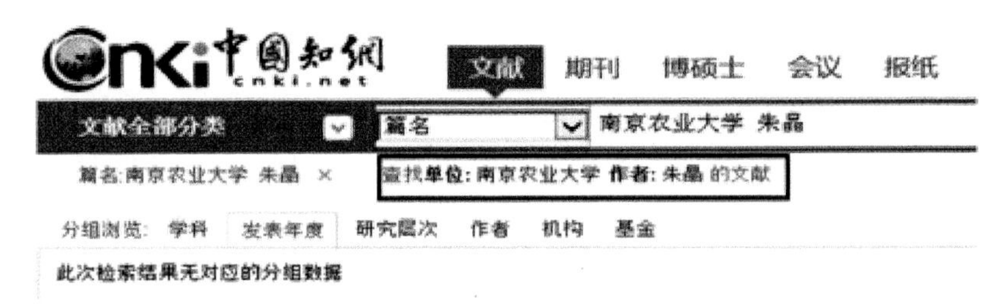


图 7－3　文献数据库推荐功能示意图

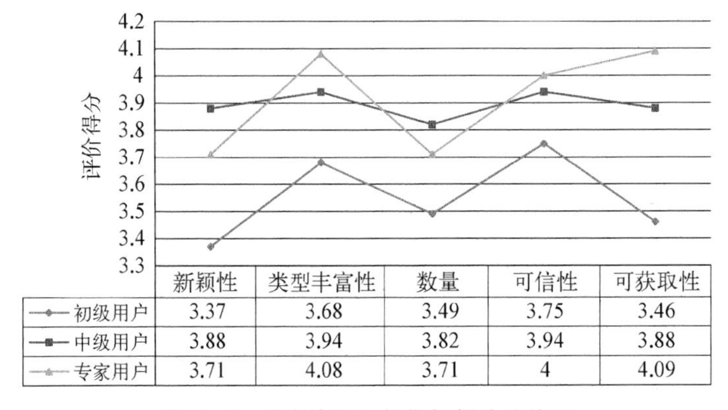


| | 新颖性 | 类型丰富性 | 数量 | 可信性 | 可获取性 |
|---|---|---|---|---|---|
| 初级用户 | 3.37 | 3.68 | 3.49 | 3.75 | 3.46 |
| 中级用户 | 3.88 | 3.94 | 3.82 | 3.94 | 3.88 |
| 专家用户 | 3.71 | 4.08 | 3.71 | 4 | 4.09 |

图 7－4　信息资源二级指标得分均值图

由图 7－4 可知，在信息资源二级指标的评分方面，专家用户除了在信息资源数量和信息资源新颖性方面的评分低于中级用户，其余所有的指标评分均高于中级用户与初级用户。随着用户由中级用户向专家用户转变，他们对信息资源新颖性和数量要求变得越来越高，而CNKI当前提供的资源更新速度和全面性没有满足他们的要求。初级用户的评分结果均明显低于中级用户和专家用户，表明他们的心智模型在信息资源维度完善性和科学性都不高，没有很好地了解当前CNKI资源的特点。

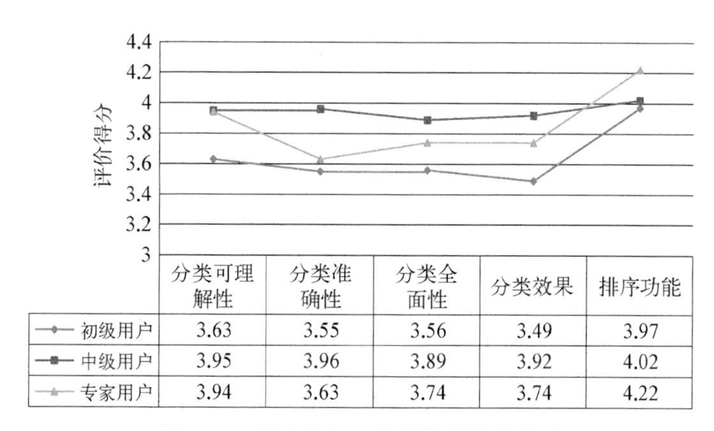


| | 分类可理解性 | 分类准确性 | 分类全面性 | 分类效果 | 排序功能 |
|---|---|---|---|---|---|
| 初级用户 | 3.63 | 3.55 | 3.56 | 3.49 | 3.97 |
| 中级用户 | 3.95 | 3.96 | 3.89 | 3.92 | 4.02 |
| 专家用户 | 3.94 | 3.63 | 3.74 | 3.74 | 4.22 |

**图7-5　信息组织二级指标得分均值图**

由图7-5可知，与前面的几个维度类似，初级用户在信息组织二级指标的评分方面均低于中级用户和专家用户。除了在排序功能方面，中级用户对这几个二级指标的评分均高于专家用户。一方面，表明目前CNKI提供的排序功能能够满足专家用户和中级用户的需求，但有个别的初级用户不能够完全掌握排序功能的使用；另一方面，CNKI在信息组织中的分类方面(分类的可理解性、准确性、全面性和效果)仍有进一步改进的空间。

由图7-6可知，三类用户在检索方法维度的三个二级指标方面的评分结果差异较为明显，即专家用户的评分＞中级用户的评分＞初级用户的评分。这表明当前CNKI提供的检索方法的多样性、检索方法的效果和检索方法的易学性对于初级用户而言仍然存在问题，甚至部分中级用户也没法掌握。例如，在检索方法的多样性方面，初级用户的评分结果为3.32，得分最低。在第3章的访谈中发现，不少初级用户找不到高级检索在哪里。这也就意味着，虽然CNKI的检索方法的功能已经较为全面，但是如何让初级和中级用户接受、理解和使用是需要进一步关注的核心问题。

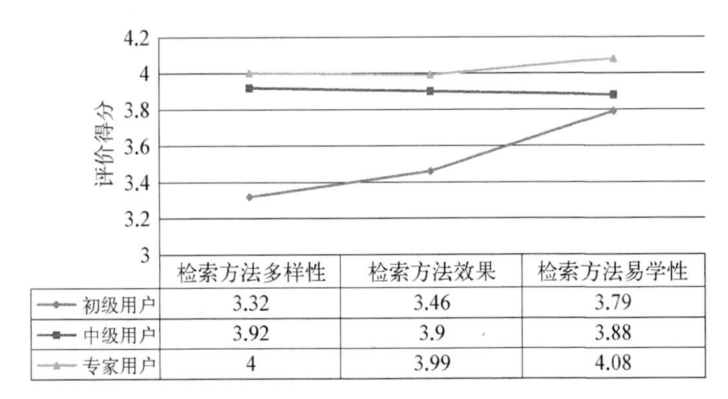


| | 检索方法多样性 | 检索方法效果 | 检索方法易学性 |
|---|---|---|---|
| 初级用户 | 3.32 | 3.46 | 3.79 |
| 中级用户 | 3.92 | 3.9 | 3.88 |
| 专家用户 | 4 | 3.99 | 4.08 |

**图 7-6　检索方法二级指标得分均值图**

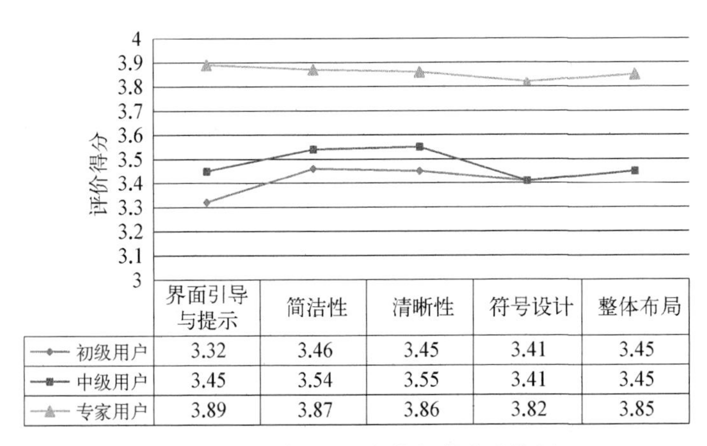


| | 界面引导与提示 | 简洁性 | 清晰性 | 符号设计 | 整体布局 |
|---|---|---|---|---|---|
| 初级用户 | 3.32 | 3.46 | 3.45 | 3.41 | 3.45 |
| 中级用户 | 3.45 | 3.54 | 3.55 | 3.41 | 3.45 |
| 专家用户 | 3.89 | 3.87 | 3.86 | 3.82 | 3.85 |

**图 7-7　检索界面二级指标得分均值图**

由图 7-7 可知，专家用户在检索界面五个二级指标的得分均高于初级用户和中级用户；中级用户除了在符号设计和整体布局两个指标上与初级用户得分相同，剩余的三个指标得分则高于初级用户。但整体而言，三类用户对于 CNKI 检索界面的得分均不高，全部低于 4，表明 CNKI 的界面设计仍有待进一步改进。尤其是初级用户在界面引导与提示的指标得分最低，再次表明 CNKI 的界面引导与提示功能需要完善，需要引导用户实现自我学习。随着用户与 CNKI 交互，其对于 CNKI 的界面设计的评价得分会逐步上升。我们初步推测，这一方面是由于专家用户心智模型的关注重点不再是检索界面，而是转向信息资源或其他维度；另一方面是由于专家用户已经慢慢地开始适应当前 CNKI 的检索界面。

### 7.4.3　三类用户在评分维度的个体差异分析

为了从动态的视角揭示用户对于文献数据库评价的结果，本研究将所调查的用户分为初级用户、中级用户和专家用户三种类型。其中，将学过信息检索课，且是图书馆学、情报学和信息资源管理专业的被调查人员归为专家用户；将年级为大一到大四，且没有学过信息检索课和没参加过图书馆信息检索培训的被调查人员归为初级用户；将剩余的被调查对象都归为中级用户。这样处理的假设为：每个文献数据库用户的心智模型都是受到驱动因素的影响不断发生演进，起初初级用户的心智模型存在不完善、不精确甚至是错误的特征。随着用心智模型的演进，无论是完备度还是精确度均会有所提升。三类用户对于评价指标评分的差异，可以反映出用户心智模型在演进的过程中，用户对于文献数据库评价的“焦点”分别在哪里。

首先，经过方差同质性检验，发现宏观定位、后台系统、信息资源、信息组织、检索方法和检索界面均无违反方差同质性检验($p>0.05$)。之后，进一步进行单因素方差分析，检验结果显示各个一级评价指标的 F 值均达到显著水平。这表明，不同的用户类型在一级评价指标上均有显著差异，事后检验进一步采用 LSD 检验法进行。不同用户类型在一级评价指标上的单因素方差分析结果如表 7－4 所示，LSD 检验结果一览表如表 7－5 所示。

**表 7－4　不同用户类型在一级评价指标上的差异**

| 变量 | 类型 | 宏观定位 | 后台系统 | 信息资源 | 信息组织 | 检索方法 | 检索界面 |
|---|---|---|---|---|---|---|---|
| 用户类型 | 初级用户 | 3.86<br>(0.74) | 3.39<br>(0.75) | 3.55<br>(0.73) | 3.53<br>(0.69) | 3.13<br>(0.63) | 3.48<br>(0.68) |
| | 中级用户 | 4.09<br>(0.77) | 3.82<br>(0.69) | 3.89<br>(0.71) | 3.96<br>(0.66) | 3.89<br>(0.69) | 3.93<br>(0.71) |
| | 专家用户 | 4.41<br>(0.58) | 3.83<br>(0.62) | 3.92<br>(0.58) | 3.92<br>(0.63) | 4.06<br>(0.53) | 3.85<br>(0.56) |
| | $F$ 值 | 10.44*** | 12.24*** | 7.55** | 12.25*** | 46.25*** | 12.91*** |

注：*** $p<0.001$；** $p<0.01$；* $p<0.05$。

在宏观定位方面，$F$ 值为 10.44***，达到显著水平，表明不同类型的用户对宏观定位评价指标的评价存在显著差异。由表 7－5 LSD 检验结果可知，初级用户与中级用户、初级用户与专家用户、专家用户与中级用户存在显著不同。其中，专家用户对宏观定位的评价最高；中级用户次之；初级用户最后。三类用户在该评价指标方面的均值分别为4.41、4.09、3.86。这表明：随着用户心智模型质量的提高，他们对于文献数据库宏观定位的认知也在不断提升，如会清楚CNKI平台本身具有权威性，知道CNKI是搜索文献资源的平台，会视CNKI为其学习助手。初级用户认为CNKI的权威性不高，也不会将其视为学习助手。

**表7-5 LSD多重比较检验结果**

| 因变量 | 用户类型(I) | 用户类型(J) | 均值差(I—J) | 标准误 | 显著性 | 95%置信区间 | |
|---|---|---|---|---|---|---|---|
| | | | | | | 下限 | 上限 |
| 宏观定位 | 初级用户 | 中级用户 | —0.22* | 0.10 | 0.022 | —0.41 | —0.03 |
| | | 专家用户 | —0.54* | 0.12 | 0.000 | —0.78 | —0.30 |
| | 中级用户 | 初级用户 | 0.22* | 0.10 | 0.022 | 0.03 | 0.41 |
| | | 专家用户 | —0.32* | 0.09 | 0.001 | —0.50 | —0.14 |
| | 专家用户 | 初级用户 | 0.54* | 0.12 | 0.000 | 0.30 | 0.78 |
| | | 中级用户 | 0.32* | 0.09 | 0.001 | 0.14 | 0.50 |
| 后台系统 | 初级用户 | 中级用户 | —0.43* | 0.09 | 0.000 | —0.61 | —0.26 |
| | | 专家用户 | —0.44* | 0.11 | 0.000 | —0.66 | —0.22 |
| | 中级用户 | 初级用户 | 0.43* | 0.09 | 0.000 | 0.26 | 0.61 |
| | | 专家用户 | —0.00 | 0.09 | 0.961 | —0.17 | 0.16 |
| | 专家用户 | 初级用户 | 0.44* | 0.11 | 0.000 | 0.22 | 0.66 |
| | | 中级用户 | 0.00 | 0.09 | 0.961 | —0.16 | 0.17 |
| 信息资源 | 初级用户 | 中级用户 | —0.34* | 0.09 | 0.000 | —0.52 | —0.16 |
| | | 专家用户 | —0.37* | 0.11 | 0.001 | —0.59 | —0.14 |
| | 中级用户 | 初级用户 | 0.34* | 0.09 | 0.000 | 0.16 | 0.52 |
| | | 专家用户 | —0.03 | 0.09 | 0.761 | —0.20 | 0.14 |
| | 专家用户 | 初级用户 | 0.37* | 0.11 | 0.001 | 0.14 | 0.59 |
| | | 中级用户 | 0.03 | 0.09 | 0.760 | —0.14 | 0.20 |

续　表

| 因变量 | 用户类型(I) | 用户类型(J) | 均值差(I—J) | 标准误 | 显著性 | 95%置信区间 | |
|---|---|---|---|---|---|---|---|
| | | | | | | 下限 | 上限 |
| 信息组织 | 初级用户 | 中级用户 | −0.42* | 0.09 | 0.000 | −0.59 | −0.26 |
| | | 专家用户 | −0.38* | 0.11 | 0.000 | −0.59 | −0.17 |
| | 中级用户 | 初级用户 | 0.42* | 0.09 | 0.000 | 0.26 | 0.59 |
| | | 专家用户 | 0.04 | 0.08 | 0.606 | −0.12 | 0.21 |
| | 专家用户 | 初级用户 | 0.38* | 0.11 | 0.000 | 0.17 | 0.60 |
| | | 中级用户 | −0.04 | 0.08 | 0.606 | −0.21 | 0.12 |
| 检索方法 | 初级用户 | 中级用户 | −0.76* | 0.09 | 0.000 | −0.92 | −0.59 |
| | | 专家用户 | −0.93* | 0.11 | 0.000 | −1.14 | −0.72 |
| | 中级用户 | 初级用户 | 0.76* | 0.09 | 0.000 | 0.59 | 0.93 |
| | | 专家用户 | −.17* | 0.08 | 0.040 | −0.33 | −0.01 |
| | 专家用户 | 初级用户 | 0.93* | 0.11 | 0.000 | 0.72 | 1.14 |
| | | 中级用户 | 0.17* | 0.08 | 0.040 | 0.01 | 0.33 |
| 检索界面 | 初级用户 | 中级用户 | −0.45* | 0.09 | 0.000 | −0.63 | −0.28 |
| | | 专家用户 | −0.37* | 0.11 | 0.001 | −0.60 | −0.15 |
| | 中级用户 | 初级用户 | 0.45* | 0.09 | 0.000 | 0.28 | 0.63 |
| | | 专家用户 | 0.08 | 0.09 | 0.354 | −0.09 | 0.25 |
| | 专家用户 | 初级用户 | 0.37* | 0.11 | 0.001 | 0.15 | 0.60 |
| | | 中级用户 | −0.08 | 0.09 | 0.354 | −0.25 | 0.09 |

注：*** $p<0.001$；** $p<0.01$；* $p<0.05$。

在后台系统方面，$F$ 值为 12.24***，达到显著水平，表明不同类型的用户对后台系统的评价存在显著差异。由表 7-5 LSD 检验结果可知，初级用户与中级用户、初级用户与专家用户之间存在显著的不同，但中级用户和专家用户之间没有存在显著差异。三类用户在该评价指标方面的均值分别为 3.39、3.82 和 3.83。这表明：随着用户心智模型的提升，其对后台系统的评价会逐步增高，但是当用户成为中级用户之后，对系统后台的评价维持在一定程度不会持续地显著增高。

在信息资源方面，$F$ 值为 7.55**，达到显著水平，表明不同类型的用户对信息资源的评价存在显著差异。由表 7-5 LSD 检验结果可知,初级用户与中级用户、初级用户与专家用户之间存在显著的不同,但中级用户和专家用户之间没有存在显著差异。三类用户在该评价指标方面的均值分别为 3.55、3.89 和 3.92。这表明:随着用户心智模型的提升,其对信息资源的评价会逐步增高,但是当用户成为中级用户之后,对信息资源的评价维持在一定程度不会持续显著增高。

在信息组织方面,$F$ 值为 12.25***,达到显著水平,表明不同类型的用户对信息组织的评价存在显著差异。由表 7-5 LSD 检验结果可知,初级用户与中级用户、初级用户与专家用户之间存在显著的不同,但中级用户和专家用户之间没有存在显著差异。三类用户在该评价指标方面的均值分别为 3.53、3.96 和 3.92。这表明:随着用户心智模型的提升,其对信息组织的评价会逐步增高,但是当用户成为中级用户之后,对信息组织的评价维持在一定程度不会持续显著增高。

在检索方法方面,$F$ 值为 46.25***,达到显著水平,表明不同类型的用户对检索方法的评价存在显著差异。由表 7-5 LSD 检验结果可知,初级用户与中级用户、初级用户与专家用户、中级用户与专家用户之间存在显著差异。三类用户在该评价指标方面的均值分别为 3.13、3.89 和 4.06。这表明:随着用户心智模型的提升,其对检索方法的评价会逐步增高。

在检索界面方面,$F$ 值为 12.91***,达到显著水平,表明不同类型的用户对检索界面的评价存在显著差异。由表 7-5 LSD 检验结果可知,初级用户与中级用户、初级用户与专家用户之间存在显著的不同,但中级用户和专家用户之间没有存在显著差异。三类用户在该评价指标方面的均值分别为 3.48、3.93 和 3.85。这表明:随着用户心智模型的提升,其对检索界面的评价会逐步增高,但是当用户成为中级用户之后,对检索界面的评价维持在一定程度不会持续显著增高。

## 7.5 文献数据库优化方向的建议

### 7.5.1 面向情感化的文献数据库优化建议

由本部分的研究结果分析可知,通过提取用户心智模型的带有评价型情感关注维度的数据，可以用来评价当前文献数据库存在的问题。本研究成功得到了初级用户、中级用户和专家用户对于文献数据库宏观定位、后台系统、信息资源、信息组织、检索方法和检索界面的评价结果。随着“以顾客需求为中心”理念的热推，在人机交互领域提出了情感化设计概念(emotional design)。情感化设计主要关注理论层次，诺曼(Norman)在《情感化设计》一书中从知觉心理学的视角提出与情感相关的三个层次的设计，具体包括本能水平(如：外形)的设计、行为水平(如：使用的乐趣和效率)的设计和反思水平(用户满意、记忆等)的设计。[194]与情感化设计密切相关的一个研究和实践领域为感性工学。感性工学试图将顾客的感性需求及意向转化为产品具体的设计要素，强调情感需求与技术的统一和融合，能够真正把握人与物的交互“界面”，使得产品更为贴近人的生活，亦能启发更为丰富的生活方式。[195]

在 LIS 学科，虽有不少信息行为的研究成果涉及用户情感问题(详见 6.4.2 小节)，但并未发现有将文献数据库情感化设计与感性工学相结合的研究成果。因此，今后的文献数据库优化实践领域，应该重点关注如何将信息行为研究中与情感有关的理论成果与感性工学知识相结合，将文献数据库打造为符合用户情感的产品。从感性工学和情感化设计出发进一步优化文献数据库的设计也是将实现模型与用户心智模型相吻合的过程。具体而言，文献数据库用户心智模型情感维度涉及的一级评价指标和二级评价指标即为产品设计要素；而用户在与 CNKI 交互过程中产生的心智模型情感维度的演进为用户感性意向变化的反映。通过感性工学的方法可以构建设计要素和感性意向之间的映射关系。[196]依据得到的映射关系，可以帮助设计人员找出存在负面情感较多的设计要素，从而有针对性地指导文献数据库的优化。

### 7.5.2　基于符号学的界面引导设计建议

通过本次研究发现，虽然专家用户和中级用户对于文献数据库界面评价的得分显著高于初级用户，但是三类用户对该维度的评价得分均低于 4。尤其是初级用户对于 CNKI 界面引导与提示功能的评分在二级指标的得分中最低。这些数据均表明，当前 CNKI 的界面仍有较大的改进空间。此外，在检索方法维度，初级用户对于检索方法的多样性和易学性得分显著低于专家用户。这一点也体现出当前文献数据库界面设计的缺陷。因为 CNKI 当前已经提供了可以满足用户检索文献的多种检索方法（如：初级检索、高级检索、专业检索、分类检索等），这一点可以从专家用户对于该维度的评分结果得知。但之所以初级用户在这两个指标上的得分低，一方面是由于用户自身心智模型的不完善性，另一方面则是 CNKI 界面没有很好地引导这类用户发现和利用多种检索方法。

改善文献数据库的界面设计，可以从符号学中找到改善的理论依据。符号学萌芽于 20 世纪初，发展于 20 世纪 60 年代，主要奠基人物有索绪尔（瑞典语言学家）和皮尔斯（美国实证主义哲学家）。符号学是研究符号的本质及其发展规律、符号的意义、符号与人类行为之间关系的学科。作为一个非独立学科，大众传媒和计算机人机界面设计中已经关注符号学的问题，有的学者从符号学角度研究美术图画功能，有的学者建立了图文设计符号学和计算机符号学。用户在数据库界面完成检索任务，主要是通过对界面信息的感知和内心的心智模型相匹配，进而进行信息加工和信息检索的过程。而这个过程的完成，需要依靠文献数据库界面符号有效引导用户行为。

具体而言，可以按照符号的分类，依据文献数据库的特点，设计一些具有“指示性和图形性”或“象征性和隐喻性”的符号。此外，符号本身并不仅仅指文字，同时也包括语音，这一点也正是当前该产品所欠缺的。在提示用户进行相应操作时或介绍新的产品功能时，可以辅之以语音，这样将更能引起用户的关注，帮助其缩短认识新产品或新功能的接触过程。总之，在改进数据库界面设计时，应该依据科学的知识，如结合符号学和对用户心智模型研究的结果进行，而非以设计者的偏好进行，使得文献数据库的设计和优化向科学化的方向发展。

### 7.5.3 面向用户学习行为的设计建议

想要深入了解用户利用文献数据库的行为，首先需要从认识论视角反思如何看待信息。如果持有将信息视为一种“事物”的认识论，用户信息检索行为则主要是为了获取和搜索信息；而建构主义视角则将信息视为知识或信念，认为用户信息检索的过程是将信息转化为新知识的过程，即学习过程。建构主义为理解用户信息检索行为提供了更为广阔的空间，这一点可从近年来“搜索即学习”主题的兴起得到佐证。“搜索即学习”研究主题的核心任务之一是通过探索用户知识结构的变更来反映学习行为的发生。知识结构的变更常常包括用户领域知识和用户心智模型的变更。

在LIS学科，早已有学者提出学习和检索的关系机理。例如，Dervin(1992)认为信息需求为用户内在构建的以解决“缺口”或不连续的事物。[197] 文献数据库设计者可以将信息搜索视为学习发展来解决这一差距。Marchionini(2006)推测，搜索可以是一个学习过程，需要多次迭代和对检索结果进行认知评估。[198] 在教育学领域，也不断有学者提出要为学生创建交互式的学习环境。例如，Budhu和Coleman(2002)提出，为学生提供交互式的学习环境，可以促进他们对科学和工程概念的理解。[199] 因此，从建构主义范式下分析用户信息行为可以为文献数据库的设计提供新的方向，即面向用户学习行为的优化设计。

具体而言，文献数据库开发商可以设计具有支持性的搜索界面以支持搜索过程中的学习。因为，当用户在搜索过程中遇到的信息客体(即：文献数据库的界面元素)会激发用户转换他们的搜索任务或意图。此外，用户在搜索过程中的意义建构，可以通过知识结构的变更来揭示。如果文献数据库设计人员利用文本展示、图像、图表等多种形态来表征信息，可以促进他们意义建构的过程。例如，相对于CNKI以前的版本，目前CNKI的版本已初步具备了面向用户学习行为的界面设计，如图7-8所示。通过这部分界面展示功能，可以辅助用户加速了解检索结果的基本概况。在今后，文献数据库设计者可以结合可视化技术和文献计量学对于知识结构演进的成果，不断将其引入到对文献数据库检索结果的展示中。通过该策略可以让用户在短时间内对大量的检索结果进行初步分析，进而了解每个知识点在知识体中的位置及其演进的过程。总之，文献数据库设计人员应该为用户提供更多的具有交互性的支持其学习的功能，帮助用户反思他们搜索过程中的学习过程和对搜索结果的认知。

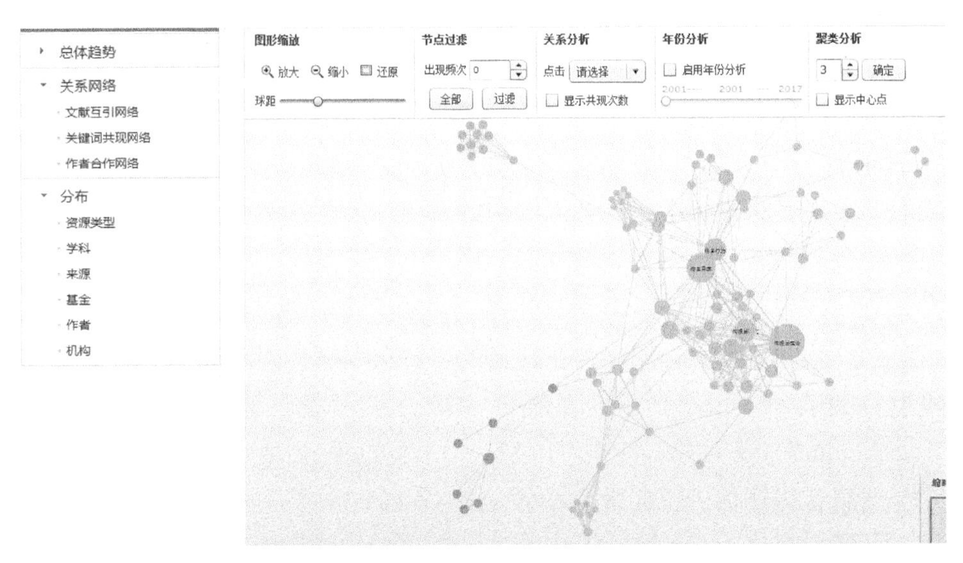


**图 7－8　CNKI 检索结果分析功能展示**

## 7.6　小结

本章主要从用户心智模型演进的视角分析了如何对文献数据库进行评价的问题。研究从文献数据库用户心智模型情感维度的演进结果中提取了用户评价文献数据库的相关指标，采用调查问卷法收集了初级用户、中级用户和专家用户对于文献数据库的评价结果。研究结果表明：在宏观定位和检索方法两个维度，随着用户熟练程度的提升（即心智模型的演进），他们对这两个维度的评价结果也会逐步提升。但在后台系统、信息资源、信息组织和检索界面四个维度，专家用户和中级用户对它们的评分显著高于初级用户的评分；但是这两类群体间没有显著的不同。最后，依据评价结果提出了今后文献数据库的优化需要综合考虑用户的情感、用户的学习行为和数据库界面的引导功能。

# 第8章　研究结论与展望

## 8.1　研究结论与启示

本研究依据研究问题的特点，综合采用访谈法、问卷调查法和实验法对文献数据库用户心智模型演进的相关问题进行了全面的探索。研究的结论和主要贡献体现在理论贡献和对策启示两个方面，具体如下文所述。

### 8.1.1　研究结论

1. 文献数据库用户心智模型驱动因素

本次研究通过"质性访谈研究＋探索性因子分析＋验证性因子分析"三个递进的研究过程，不断地识别和验证了文献数据库用户心智模型的驱动因素及其重要性排序。研究发现，这些驱动因素包括检索任务（简单检索任务和复杂检索任务）、学习迁移（搜索引擎学习迁移和购物网站学习迁移）、文献数据库检索体验（界面引导与提示和信息服务产品）和学习途径（自我摸索、信息检索课程、图书馆信息检索培训、请教老师和与同学交流）四大类驱动源和11个具体的驱动因素。之所以这11个因素成为文献数据库用户心智模型驱动因素，可以通过分布式认知理论进行较好的解释。

此外，在驱动因素方面，本研究进一步证实了检索任务可以驱动用户心智模型发生演进。研究发现，检索任务对文献数据库系统导向的用户心智模型的驱动体现在对文献数据库的认知和情感评价两个核心维度。不同类型的任务对用户心智模型的演进产生了不同的影响。事实型任务会驱使用户从自由探索阶段重点关注CNKI的宏观功能和资源转向重点关注系统的响应性、信息组织和检索方法维度。探索型任务会驱使用户对文献数据库负向的情感强度远超事实型任务和干涉型任务。本研究设计的干涉型检索任务驱使被试对检索方法的认识有了实质性的进步,并对高级检索方法留下了深刻的印象,进而内化为自身的心智模型。这些研究成果进一步为"基于任务的信息检索行为实验"的研究提供了理论基础。

2. 文献数据库用户心智模型的演进过程

本研究采用实验法和概念列表法,通过定性编码的方法得到了文献数据库用户心智模型的演进过程。主要体现在文献数据库用户认知演进和评价型情感演进两个方面。

(1) 在用户心智模型认知维度的演进方面

研究结论主要有:第一,在不同任务类型的驱动下,文献数据库新手用户心智模型的认知维度会发生演进。用户心智模型的认知主要包括对文献数据库的认知、对自身信息素养的认知和对检索任务的认知。用户绝大部分的精力集中在对文献数据库的认知维度,高达92.04%,具体包括对文献数据库宏观功能定位的认知、对文献数据库中信息资源的认知、对文献数据库中检索方法的认知、对文献数据库中信息组织的认知、对文献数据库界面的认知和对文献数据库系统后台的认知。第二,用户对于文献数据库不同维度的认知呈现出不同的演进模式。在文献数据库宏观定位和信息资源的认知维度呈现出"前期高关注,中期大幅下降,后期又有所上升"的演进模式;信息检索方法维度呈现出"前期低关注,中期高关注,后期又有所下降"的演进模式;信息组织维度呈现出"五个阶段均基本持平,上下起伏不大,维持在中等关注水平"的演进模式;在系统界面和后台系统的认知维度呈现出"前期高关注,中后期低关注"的演进模式。

(2) 在用户心智模型情感维度的演进方面

研究结论主要有:第一,当新手用户与文献数据库交互时,用户会产生带有评价性质的正向和负向两种情感。这些情感与用户对于系统的认知、对自身信息素养的认知和对检索任务的认知相关联。其中,高达99%的情感集中在对系统的认知层面,主要包括对文献数据库宏观功能定位、后台系统、信息资源、信息组织、信息检索方法和系统界面。第二,随着新手用户与文献数据库的交互，他们对文献数据库的不同维度的情感呈现出不同的演进过程。第一类演进过程为“前期高关注，中期有所下降，后期上升”，具体维度有信息资源、宏观功能定位和系统界面。第二类演进过程为“前期低关注，中后期关注逐步上升”，具体维度有后台系统。第三类演进过程为“前期低关注，中期逐步上升，后期下降”，具体维度有信息检索方法。第四类演进过程为“前期低关注，中后期有所上升，但起伏不大”，具体维度有信息组织。

这些结论反映了文献数据库用户心智模型演进过程的核心问题，如用户的认知和情感主要集中在哪些维度？都有哪些演进模式？有利于为今后从定量的角度揭示用户心智模型的演进提供理论基础和可操作性的测量。

3. 文献数据库用户心智模型分类

本次研究通过绘图法收集用户心智模型的数据，依据收集到的绘图结果及其相应的解释，采用扎根理论的思路得到了一套以主客体为分类维度的用户心智模型类型分类体系。这套分类体系可以清晰地揭示用户在与文献数据库交互时关注的内容。其中，绝大部分用户持有系统导向观，该维度包括宏观功能观、信息资源观、系统观、信息组织观、信息检索方法观和界面观六种类型；少部分用户持有用户导向观，该维度包括用户类型观、用户信息素养观和人机距离观三种类型。系统导向的各类心智模型又可分为描述观和评价观。其中，描述观与用户心智模型认知维度相对应；评价观与用户心智模型情感维度相对应。可以按照分阶段的思路，分析每个阶段用户心智模型的类型及其数量，从而对用户心智模型的演进问题进行分析。而且，通过绘图法得到的结果与概念列表得到的结果具有一致性，充分表明了研究结果的准确性。这套分类体系有利于为今后探索用户心智模型类型与用户检索绩效之间的关系机理提供理论基础。

4. 文献数据库用户心智模型整体演进模式

本次研究得到了新手用户对于文献数据库用户心智模型的演进曲线，该曲线可以揭示用户心智模型演进的路径和一般规律。演进曲线具体可以分为学习期（T1～T4 阶段）和遗忘期（T4～T5 阶段）两个区域。在学习期，被试心智模型的演进模式主要包括四种类型。M1 为用户一直重点关注文献数据库的某一维度，随着任务的进行，对于这一维度的认识的精确度不断提高。M2 为用户一直关注文献数据库的不同维度，随着任务的进行，用户心智模型的完备度逐渐提高。M3 为用户仅仅关注文献数据库宏观功能，即该数据库能够做什么，且这种认知的准确性逐步提高。M4 为用户不断在思考其与系统之间的距离，以及自身信息素养是否有所提高。在遗忘期，用户心智模型会随着时间的推移而退化。此结论是本研究的一个重要创新点。创新之处体现在：首次尝试性地提出文献数据库用户心智模型演进曲线，并通过实验数据进行了论证，而且得到了心理学研究结果的支持。具体而言，在演进曲线的绘制中，纵向维度同时考虑了用户心智模型的精确性和完备性；横向维度同时考虑了学习区和遗忘区。

5. 文献数据库用户心智模型的评价效用

本研究从用户心智模型演进的视角对文献数据库进行评价，可以进一步完善对文献数据库评价的理论视角。在评价指标的选取上，从用户心智模型的评价型情感维度提取评价指标，完全做到了以用户为中心对文献数据库进行评价。同时，将被调查者分为初级用户、中级用户和专家用户三种类型，通过分析三类用户对文献数据库的评价结果，可以发现处于不同阶段的用户对于文献数据库各个功能维度的需求和评价结果。采用这种评价思路能够真正揭示人机交互环境下随着用户心智模型的演进，其评价结果的变化过程。具体而言，研究发现在文献数据库的宏观定位和检索方法两个维度，随着用户熟练程度的提升（即心智模型的演进），他们对这两个维度的评价结果也会逐步提升。在后台系统、信息资源、信息组织和检索界面四个维度，专家用户和中级用户对它们的评分显著高于初级用户的评分，但是这两类群体间没有显著的不同。

### 8.1.2 研究启示

1. 文献数据库优化建议

本研究依据多个部分的实证研究结果（尤其是第 7 章对文献数据库的评价结果），分别提出了文献数据库相应的优化建议。主要的建议有：

第一，面向情感化的文献数据库优化建议。第 6 章的研究结果显示评价型情感是用户心智模型的核心维度；第 7 章的研究进一步针对评价型情感通过设计指标对文献数据库进行了评价。这些研究结果均表明用户情感会显著影响其使用文献数据库的效率。因此，如何满足用户的情感需求，是当前文献数据库优化的主要方向之一。具体优化时，可引入人机交互领域兴起的感性工学的基础理论知识和方法对文献数据库评价的结果进行优化。

第二，文献数据库界面优化建议。通过第3章研究发现被试对当前CNKI新产品位置的设定不满意。通过第4章研究发现，当前文献数据库信息服务产品常常被用户所忽视，不会对其心智模型的演进产生大的影响。通过第7章研究发现当前CNKI的界面仍有较大的改进空间。针对这些研究结果，本研究提出了基于符号学的界面引导优化建议。具体而言，首先，产品位置展示的区域选择应该合理。在进行新产品推送时，可以将其置于“检索框周围”和采用“浮窗形式”。对于重要的信息服务产品，如“帮助中心”和“产品使用手册”应该置于首页较为明显的位置。其次，界面信息的表达可以采取合理隐喻的方式，促进用户对于文献数据库界面含义和功能的理解。在选择隐喻对象时，要使隐喻所表达的意义具有很好的识别性，与用户的实际生活体验相结合。同时隐喻的使用需要注意创新性和可理解性的平衡。最后，采用多元的符号形式表达相关信息。在提示用户进行相应操作时或介绍新的产品功能时，可以辅之以文字和语音，这样将更能引起用户的关注，帮助其缩短认识新产品或新功能的接触过程。

第三，面向用户学习行为的文献数据库设计建议。本研究通过多个部分的实证研究均表明，当用户在与文献数据库交互时，其心智模型会发生演进，主要体现为向完备性和精确性方向演进。这也就意味着，用户会不断学习文献数据库的各类功能。近年来，信息检索领域兴起的“搜索即学习”主题，也在不断强调用户搜索和学习行为的关系。因此，本研究提出了面向用户学习行为的文献数据库的设计方向。该理念从建构主义视角出发，认为用户信息检索行为不仅仅是获取和搜索信息，而是将信息转化为新知识的过程，可以为理解用户信息行为提供新的思路和广阔的发展空间。具体而言，文献数据库开发商可以设计具有支持用户学习的搜索界面。例如，可以结合可视化技术和文献计量学对于知识结构演进的成果，不断地将其引入到对文献数据库检索结果的展示中。通过该策略可以让用户在短时间内对大量的检索结果进行初步分析，进而了解每个知识点在知识体中的位置及其演进的过程。

2. 用户信息素养培训建议

在本研究的第3章和第5章，分别提出了不同的用户信息素养培训建议。其中，最重要的两条建议为：第一，信息素养培训的内容应有侧重。可以依据用户心智模型的核心维度来设计教学模块。具体而言，可以利用学习迁移辅助教学，重点引导用户学习和利用高级检索方法。例如，由于购物网站学习迁移对文献数据库用户心智模型的提升最大，为用户提供信息检索培训时可设计"购物网站商品检索和文献数据库信息检索对比分析"主题，找出两类平台检索方法的异同点，帮助用户完成正向的学习迁移。第二，优化信息素养培训的方式。研究提出了采取不同类型任务驱动的培训与教学。具体可以先让学习者完成简单的信息检索任务提升用户正向情感；然后再让其完成复杂检索任务。当用户遇到困难，让其自己先摸索突破，无法完成时再进行个性化指导，从而提升用户的自主学习能力。

## 8.2 研究局限与展望

整体而言，本研究历时近3年半，虽然成功揭示了文献数据库用户心智模型的演进机理，较圆满地达到了项目的预期目标。但是在研究过程中，仍旧存在一些局限。此外，随着研究的开展也不断发现了一些需要进一步探索的问题。例如，本次研究的核心部分第6章，选取的主要是新手用户。但是新手用户和专家用户在与文献库交互的过程中心智模型的认知和评价型情感演进过程和特点是否会有不同？各类用户心智模型的检索行为之间是否存在显著差异？这些问题有待进一步深入探究。具体而言，本研究存在的局限和后续研究如下所述。

### 8.2.1 研究局限

1. 研究样本的局限

由于对文献数据库用户心智模型演进的研究成果并不多，所以本研究具有较强的探索性。而对于具有探索性的研究问题常常需要采用探索性的研究方法,如访谈法和实验法。本研究在样本的选择上存在一定的局限性。如在进行访谈法和实验法时,主要是采用了便利抽样的方法,选取的被访者和被试都是研究人员所在高校的大学生。为了进一步增强研究结果的可推广性,今后需要进一步扩大样本的范围和数量。此外,由于样本的限制,对持有不同类型用户心智观的用户在检索绩效上有何差异,无法通过应用统计学的方法进行检验,也是本研究的样本局限的表现之一。

2. 研究视角的局限

文献数据库用户心智模型的演进是一个漫长的过程,且常常维持稳定的状态。本次研究在探索用户心智模型演进过程和模式时,主要从新手用户出发,通过让他们完成不同难度的任务来驱动其用户心智模型发生演进。虽然成功揭示了文献数据库用户心智模型演进的基本问题,但是为了更为详尽地揭示用户心智模型演进的规律,今后仍然需要从更为长期的视角进行探索。例如,可以长期“跟踪”文献数据库新手用户,不断地观察他们心智模型的演进过程。

3. 用户心智模型测量方法的局限

由于文献数据库用户心智模型演进问题探索性较强,本次研究重点是采用了定性的研究方法(绘图法和概念列表),遵从“从下而上”的思路揭示其演进过程。今后需要进一步从定量的角度动态测量和揭示用户心智模型的演进过程。

### 8.2.2　研究展望

1. 用户心智模型驱动因素的驱动机理

用户心智模型驱动因素的驱动机理有待进一步探讨。尤其是基于单个驱动因素的用户心智模型演进模拟研究。考虑到便利性和可操作性,以往的研究,更多地集中在培训策略和基于任务的驱动两个维度。今后需要进一步深入探索隐喻和系统反馈是如何驱动用户心智模型的演进。而自我学习和请教老师驱动因素与用户接受信息素养教育的效果息息相关,今后需要进一步考虑用户自我学习的机制,以及请教老师的动机和效果等问题。

此外，学习迁移中的正向迁移和负向迁移的发生机理和常见的形式也有待进一步调查和总结，并将学习迁移的研究结果与文献数据库设计相衔接。

2. 用户心智模型类型与检索绩效的关系

以往的研究常常将心智模型作为用户个体差异因素和用户检索绩效与行为的中介变量来解释。这类研究常常采用实验法进行，样本数量有限，会出现一些研究结果相悖的现象。通过本次研究，我们推测另外一个原因是以往的实验研究，没有考虑到用户心智模型类型之间的差异。因为持有不同类型的用户心智模型，可能会在检索绩效上产生差异。今后，可以在本研究的基础上综合采用“绘图法＋实验法＋问卷调查法”来探索用户心智模型类型与检索绩效的定量关系。例如，可以先通过绘图法区分用户心智模型类型，然后采用实验法针对各类心智模型的用户分别展开实验，必要时可以结合问卷调查法进行大规模的调查，以从统计学的角度揭示这些变量之间的关系。

3. 用户心智模型与学习行为的关系

通过本研究可以发现：用户心智模型的演进与用户学习行为关系非常密切。如：用户心智模型的演进过程体现出了学习行为的迹象。建构主义视角强调信息检索系统的设计应该并不仅仅为用户提供信息，而应该是促发其发生学习行为，实现用户知识结构的变更。而用户知识结构实际上并不仅仅包括面临的检索任务或检索需求的知识（即：领域知识）；也包括用户有关检索系统的知识（即：用户心智模型）。依据 Kraiger 等（1993）对学习效果测量的定义，[200]可以进一步推断出信息搜索中的学习机制，是指基于任务的驱动，在用户发生信息搜索活动过程中发生的一种行为，这种行为发生体现在认知、情感和搜索行为三个相关联的维度，如图 8－1 所示。

因此，今后需要按照图 8－1 的初步设想，在本研究的基础上，进一步通过基于任务的信息搜索实验来探索用户心智模型与学习行为的关系机理。例如，用户心智模型演进和领域知识的变化是否有交互效应？学习行为涉及情感的变化，而用户心智模型本身又涉及评价性情感，该构念与情感构念的关系如何？只有解决这些问题之后，才能更为全面地了解学术用户信息检索行为背后的机理，进而为文献数据库的优化设计和信息素养教育的改革提供更为具体的改进建议和方案。

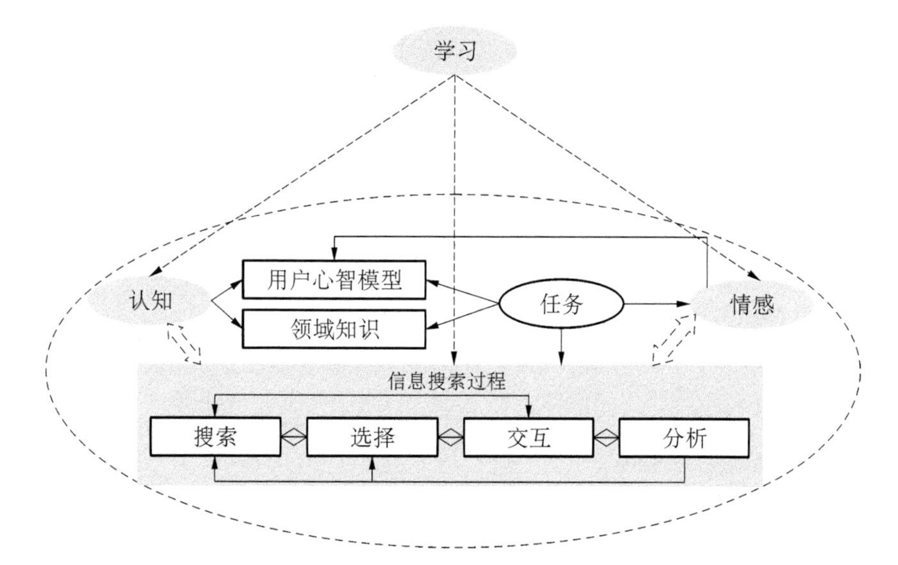


**图 8－1 信息搜索中用户心智模型与学习行为的关系框架图**

# 参考文献


[1] BROOKES B C. The Foundations of Information Science: Part I. Philosophical Aspects [J]. Journal of Information Science, 1980, 2(5): 125-133.

[2] BELKIN N J, ODDY R N, Brooks H M. Ask for Information Retrieval: Part I. Background and Theory[J]. Journal of Documentation, 1982, 38(2):61-71.

[3] INGWERSEN P. Cognitive Perspective of Information Retrieval Interaction: Elements of A Cognitive IR Theory [J]. Journal of Documentation, 1996, 52(11):3-50.

[4] WANG P, SOERGEL D. A Cognitive Model of Document Use During A Research Project: Study I. Document Selection[J]. Journal of the American Society for Information Science, 1998, 49(2):115-133.

[5] KIM K. Effects of Emotion Control and Task on Web Searching Behavior [J]. Information Processing and Management, 2008, 44(1): 373-385.

[6] NAHL D. Measuring the Affective Information Environment of Web Searchers [J]. Proceedings of American Society for Information Science and Technology, 2004, 41(1):191-197.

[7] TENOPIR C, WANG P, ZHANG Y, et al. Academic Users' Interactions with ScienceDirect in Search Tasks: Affective and Cognitive Behaviors [J]. Information Processing and Management, 2008, 44(1): 105-121.

[8] WILSON T D. On User Studies and Information Needs [J]. Journal of Documentation, 1981, 37 (1):3-15.

[9] KUHLTHAU C C. Inside the Search Process: Information Seeking from the User's Perspective [J]. Journal of the American Society for Information Science, 1991, 42(5):361-371.

[10] NAHL D, TENOPIR C. Affective and Cognitive Searching Behaviour of Novice End-users of A Full-text Database [J]. Journal of the American Society for Information Science, 1996, 47(4):276-286.

[11] NAHL D. Social-biological Information Technology: An Integrated Conceptual Framework [J]. Journal of the American Society for Information Science and Technology, 2007, 58(13):2021-2046.

[12] SAVOLAINEN R. The Interplay of Affective and Cognitive Factors in Information Seeking and Use [J]. Journal of Documentation, 2015, 71(1):175-197.

[13] SAVOLAINEN R. Approaching the Affective Barriers to Information Seeking: the Viewpoint of Appraisal Theory [J/OL]. Information Research, 2016, 21 (4). [2017-02-05]. http://www.informationr.net/ir21-4/isic/isic1603.html#.WEUBePkQh98

[14] THELLEFSEN T, THELLEFSEN M, SØRENSEN B. Emotion, Information, and Cognition, and Some Possible Consequences for Library and Information Science[J]. Journal of the American Society for Information Science and Technology, 2013, 64(8):1735-1750.

[15] ZHANG Y. Dimensions and Elements of People's Mental Models of An Information-rich Web Space [J]. Journal of the American Society for Information Science and Technology, 2010, 61(11):2206-2218.

[16] 韩正彪,许海云.我国综合性文献数据库大学生用户心智模型结构测量实证研究[J]. 情报学报, 2014, 33(7):740-751.

[17] CRAIK K. The Nature of Explanation [M]. Cambridge: Cambridge University Press, 1943.

[18] NORMAN D A. The Design of Everyday Things [M]. New York: Basic Books, 2002.

[19] SAVAGE-KNEPSHIELD P A. Mental Models: Issues in Construction, Congruency, and Cognition [D]. New Jersey: The State University of New Jersey, 2001.

[20] WESTBROOK L. Mental Models: A Theoretical Overview and Preliminary Study [J]. Journal of Information Science, 2006, 32(6): 563-579.

[21] 甘利人,白晨,朱宪辰.信息用户检索决策中的心智模型分析[J]. 情报学报, 2010, 29(4):641-651.

[22] 甘利人,史飞,吴鹏.不同强度干预下检索方法学习中的用户心智模型动态变化研究:以大学生为例[J]. 情报学报, 2012, 31(6):662-672.

[23] 韩正彪.我国综合性文献数据库大学生用户心智模型研究[D]. 天津:南开大学,2010.

[24] 北京大学图书馆."中国知网"可能中断服务通知[EB/OL]. (2016-03-31)[2016-09-02]. http://lib.pku.edu.4cn/portal/cn/news/0000001219.

[25] 搜狐网. 知网说断就断? 别担心,武汉高校知网服务还没停! [EB/OL]. (2016-04-11)[2016-09-02]. http://mt.sohu.com/20160411/n443917539.shtml.

[26] 新华网.多地高校停用知网图书馆预算难追数据库涨幅[EB/OL]. (2016-04-07)[2016-09-02]. http://news.xinhuanet.com/local/2016-04/07/c_128871678.htm.

[27] 王子柱.基于高校图书馆电子数据库利用研究[J]. 情报科学, 2009, 27(6):905-908.

[28] DWIVEDI Y K, WILLIAMS M D, LAL B, et al. An Analysis of Literature on Consumer Adoption and Diffusion of Information System/Information Technology/Information and Communication Technology[J]. International Journal of Electronic Government Research, 2010, 6(4): 58-73.

[29] WILSON J R, RUTHERFORD A. Mental Model: Theory and Application in Human Factors [J]. Human Factors, 1989, 31 ( 6 ): 617 - 634.

[30] JOHNSON-LAIRD P N. Mental Model: Towards a Cognitive Science of Language, Inference, and Consciousness [M]. New York: Cambridge University Press, 1983.

[31] GENTNER D, STEVENS A L. Mental Models [M]. UK: Lawrence Erlbaum Associates Inc, 1983.

[32] 朱晶晶.电子商务网站分类体系理解的用户心智模型研究[D]. 南京:南京理工大学,2010.

[33] 陈荣虎.心智模型及其管理学意义[J]. 现代管理科学, 2006(6): 36 - 37.

[34] BYSTRÖM K, HANSEN P. Conceptual Framework for Task in Information Studies[J]. Journal of the American Society for Information Science and Technology, 2005, 56(10):1050 - 1061.

[35] WU K. Affective Surfing in the Visualized Interface of A Digital Library for Children [J]. Information Processing and Management, 2015, 51(4):373 - 390.

[36] LOPATOVSKA I. Toward A Model of Emotions and Mood in The Online Information Search Process[J]. Journal of the Association for Information Science and Technology, 2014, 65(9):1775 - 1793.

[37] 吕晓俊.组织员工心智模式的理论与实证研究[D]. 上海:华东师范大学,2002.

[38] 白晨,甘利人,朱宪辰.基于信息用户决策心智模型的实验研究[J]. 情报理论与实践, 2009, 10(32):94 - 98.

[39] 韩正彪.综合性文献数据库用户心智模型理论问题初探[J]. 图书情报工作, 2013, 57(18):67 - 72.

[40] SCHUSTAK M W, STERNBERG R J. Evaluation of Evidence in Causal Inference [J]. Journal of Experimental Psychology: General, 1981,

110(1):101 - 120.

[41] SANDERSON P M, MURTAGH J M. Predicting Fault Diagnosis Performance: Why Are Some Bugs Hard to Find? [J]. IEEE Transactions on Systems, Man, and Cybernetics, 1990, 29(1):274 - 283.

[42] KATZEFF C. System Demands on Mental Models for A Fulltext Database [J]. International Journal of Man-Machine Studies, 1990, 32(5): 483 - 509.

[43] CHEN H, DHAR V. User Misconceptions of Information Retrieval Systems [J]. International Journal of Man-Machine Studies, 1990, 32(6):673 - 692.

[44] 陈绮,刘儒德.当代教育心理学[M]. 北京:北京师范大学出版社,1997.

[45] MARCHIONINI G. Making the Transition from Print to Electronic Encyclopaedias: Adaptation of Mental Models [J]. International Journal of Man-Machine Studies, 1989, 30(6):591 - 618.

[46] 韩正彪,许海云.文献数据库用户心智模型演进驱动因素研究[J]. 情报学报,2016(7):749 - 762.

[47] BARTLETT F C. Remembering[M]. London:Cambridge University Press, 1932.

[48] KIERAS D E, BOVAIR S. The Role of A Mental Model in Learning to Operate A Device[J]. Cognitive Science, 1984(8):255 - 273.

[49] BAYMAN P, MAYER R E. Instructional Manipulation of Users' Mental Models for Electronic Calculators [J]. International Journal of Man-Machine Studies, 1984,20(2):189 - 199.

[50] 史飞.人机交互环境下学术搜索功能学习的心智模型动态改变研究:以大学生用户为例[D]. 南京:南京理工大学,2012.

[51] STAGGERS N, NORCIO A F. Mental Models: Concepts for Human-computer Interaction Research[J]. International Journal of Man-Machine Studies, 1993, 38(4):587 - 605.

[52] WAERN Y. On the Dynamics of Mental Models[C] //Ackermann D, Tauber M J. Mental Models and Human-computer Interaction 1.6th Interdisciplinary Workshop on Informatics and Psychology. The Netherlands: North-Holland Publishing Co., 1987: 73 - 93.

[53] BORGMAN C. The User's Mental Model of an Information Retrieval System: Effect on Performance [D]. Stanford: Stanford University, 1984.

[54] DIMITROFF A. Mental Models and Error Behavior in An Interactive Bibliographic Retrieval System [D]. Ann Arbor: University of Michigan, 1990.

[55] SAXON S. Seventh Grade Students and Electronic Information Retrieval Systems: An Exploratory Study of Mental Model Formation, Completeness and Change [D]. Chapel Hill: University of North Carolina, 1997.

[56] LI P. Doctor Students' Mental Models of A Web Search Engine: An Exploratory Study [D]. Montreal: McGill University, 2007.

[57] ZHANG Y, WANG P. Measuring Mental Models: Rationales and Instruments [J]. Proceedings of the ASIST Annual Meeting, 2005, 42(1): 1 - 4.

[58] ZHANG X. A Study of the Effects of User Characters on Mental Models of Information Retrieval System [D]. Toronto: University of Toronto, 1998.

[59] 韩正彪.我国综合性文献数据库大学生用户心智模型探索性研究[J]. 情报学报, 2013, 32(4): 363 - 375.

[60] ROWE A L, COOKE N J. Measuring Mental Models: Choosing the Right Tools for the Job [J]. Human Resource Development Quarterly, 1995, 6(3): 243 - 255.

[61] BORGMAN C L. The User's Mental Model of An Information-retrieval System: An Experiment on A Prototype Online Catalog [J].

International Journal of Man-Machine Studies，1986，24(1)：47－64.

[62] KERR S T. Wayfinding in An Electronic Database：The Relative Importance of Navigational Cues vs. Mental Models [J]. Information Processing and Management，1990，26(4)：511－523.

[63] SLONE D J. The Influence of Mental Models and Goals on Search Patterns During Web Interaction[J]. Journal of the American Society for Information Science and Technology，2002，53(13)：1152－1169.

[64] HE W，ERDELEZ S，WANG F，et al. The Effects of Conceptual Description and Search Practice on Users' Mental Models and Information Seeking in A Case-based Reasoning Retrieval System [J]. Information Processing and Management，2008，44(1)：294－309.

[65] 韩正彪.基于访谈法的综合性文献数据库用户心智模型研究[J].图书情报知识，2014(1)：90－96.

[66] 陈成鑫，初景利.国外新一代用户网络信息行为研究进展[J].图书馆论坛，2010，30(6)：71－75.

[67] KATZEFF C. The Effect of Different Conceptual Models Upon Reasoning in A Database Query Writing Task[J]. International Journal of Man-Machine Studies，1988，29(1)：37－62.

[68] GARY S H. Using Protocol Analysis and Drawing to Study Mental Model Construction During Hypertext Navigation [J]. International Journal of Human-Computer Interaction，1990，2(4)：359－377.

[69] ZHANG Y. The Influence of Mental Models on Undergraduate Students' Searching Behaviour on the Web[J]. Information Processing and Management，2008，44(3)：1330－1345.

[70] NOVAK J D，GOWIN D B. Learning How to Learn[M]. UK：Cambridge University Press，1984.

[71] KUHLTHAU C C，BELVIN R J，GEORGE M W. Flowcharting the Information Search：A Method for Eliciting Users' Mental Maps. Proceedings of the 52nd ASIS Annual Meeting[C]. Medford. NJ：Learned

Information, 1989, 162 - 165.

[72] PISANSKI J, ZUMER M. Mental Models of the Bibliographic Universe. Part 1: Mental Models of Descriptions [J]. Journal of Documentation, 2010, 66 (5):643 - 667.

[73] PISANSKI J, ZUMER M. Mental Models of the Bibliographic Universe. Part 2: Comparison Task and Conclusions[J]. Journal of Documentation, 2010, 66(5):668 - 680.

[74] 钱敏,甘利人,孙蕾,等.基于符号表征理论的用户心智模型与网站表现模型研究:以商品分类使用分析为例[J]. 情报学报, 2012, 31(10):1110 - 1120.

[75] 张晶晶,薛春香,甘利人.基于层级概念图的心智模型测量研究:以网站商品分类搜索为例[J]. 情报学报, 2014, 33(6):644 - 658.

[76] CRAMER P. Word Association[M]. New York:Academic Press, 1968.

[77] PEJTERSEN A M. Interfaces Based on Associative Semantics for Browsing in Information Retrieval [M]. Roskilde: Risø Laboratory, 1991.

[78] ZHANG Y. The Constructrion of Mental Modles of Information-rich Webspaces: The Development Process and the Impact of Task Complexity [D]. Chapel Hill: University of North Carolina at Chapel Hill, 2009.

[79] ZALTMAN G, COULTER R H. Seeing the Voice of the Customer:Metaphor-based Advertising Research[J]. Journal of Advertising Research, 1995, 35(4):35 - 51.

[80] 胡昌平,马丹.基于 ZMET 的用户心智模型构建[J]. 情报科学, 2011, 29(1):1 - 5.

[81] KIRAKOWSKI J, CORBETT M. Effective Methodology for the Study of HCI [M]. New York: Elsevier Science Publisher, 1990.

[82] LATTA G F, SWIGGER K. Validation of the Repertory Grid for Use in Modeling Knowledge [J]. Journal of the American Society for

Information Science, 1992, 43(2):115 - 129.

[83] CRUDGE S E, JOHNSON F C. Using the Information Seeker to Elicit Construct Models for Search Engine Evaluation[J]. Journal of the American Society for Information Science and Technology, 2004, 55(9): 794 - 806.

[84] PREATER A. Mental Models and User Experience of A Next-generation Library Catalogue [EB/OL]. (2011 - 11 - 02)[2015 - 07 - 06] http://m.preater.com/wp-content/uploads/2011/12/Andrew-Preater-MSc-Dissertation-final.pdf.2011 - 11 - 2.

[85] CRUDGE S E, JOHNSON F C. Using the Repertory Gridand Laddering Technique to Determine the User's Evaluative Model of Search Engines[J]. Journal of Documentation, 2007, 63(2):259 - 280.

[86] 潘明风.基于概念化心智模型的软件需求验证过程的研究及工具的实现[D]. 上海:华东师范大学,2005.

[87] CHEN C. Structuring and Visualizing the WWW by Generalized Similarity Analysis. United Kingdom: 8th ACM Conference on Hypertext [C]. NY:ACM,1997:177 - 186.

[88] 钱敏,朱晶晶,张红.本科生用户心智模型测量研究[J]. 情报科学, 2011, 29(5):752 - 762.

[89] 尤少伟,吴鹏,汤丽娟,等.基于路径搜索法的政府网站分类目录用户心智模型研究:以南京市政府网站为例[J]. 图书情报工作, 2012, 56(9): 129 - 135.

[90] FENICHEL C. H. Online Searching: Measures That Discriminate Among Users with Different Types of Experiences [J]. Journal of the American Society for Information Science, 1981, 32(1):23 - 32.

[91] SARACEVIC T, KANTOR P, CHAMIS A Y, et al. A Study of Information Seeking and Retrieving. Part1: Background and Methodology [J]. Journal of the American Society for Information Science, 1988, 39(3): 175 - 190.

[92] HSIEH-YEE I. Effects of Search Experience and Subject Knowledge on the Search Tactics of Novice and Experienced Searchers [J]. Journal of the American Society for Information Science, 1993, 44(3): 161 - 174.

[93] 李恒.基于认知心理学的科技用户信息搜索行为理论研究[D]. 南京:南京理工大学,2006.

[94] EGAN D. Individual Differences in Human-computer Interaction [M]//Handbook of Human-Computer Interaction. Amsterdam:Elsevier. 1988.

[95] BORGMAN C. All Users of Information Retrieval Systems Are Not Created Equal: An Exploration into Individual Difference [J]. Information Processing and Management, 1989, 25(3):237 - 251.

[96] KAMALA T N. Individual Differences in the Use of CD-ROM Database [D]. Manoa: University of Hawaii, 1991.

[97] WORTH J, FIDLER C. Exploring the Effects of Learning Style on the Use of An Electronic Library System[J]. De Montfort University, 1999(6):43 - 46.

[98] 柯青,孙建军,成颖.基于认知风格的 Web 目录检索界面实证分析[J]. 现代图书情报技术, 2009(4):56 - 61.

[99] 柯青,孙建军,成颖.场独立—场依存认知风格对信息搜寻绩效影响:元分析研究[J]. 情报学报, 20015,34(6):646 - 661.

[100] BAYMAN P, MAYER R E. Instructional Manipulation of Users' Mental Models for Electronic Calculators[J]. International Journal of Man-Machine Studies, 1984, 20(2):189 - 199.

[101] ADELSON B. Problem Solving and the Development of Abstract Categories in Programming Language[J]. Memory & Cognition, 1981(9): 422 - 433.

[102] HANISCH K A, KRAMER A F, HULIN C L. Cognitive Representations, Control, and Understanding of Complex Systems: A Field Study Focusing on Components of Users' Mental Models and Expert/

Novice Differences[J]. Ergonomics, 1991, 34(8):1129 - 1145.

[103] 杨颖,雷田,张艳河.基于用户心智模型的手机移动设备界面设计[J]. 浙江大学学报(工学版), 2008, 42(5):800 - 804.

[104] 韩正彪.综合性文献数据库大学生用户心智模型影响因素及效用分析:以 CNKI 为例[J]. 图书情报工作, 2014, 58(21):81 - 91.

[105] YU- CHEN H. The Long-term Effects of Integral Versus Composite Metaphors on Experts' and Novices' Search Behaviors [J]. Interacting with Computers, 2005, 17(4):367 - 394.

[106] LEE J. The Effects of Visual Metaphor and Cognitive Style for Mental Modeling in A Hypermedia-based Environment [J]. Interacting with Computers, 2007, 19(5/6):614 - 629.

[107] DARABI A A, NELSON D W, SEEL N M. Progression of Mental Models Throughout the Phases of A Computer-based Instructional Simulation: Supportive Information, Practice, and Performance [J]. Computers in Human Behavior, 2009(25):723 - 730.

[108] 蔡啸.心智模型与排序设计[J]. 艺术与设计(理论), 2008(11):16 - 18.

[109] DARABI A, HEMPHILL J, NELSON D W, et al. Mental Model Progression in Learning the Electron Transport Chain Effects of Instructional Strategies and Cognitive Flexibility[J]. Advances in Health Sciences Education, 2010(15):479 - 489.

[110] KANJUG I, CHAIJAROEN S. The Design of Web-based Learning Environments Enhancing Mental Model Construction[J]. Procedia-Social and Behavioral Sciences, 2012 (46):3134 - 3140.

[111] XIANG K, XIAN H. Improving Mental Models Through Learning and Training: Solutions to the Employment Problem[J]. Journal of System and Management Sciences, 2013,3(1):13 - 25.

[112] SATZINGER J W, OLFMAN L. User Interface Consistency ACross End-user Application: The Effect of Mental Models[J]. Journal of

Management Information Systems，1998，14(4):167－194.

[113] LI Y. Exploring the Relationships Between Work Task and Search Task in Information Search[J]. Journal of the American Society for Information Science and Technology，2009，60(2):275－291.

[114] ZHANG Y. The Impact of Task Complexity on People's Mental Models of MedlinePlus[J]. Information Processing and Management，2012，48(1):107－119.

[115] 黄慕萱.影响个人心智模型之因素初探[J].（台湾)图书馆资讯学刊，2000，12(15):19－36.

[116] 李燕萍，郭玮，黄霞.科研经费的有效使用特征及其影响因素：基于扎根理论[J]. 科学学研究，2009，27(11):1685－1691.

[117] UTHER M，HALEY H. Back vs. Stack：Training the Correct Mental Model Affects Web Browing[J]. Behavior and Information Technology，2008，27(3):211－218.

[118] ROYER J M，CISERO C A，CARLO M S. Techniques and Procedures for Assessing Cognitive Skills [J]. Review of Educational Research，1993，63(2):201－243.

[119] 夏子然，吴鹏. 基于心智模型完善度的信息检索用户心智模型分类研究[J]. 情报理论与实践，2013，36(10):58－62.

[120] THATCHER A，GREYLING M. Mental Models of the Internet [J]. International Journal of Industrial Ergonomics，1998，22 (4－5)：299－305.

[121] PAPASTERGIOU M. Students' Mental Models of the Internet and Their Didactical Exploitation in Informatics Education [J]. Education and Information Technology，2005，10 (4):341－360.

[122] HOLMAN L. Millennial Students' Mental Models of Search：Implications for Academic Librarians and Database Developers [J]. The Journal of Academic Librarianship，2011，37(1):19－27.

[123] COLE C，LIN Y，LEIDE J，et al. A Classification of Mental

Models of Undergraduates Seeking Information for A Course Essay in History and Psychology: Preliminary Investigations into Aligning Their Mental Models with Online Thesauri[J]. Journal of the American Society for Information Science and Technology, 2007, 58 (13):2092 - 2104.

[124] MAKRI S, BLANDFORD A, GOW J, et al. A Library or Just Another Information Resource? A Case Study of Users' Mental Models of Traditional and Digital Libraries: Research Articles[J]. Journal of the American Society for Information Science and Technology, 2007, 58(3): 433 - 445.

[125] BELLARDO T. An Investigation of Online Searcher Traits and Their Relationship to Search Outcome[J]. Journal of the American Society for Information Science, 1985, 36(4):241 - 250.

[126] 韩正彪,罗瑞,赵杰.学术用户情感控制与心智模型对信息检索绩效影响的实验研究[J]. 情报理论与实践, 2017, 40(1):59 - 64.

[127] 李燕萍,郭玮,黄霞.科研经费的有效使用特征及其影响因素:基于扎根理论[J]. 科学学研究, 2009, 27(11):1685 - 1691.

[128] 钱晓帆,杨颖,孙守迁.图标形象度影响早期识别进程:来自 ERP 的证据[J]. 心理科学, 2014(1):27 - 33.

[129] 刘月林,李虹.基于概念隐喻理论的交互界面设计[J]. 包装工程, 2012(22):17 - 19.

[130] 陈绮,刘儒德.当代教育心理学[M]. 北京:北京师范大学出版社,1997.

[131] HUTCHINS E L, KLAUSEN T. Distributed Cognition in An Airline Cockpit[M]//ENGESTROM Y, MIDDLETON D. Cognition and Communication at Work. NY: Cambridge University Press, 1996: 15 - 34.

[132] 周国梅,傅小兰.分布式认知:一种新的认知观点[J]. 心理科学进展, 2002, 10(2):147 - 153.

[133] WRIGHT P, FIELDS R, HARRISON M. Analyzing Human-computer Interaction as Distributed Cognition: The Resources Model[J].

Human-computer Interaction, 2000, 15(1):1－41.

[134] KIM J. Task as a Predictable Indicator for Information Seeking Behavior on the Web [D]. New Jersey: Rutgers, The State University of New Jersey,2006.

[135] 吴明隆.问卷统计分析实务:SPSS操作与应用[M]. 重庆:重庆大学出版社,2010.

[136] 鱼文英,李京勋.航空服务质量概念模型与实证分析[J]. 北京航空航天大学学报(社会科学版), 2011, 24(3):78－82.

[137] 王立生.社会资本、吸收能力对知识获取和创新绩效的影响研究[D]. 杭州:浙江大学,2007.

[138] 陈江宁.供应链质量管理与企业绩效间关系的实证研究[D]. 上海:同济大学,2008.

[139] HANSEN P, RIEH S Y. Editorial: Recent Advances on Searching as Learning: An Introduction to the Special [J]. Journal of Information Science, 2016, 42(1):3－6.

[140] 韩正彪.基于分布式认知的文献数据库用户心智模型演进驱动因素研究[J]. 情报学报, 2017, 36(1):79－88.

[141] WETTLER M, RAPP R. Computation of Word Associations Based on the Co-occurrence of Words in Large Corporations[C]. Proceedings of the St Workshop on Very Large Corpora Academic & Industrial Perspectives, 1993: 84－93.

[142] WANG P, BALES S, REIGER J, et al. Survey of Learners' Knowledge Structures: Rationales, Methods and Instruments. Proceedings of the 67th Annual Meeting of the ASIS&T[C]. Medford, NJ: Information Today, 2004:218－228.

[143] LI Y, BELKIN N J. An Exploration of the Relationships Between Work Task and Interactive Information Search Behavior [J]. Journal of the American Society for Information Science and Technology, 2010, 61(9):1771－1789.

[144] BORLUND P. A Study of Use of Simulated Work Task Situations in Interactive Information Retrieval Evaluations: A Meta-evaluation [J]. Journal of Documentation, 2007, 72(3):394-413.

[145] KRACKER J, WANG P. Research Anxiety and Students' Perceptions of Research: An Experiment. Part II. Content Analysis of Their Writing on Two Experiments [J]. Journal of the American Society for Information Science and Technology, 2002, 54(3):295-307.

[146] ZHANG X. Collaborative Relevance Judgment: a Group Consensus Method for Evaluating User Search Performance [J]. Journal of the American Society for Information Science and Technology, 2002, 53(3):220-231.

[147] LOPATOVSKA I, ARAPAKIS I. Theories, Methods and Current Research on Emotions in Library and Information Science, Information Retrieval and Human-computer Interaction [J]. Information Processing and Management, 2011, 47(4):575-592.

[148] JULIEN H, MCKECHNIE L E F, HART S. Affective Issues in Library and Information Science Systems Work: a Content Analysis [J]. Library and Information Science Research, 2005, 27(4):453-466.

[149] BILAL D. Children's Use of the Yahooligans! Web Search Engine: II. Cognitive and Physical Behaviors on Research Tasks [J]. Journal of the American Society for Information Science and Technology, 2001, 52(2):118-136.

[150] 赵凯,情感体验对社会认知的影响[D]. 长春:吉林大学,2005.

[151] HSIEH-YEE I. Research on Web Search Behavior [J]. Library and Information Science Research, 2001, 23(2):167-185.

[152] KIM K-S, ALLEN B. Cognitive and Task Influences on Web Searching Behavior [J]. Journal of the American Society for Information Science and Technology, 2002, 53(2):109-119.

[153] VAKKARI P. Searching as Learning: a Systematization Based

on Literature [J]. Journal of Information Science, 2016, 42(1):7 - 18.

[154] ELLSWORTH P C, SCHERER K P. Appraisal Processes in Emotion[M]//DAVIDSON R J, SCHERER K R, GOLDSMITH H. (Eds), Handbook of Affective Science, Oxford: Oxford University Press, 2003.

[155] SAVOLAINEN R. The Role of Emotions in Online Information Seeking and Sharing: A Case Study of Consumer Awareness [J]. Journal of Documentation, 2015, 71(6):1203 - 1227.

[156] NAHL D. Affective load[M]//FISHER K E, ERDELEZ S, MCKECHNIE L. (Eds), Theories of Information Behavior, Medford: Information Today, 2005.

[157] FORD N, MILLER D, MOSS N. The Role of Individual Differences in Internet Searching: An Empirical Study [J]. Journal of the American Society for Information Science and Technology, 2001, 52 (12): 1049 - 1066.

[158] PAPASTERGIOU M, Solomonidou C. Gender Issues in Lnternet Access and Favourite Internet Activities Among Greek High School Pupils Inside and Outside School [J]. Computer and Education, 2005, 44(4): 377 - 393.

[159] ZHANG Y. The Development of Users' Mental Models of MedlinePlus in Information Searching [J]. Library & Information Science Research, 2013, 35(2):159 - 170.

[160] JANSEN B J, BOOTH D, SMITH B. Using the Taxonomy of Cognitive Learning to Model Online Searching [J]. Information Processing and Management, 2009, 45(6):643 - 663.

[161] GWIZDKA J, CHEN X. Towards Observable Indicators of Learning on Search. 39th International ACM SIGIR Conference[C], Pisa, Italy, 2016.

[162] FREUND L, DODSON S, KOPAK R. On Measuring Learning

in Search. Proceedings of the Second International Workshop on Search as Learning, Collocated with the 39th International ACM SIGIR Conference [C]. Pisa, Italy, 2016.

[163] 吕泗洲,刘凤仙,魏民峰,等.文献数据库的评价[J]. 中州大学学报, 2000(7):49-51.

[164] 赵静娟,郑怀国,谭翠萍.电子文献数据库评价指标体系研究[J]. 图书情报工作(增刊), 2010(2):161-163.

[165] 王旭艳.3.0版中国期刊网专题文献数据库的使用评价[J]. 河南图书馆学刊, 2001, 21(6):62-63.

[166] CARDOZO R N. An Experiment Study of Customer Effort, Expectation and Satisfaction[J]. Journal of Marketing Research, 1965, 2(3):244-249.

[167] 刘宇.顾客满意度测评研究[M]. 北京:社会科学文献出版社,2003.

[168] 毛志勇.一种基于BP神经网络的B2C电子商务顾客满意度评价模型[J]. 科技和产业, 2008(5):49-52.

[169] 朱国玮,黄珺,龚完全.电子政府公众满意度测评研究[J]. 情报科学, 2006, 24(8):1125-1130.

[170] 曹树金,陈忆金,杨涛.基于用户需求的图书馆用户满意度实证研究[J]. 中国图书馆学报, 2013(5):60-75.

[171] 甘利人,谢兆霞,等.基于宏观测评与微观诊断的图书馆网站测评研究[J]. 情报理论与实践, 2009, 32(5):44-48.

[172] 吕娜,余锦凤.数字图书馆以用户为中心的通用满意度模型的构建[J]. 情报学报, 2006, 25(3):322-325.

[173] 甘利人,马彪,李岳蒙.我国四大数据库网站用户满意度评价研究[J]. 情报学报, 2004, 23(5):524-530.

[174] 李莉,甘利人,谢兆霞.基于感知质量的科技文献数据库网站用户满意度模型研究[J]. 情报学报, 2009, 28(4):565-581.

[175] 莫祖英,马费成.数据库信息资源内容质量用户满意度模型及实

证研究[J]. 中国图书馆学报，2013，39(2):85-97.

[176] 陈忆金，曹树金.研究生利用数据库资源的满意度及影响因素实证研究[J]. 图书情报知识，2008(2):29-39.

[177] 荣毅虹，梁战平.信息构建(Information Architecture，IA)探析[J]. 情报学报，2003，22(2):229-232.

[178] 盖敏慧.网络用户导航迷失研究：以黄山旅游网站为例[D]. 南京：南京理工大学，2008.

[179] 周晓英.基于信息理解的信息构建[D]. 北京：中国人民大学，2005.

[180] 周晓英.论信息构建对情报学的影响[J]. 情报理论与实践，2003，26(6):481-486.

[181] 周晓英.信息构建(IA)：情报学研究的新热点[J]. 情报资料工作，2002(5):6-8.

[182] 周毅，张衍.以信息构建与信息交互为定位的信息管理专业教育：以美国 iSchool 联盟院校为样本的分析[J]. 中国图书馆学报，2014，40(6):67-82.

[183] 甘利人，郑小芳，束乾倩.我国四大数据库网站 IA 评价研究(一)[J]. 图书情报工作，2004，48(8):26-29.

[184] 甘利人，郑小芳，束乾倩.我国四大数据库网站 IA 评价研究(二)[J]. 图书情报工作，2004，48(9):28-29.

[185] DAVIS F D. Perceived Usefulness，Perceived Ease of Use，and user Acceptance of Information Technology[J]. MIS Quarterly，1989，13(3):319-340.

[186] 李月琳，何鹏飞.国内技术接受研究：特征、问题与展望[J]. 中国图书馆学报，2017，43(1):29-48.

[187] THONG J Y L，HONG W，TAM K. Understanding User Acceptance of Digital Libraries：What Are the Role of Interface Characteristics，Organizational Context，and Individual Differences? [J]. International Journal of Human-Computer Studies，2002，57(3):215-242.

[188] PARK N, ROMAN R, LEE S, et al. User Acceptance of a Digital Library System in Developing Countries: an Application of the Technology Acceptance Model[J]. International Journal of Information Management, 2009, 29(3):196－209.

[189] 李贺,沈旺,国佳.基于TAM模型的数字图书馆资源利用研究[J]. 图书情报工作, 2010, 54(15):53－56.

[190] 戴旸,李晶,谢笑.技术接受视角下的网络教学资源库用户使用意愿分析:以档案学教学资源库为例[J]. 现代教育技术, 2012, 22(10): 27－32.

[191] 刘莉,李晶.用户数字学术资源检索系统使用行为及其绩效研究[J]. 图书情报工作, 2012, 56(16):55－59.

[192] KELLOGG W A, BREEN T J. Evaluating User and System Models: Applying Scaling Techniques to Problems in Human-computer Interaction. Proceeding of CHI and GI'87 Conference[C]. New York: ACM, 1987:303－308.

[193] 罗佳倩.学术用户信息检索行为测量及影响因素研究[D]. 南京:南京农业大学,2017.

[194] 诺曼.情感化设计[M].付秋芳,程进三,译.北京:电子工业出版社,2005.

[195] 张抱一.基于感性工学视角的计时产品认知界面研究:从时间的呈现方式到载体关联[D]. 北京:中国美术学院,2010.

[196] 刘玮琳.基于感性工学的网站首页界面优化设计:以招聘网站为例[D]. 沈阳:东北大学,2013.

[197] DERVIN B. From the Mind's Eye of the User: The Sense-making Qualitative-quantitative Methodology[M]//GLAZIER J, POWELL R. (Eds.), Qualitative Research in Information Management. Colorado: Libraries Unlimited, 1992:61－84.

[198] MARCHIONINI G. Exploratory Search: From finding to Understanding[J]. Communication of the ACM, 2006, 49(4):41－47.

[199] BUDHU M, COLEMAN A. The Design and Evaluation of Interactivities in a Digital Library[J/OL]. D-Lib Magazine, 2002, 8(11). http://webdoc. sub. gwdg. de/edoc/aw/d-lib/dlib/november02/coleman/11coleman.html

[200] KRAIGER K, FORD J K, SALAS E. Application of Cognitive, Skill-based, and Affective Theories of Learning Outcomes to New Methods of Training Evaluation[J]. Journal of Applied Psychology, 1993, 78(2): 311－328.

# 附　录

## 附录A　文献数据库用户心智模型演进驱动因素研究访谈提纲

尊敬的×××：

您好！

首先非常感谢您抽出时间参与这次质性研究，问卷信息和访谈成果仅仅用于完成本次研究。我们承诺，您的相关信息不会有任何泄漏，如果您对研究成果感兴趣，请在问卷部分的第10题留下您的邮箱，我们会将研究成果发给您。

韩正彪

南京农业大学信息管理系

2014-9-4

### 基本概念介绍

文献数据库：主要指以信息用户为服务对象，通过网络向用户提供检索和提供文献服务的一类数据库，比传统的文献数据库和信息系统具有更好的交互性，服务的方式和内容也更加多样化和个性化。常见的有：CNKI中国知网、维普资讯网和万方数据知识服务平台。

## 具体操作流程

**第一步:填写下列基本问卷**

(1) 您的性别是:□男　□女

(2) 您的年龄:________(岁)

(3) 您所在的院系:________　专业________

(4) 所在年级:□本科四年级　□研一　□研二　□博士　□教师

(5) 您使用 Web 的网龄为:________

(6) 您使用综合性文献数据库的年限为:________

(7) 您是否经常使用数据库查找资料(　　)

A. 每天至少一次　　B. 每周至少一次

C. 半个月一次　　D. 最多一个月一次

(8) 您经常在以下哪个数据库查找资料(　　)可多选

A. 中国知识基础设施工程 CNKI　　B. 万方数据知识服务平台

C. 维普资讯

(9) 您是如何学会操作和使用综合性文献数据库的(　　)可多选

A. 通过借鉴使用 web 或搜索引擎的经验

B. 通过不断的试错和检索

C. 参加信息检索课程的学习

D. 参加学校图书馆组织的信息素养培训

(10) 是否可以提供您的邮箱:________

**第二步:参加半结构化访谈**

(1) 您最初是什么时候开始接触文献数据库(CNKI 或万方或重庆维普)的? 是基于什么样的目的接触文献数据库的?

(2) 您有没有一个特殊的时间点或时期(比如:为了完成毕业设计通过不断的检索,或通过自己学习,或者请教别人,或者通过参与信息检索培训等),让您突然觉得自己对文献数据库的认知有了较大的提升(如学会使用高级检索而不是使用默认的检索,如会对检索词进行逐步的调整,或对检索结果进行排序等)。

(3) 如果有的话,能否分享一下是哪些原因促使您提高对文献数据库的认识和对其使用的熟练程度?能否对这些原因的重要性进行一个排序?

(4) 您认为文献数据库的界面设计的好坏是否会影响您对文献数据库的情感?如有影响,是怎么样影响的?

(5) 您认为文献数据库的界面设计的好坏是否会影响您对文献数据库的认识和了解?如有影响,是怎么样影响的?

(6) 您认为文献数据库的界面设计的好坏是否会影响您利用文献数据库检索方法(如高级检索)的使用?

(7) 您是否更喜欢文献数据库设计一些形象化的图标来反映其所想表达的概念?比如,下面几个图是否会让你觉得有这些图比单纯的文字更容易理解?请对下面4个图的可理解程度做一个排序。

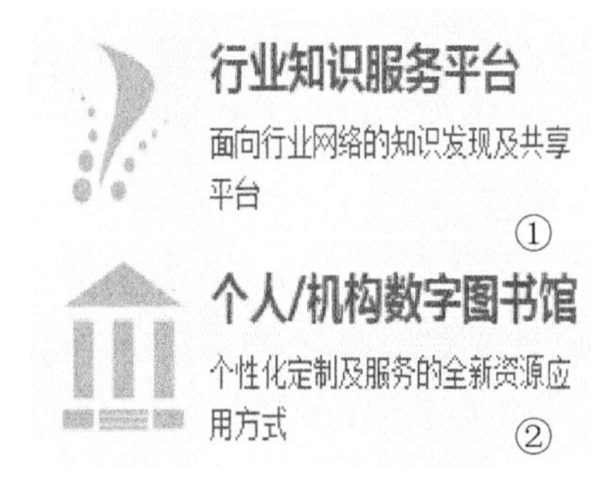


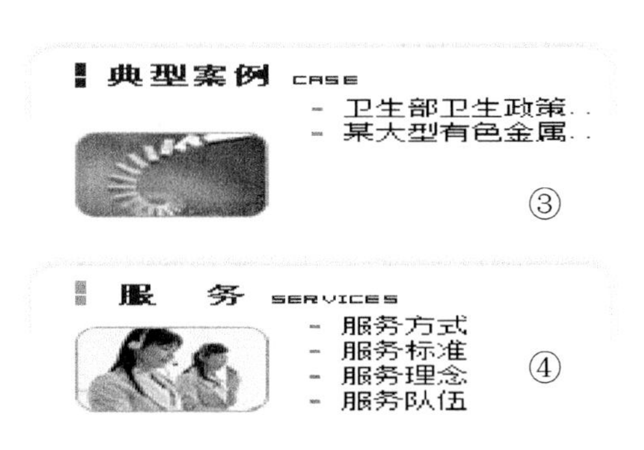

(8) 有没有借鉴和参考搜索引擎的使用？曾经有没有觉得文献数据库设计为搜索引擎那样会让你觉得更舒服？

(9) 找不到信息怎么办？新产品推荐应该放置于界面的何处？

# 附录B　文献数据库用户心智模型演进驱动因素探索性研究调查问卷

尊敬的各位被调查人员：

您好！

首先非常感谢您抽出时间参与该项调查，您的真实回答对于我们的研究具有非常重要的价值。本次调查需要花费您 15～20 分钟的宝贵时间，主要目的是探索文献数据库用户心智模型演进驱动因素的问题。我们承诺，此次调查无任何商业目的，您的相关信息不会有任何泄露，我们对您提供的答案予以严格保密。如填写过程中有任何疑问请与我们联系。

国家社科青年基金项目(14CTQ023)课题组

2015-8-25

## 基本概念介绍

文献数据库：主要指以信息用户为服务对象，通过网络向用户提供检索和提供文献服务的一类数据库，比传统的文献数据库和信息系统具有更好的交互性，服务的方式和内容也更加多样化和个性化。常见的有：CNKI 中国知网、维普资讯网和万方数据知识服务平台。以下的问项简称为数据库。

## 第一部分：基本信息

1. 您的性别是：□男　□女

2. 您的年龄：__________(岁)

3. 您所在(　　　　)省(　　　　　)市

4. 您所在的单位名称为：________

5. 您所在的院系：________________专业：________

6. 您所在的年级为(　　)

A. 大四　B. 研一　C. 研二　D. 研三

E. 博一　　F. 博二　　G. 博三

H. 高校科研人员　　I. 研究所科研人员

7. 您使用文献数据库的时间为：____（年）

8. 您是否经常使用数据库查找资料（　　）

A. 每天至少一次　　B. 每周至少一次　　C. 半个月一次

D. 最多一个月一次

9. 您首次接触文献数据库的目的为（　　）

A. 完成结课论文　　B. 完成毕业论文

C. 完成 SRT（大学生研究训练计划）项目　　D. 完成文献综述

E. 浏览图书馆网站偶然遇到　　F. 出于好奇接触使用

10. 您经常使用的中文数据库有（　　）（多选题）

A. CNKI　　B. 万方数据库　　C. 重庆维普

D. 中国科技论文在线精品论文库　　E. 其他________

## 第二部分：具体问题及选项

请根据您对问题的理解并结合您的真实情况填写。您只需将程度指标下的数字以红色字体标注即可。（**1 代表非常不同意；2 代表不同意；3 代表没意见；4 代表同意；5 代表非常同意**）

| 题项 | 问　　题 | 非常不同意↔非常同意 | | | | |
|---|---|---|---|---|---|---|
| 1 | 我通过**自己摸索**的方式使用文献数据库，进而对文献数据库的基本常识有了提高。（如：知道数据库中的信息质量比搜索引擎的高、收藏文献类型丰富等） | 1 | 2 | 3 | 4 | 5 |
| 2 | 我通过**自己摸索**的方式使用文献数据库，进而在使用文献数据库的检索方法和技巧方面有了提高。（如：学会使用高级检索、学会同时使用搜索引擎和文献数据库、学会扩大和缩小检索范围的技巧等） | 1 | 2 | 3 | 4 | 5 |
| 3 | 我通过**自己摸索**的方式使用文献数据库，进而对文献数据库检索结果的排序和展示有了新的认识。（如：知道文献数据库可以按照时间、文献的被引频次、相关性等方式进行排序） | 1 | 2 | 3 | 4 | 5 |

续 表

| 题项 | 问 题 | 非常不同意↔非常同意 | | | | |
|---|---|---|---|---|---|---|
| 4 | 在使用文献数据库遇到问题时，我通过**请教老师**的方式，对文献数据库的基本常识有了提高。（如：知道数据库中的信息质量比搜索引擎的高、收藏文献类型丰富等） | 1 | 2 | 3 | 4 | 5 |
| 5 | 在使用文献数据库遇到问题时，我通过**请教老师**的方式，进而在使用文献数据库的检索方法和技巧方面有了提高。（如：学会使用高级检索、学会同时使用搜索引擎和文献数据库、学会扩大和缩小检索范围的技巧等） | 1 | 2 | 3 | 4 | 5 |
| 6 | 在使用文献数据库遇到问题时，我通过**请教老师**的方式，对文献数据库检索结果的排序和展示有了新的认识。（如：知道文献数据库可以按照时间、文献的被引频次、相关性等方式进行排序） | 1 | 2 | 3 | 4 | 5 |
| 7 | 在使用文献数据库遇到问题时，我通过**与同学交流**的方式，对文献数据库的基本常识有了提高。（如：知道数据库中的信息质量比搜索引擎的高、收藏文献类型丰富等） | 1 | 2 | 3 | 4 | 5 |
| 8 | 在使用文献数据库遇到问题时，我通过**与同学交流**的方式，在使用文献数据库的检索方法和技巧方面有了提高。（如：学会使用高级检索、学会同时使用搜索引擎和文献数据库、学会扩大和缩小检索范围的技巧等） | 1 | 2 | 3 | 4 | 5 |
| 9 | 在使用文献数据库遇到问题时，我通过**与同学交流**的方式，对文献数据库检索结果的排序和展示有了新的认识。（如：知道文献数据库可以按照时间、文献的被引频次、相关性等方式进行排序） | 1 | 2 | 3 | 4 | 5 |
| 10 | 在使用文献数据库遇到问题时，我通过**文献数据库界面引导与提示**的方式，对文献数据库的基本常识有了提高。（如：知道数据库中的信息质量比搜索引擎的高、收藏文献类型丰富等） | 1 | 2 | 3 | 4 | 5 |
| 11 | 在使用文献数据库遇到问题时，我通过**文献数据库界面引导与提示**的方式，在使用文献数据库的检索方法和技巧方面有了提高。（如：学会使用高级检索、学会同时使用搜索引擎和文献数据库、学会扩大和缩小检索范围的技巧等） | 1 | 2 | 3 | 4 | 5 |
| 12 | 在使用文献数据库遇到问题时，我通过**文献数据库界面引导与提示**的方式使用文献数据库，进而对文献数据库检索结果的排序和展示有了新的认识。（如：知道文献数据库可以按照时间、文献的被引频次、相关性等方式进行排序） | 1 | 2 | 3 | 4 | 5 |

续 表

| 题项 | 问 题 | 非常不同意↔非常同意 | | | | |
|---|---|---|---|---|---|---|
| 13 | 我通过**参加信息检索课程**的方式使用文献数据库，进而对文献数据库的基本常识有了不断提高。（如：知道数据库中的信息质量比搜索引擎的高、收藏文献类型丰富等） | 1 | 2 | 3 | 4 | 5 |
| 14 | 我通过**参加信息检索课程**的方式使用文献数据库，进而在使用文献数据库的检索方法和技巧方面有了不断提高。（如：学会使用高级检索、学会同时使用搜索引擎和文献数据库、学会扩大和缩小检索范围的技巧等） | 1 | 2 | 3 | 4 | 5 |
| 15 | 我通过**参加信息检索课程**的方式使用文献数据库，进而对文献数据库检索结果的排序和展示有了新的认识。（如：知道文献数据库可以按照时间、文献的被引频次、相关性等方式进行排序） | 1 | 2 | 3 | 4 | 5 |
| 16 | 我通过**参加图书馆信息检索培训**的方式使用文献数据库，进而对文献数据库的基本常识有了提高。（如：知道数据库中的信息质量比搜索引擎的高、收藏文献类型丰富等） | 1 | 2 | 3 | 4 | 5 |
| 17 | 我通过**参加图书馆信息检索培训**的方式使用文献数据库，进而在使用文献数据库的检索方法和技巧方面有了提高。（如：学会使用高级检索、学会同时使用搜索引擎和文献数据库、学会扩大和缩小检索范围的技巧等） | 1 | 2 | 3 | 4 | 5 |
| 18 | 我通过**参加图书馆信息检索培训**的方式使用文献数据库，进而对文献数据库检索结果的排序和展示有了新的认识。（如：知道文献数据库可以按照时间、文献的被引频次、相关性等方式进行排序） | 1 | 2 | 3 | 4 | 5 |
| 19 | 在不会使用文献数据库时，我通过**阅读文献数据库提供的产品手册**的方式，对文献数据库的基本常识有了提高。（如：知道数据库中的信息质量比搜索引擎的高、收藏文献类型丰富等） | 1 | 2 | 3 | 4 | 5 |
| 20 | 在不会使用文献数据库时，我通过**阅读文献数据库提供的产品手册**的方式使用文献数据库，进而对文献数据库检索结果的排序和展示有了新的认识。（如：知道文献数据库可以按照时间、文献的被引频次、相关性等方式进行排序） | 1 | 2 | 3 | 4 | 5 |
| 21 | 在不会使用文献数据库时，我通过**阅读文献数据库提供的产品手册**的方式，在使用文献数据库的检索方法和技巧方面有了提高。（如：学会使用高级检索、学会同时使用搜索引擎和文献数据库、学会扩大和缩小检索范围的技巧等） | 1 | 2 | 3 | 4 | 5 |

续 表

| 题项 | 问 题 | 非常不同意↔非常同意 | | | | |
|---|---|---|---|---|---|---|
| 22 | 在不会使用文献数据库时，我通过**文献数据库提供的在线咨询服务**方式使用文献数据库，进而对文献数据库检索结果的排序和展示有了新的认识。（如：知道文献数据库可以按照时间、文献的被引频次、相关性等方式进行排序） | 1 | 2 | 3 | 4 | 5 |
| 23 | 在不会使用文献数据库时，我通过**文献数据库提供的在线咨询服务**的方式，对文献数据库的基本常识有了提高。（如：知道数据库中的信息质量比搜索引擎的高、收藏文献类型丰富等） | 1 | 2 | 3 | 4 | 5 |
| 24 | 在不会使用文献数据库时，我通过**文献数据库提供的在线咨询服务**的方式，在使用文献数据库的检索方法和技巧方面有了提高。（如：学会使用高级检索、学会同时使用搜索引擎和文献数据库、学会扩大和缩小检索范围的技巧等） | 1 | 2 | 3 | 4 | 5 |
| 25 | 在使用文献数据库时，我会**借鉴使用搜索引擎的知识**，从而对文献数据库基本常识的认识有了提高。（如：知道数据库中的信息质量比搜索引擎的高、收藏文献类型丰富等） | 1 | 2 | 3 | 4 | 5 |
| 26 | 在使用文献数据库时，我会**借鉴使用搜索引擎的知识**，从而在利用文献数据库的检索方法和技巧方面有所提高。（如：学会使用高级检索、学会同时使用搜索引擎和文献数据库、学会扩大和缩小检索范围的技巧等） | 1 | 2 | 3 | 4 | 5 |
| 27 | 在使用文献数据库时，我会**借鉴使用搜索引擎的知识**，从而对文献数据库检索结果的排序和展示功能的认识不断提高。（如：知道文献数据库可以按照时间、文献的被引频次、相关性等方式进行排序） | 1 | 2 | 3 | 4 | 5 |
| 28 | 在使用文献数据库时，我会**借鉴使用购物网站的知识**，从而对文献数据库的认识有了提高。（如：知道数据库中的信息质量比搜索引擎的高、收藏文献类型丰富等） | 1 | 2 | 3 | 4 | 5 |
| 29 | 在使用文献数据库时，我会**借鉴使用购物网站的知识**，从而在利用文献数据库的检索方法和技巧方面有所提高。（如：学会使用高级检索、学会同时使用搜索引擎和文献数据库、学会扩大和缩小检索范围的技巧等） | 1 | 2 | 3 | 4 | 5 |
| 30 | 在使用文献数据库时，我会**借鉴使用购物网站的知识**，从而对文献数据库检索结果的排序和展示功能的认识不断提高。（如：知道文献数据库可以按照时间、文献的被引频次、相关性等方式进行排序） | 1 | 2 | 3 | 4 | 5 |

续 表

| 题项 | 问 题 | 非常不同意↔非常同意 | | | | |
|---|---|---|---|---|---|---|
| 31 | 文献数据库界面使用**“文字与图片相结合”的方式来组织和表述信息**我会更容易理解，从而提高对文献数据库基本常识的认识。（如：知道数据库中的信息质量比搜索引擎的高、收藏文献类型丰富等） | 1 | 2 | 3 | 4 | 5 |
| 32 | 文献数据库界面使用**“文字与图片相结合”的方式来组织和表述信息**我会更容易理解，从而对检索结果的排序和展示功能的认识有所提高。（如：知道文献数据库可以按照时间、文献的被引频次、相关性等方式进行排序） | 1 | 2 | 3 | 4 | 5 |
| 33 | 我是在不断完成**简单的信息检索任务**过程中，从而对文献数据库基本常识的认识有了提高。（如：知道数据库中的信息质量比搜索引擎的高、收藏文献类型丰富等） | 1 | 2 | 3 | 4 | 5 |
| 34 | 我是在不断完成**简单的信息检索任务**过程中，从而在利用文献数据库的检索方法和技巧方面有所提高。（如：学会使用高级检索、学会同时使用搜索引擎和文献数据库、学会扩大和缩小检索范围的技巧等） | 1 | 2 | 3 | 4 | 5 |
| 35 | 我是在不断完成**简单的信息检索任务**过程中，从而对文献数据库检索结果的排序和展示功能的认识不断提高。（如：知道文献数据库可以按照时间、文献的被引频次、相关性等方式进行排序） | 1 | 2 | 3 | 4 | 5 |
| 36 | 我是在不断完成**复杂的信息检索任务**过程中，从而对文献数据库基本常识的认识有所提高。（如：知道数据库中的信息质量比搜索引擎的高、收藏文献类型丰富等） | 1 | 2 | 3 | 4 | 5 |
| 37 | 我是在不断完成**复杂的信息检索任务**过程中，从而在利用文献数据库的检索方法和技巧方面有所提高。（如：学会使用高级检索、学会同时使用搜索引擎和文献数据库、学会扩大和缩小检索范围的技巧等） | 1 | 2 | 3 | 4 | 5 |
| 38 | 我是在不断完成**复杂的信息检索任务**过程中，从而对文献数据库检索结果的排序和展示功能的认识有所提高。（如：知道文献数据库可以按照时间、文献的被引频次、相关性等方式进行排序） | 1 | 2 | 3 | 4 | 5 |

# 附录C　文献数据库用户心智模型认知与评价型情感编码体系

1. 文献数据库宏观定位

定义：被试对于文献数据库的性质、特征、属性、用户范围等宏观上的认知和评价。

1.1　系统整体性定位

定义：被试在宏观上认为文献数据库是一个什么样的事物，具体包括有不同的数据库，具有哪些基本特征，与哪些实体相类似等。

例如：CNKI、Google、商业性。

1.2　系统整体性评价

定义：被试对文献数据库整体的评价或持有的情感，但不包括对具体部分的评价或持有的情感。

例如：CNKI更全、万方中文全面、宣传不够大众化、找不到信息而苦恼。

2. 信息资源

定义：被试对文献数据库所包括信息资源的认知及其评价，如包括哪些信息类型、有哪些常见的阅读格式、有哪些新产品。

2.1　信息资源认知

定义：被试对文献数据库中所包含内容的特征、属性、类型等的认知。

例如：CAJ、PDF、博士论文、硕士论文。

2.2　信息资源评价

定义：被试对文献数据库中所包含内容各个方面的评价或所持有的情感。

例如：可信度不高、造假、杂糅、信息量大。

3. 信息组织

定义：被试描述的有关文献数据库中信息是如何组织的以及对现有的信息组织方式有何态度。

3.1　信息组织方式认知

定义:被试认为文献数据库中信息是如何组织的。

例如:期刊分类、类别、科目、学科类别分类。

3.2　信息组织方式评价

定义:被试对文献数据库中现有信息组织的评价。

例如:分类多、关键词标引不准确等。

4. 检索界面

定义:被试对文献数据库界面元素、功能、界面检索结果的理解和评价。

4.1　检索界面认知

定义:是指被试对文献数据库检索界面元素和功能的理解。

例如:检索框、搜索框、检索历史、链接。

4.2　检索界面评价

定义:被试对文献数据库检索界面元素、功能和检索结果的评价或持有的情感。

例如:界面不好、界面单调、界面清晰等。

5. 系统后台

定义:被试对文献数据库系统后台及其运作机理的认知和评价。

5.1　系统后台认知

定义:被试对文献数据库系统后台及其运作机理的理解。

例如:大型数据库、数据库、后台数据库、拟合。

5.2　系统后台评价

定义:被试对文献数据库系统后台及其运作机理的评价或持有的情感。

例如:不关心。

6. 检索方法

定义:被试对文献数据库提供的各类检索方法与途径的认知和评价。

6.1　检索方法认知

定义:指被试对于文献数据库中存在的具体的信息检索方法和常用检索项的认知。

例如:按期刊名称检索、句子检索、高级检索。

6.2　检索方法评价

定义:指被试对于文献数据库中信息检索方法和常用检索项的评价。

例如:检索方法丰富、检索方式多样性、检索方法多、检索路径死板。

7. 检索任务

定义:被试对需要完成的实验检索任务的理解和评价。

7.1　检索任务认知

定义:指被试对检索任务本身的了解。

例如:环境污染、粮食安全。

7.2　检索任务评价

定义:是指被试对检索任务难度等方面的评价。

例如:工作量大、头脑乱。

8. 信息素养

8.1　信息素养认知

定义:被试对信息素养本身的认知。

例如:意识、信息意识、检索技能。

8.2　信息素养评价

定义:被试对自身信息素养的评价。

例如:越用越熟、需要进行学习后才能熟练运用。

# 附录 D　文献数据库用户心智模型演进机理实验指导手册

## 人机交互环境下文献数据库用户心智模型演进机理研究实验指导手册

## 任务同意书

尊敬的各位同学：

您好！

非常感谢您参与本次实验！本次实验旨在探索大学生用户对于文献数据库(如 CNKI、万方等)认识的演进过程。本次实验需要您在指定的数据库(CNKI)中完成 4 个检索任务，同时在完成实验的一周后对文献数据库认识进行简要回顾。

请在开始检索时将 KK 录像机软件安装在自己电脑上，并双击打开软件，如下图所示。

在检索开始的时候点击“开始”按钮(图中椭圆)，在检索完成时再次点击“开始”按钮，将检索过程录像保存。请在参与实验前，提前练习使用该软件。

在实验前会有一个 10 分钟的实验培训。整个实验持续 1.5～2 小时，完成实验后，每人可获得 50 元的劳务费。

您所做的实验和填写的问卷资料我们将会予以保密,所有的实验数据仅用于本实验研究。您可以自愿选择是否参与该项实验,我(　　　),已经理解上述要求,同意参与实验。

参与者签名:__________

日期:__________

文献数据库用户心智模型研究课题组

## 实验流程

1. 被试基本信息调查问卷

(1) 您的性别是:男□　女□

(2) 您的年龄:________(岁)

(3) 您所在的院系:________　专业 ________

(4) 所在年级(　　　)

A. 本科一年级　　B. 本科二年级　　C. 本科三年级

D. 本科四年级　　E. 硕士一年级　　F. 硕士二年级

G. 硕士三年级　　H. 博士

(5) 您使用文献数据库(如:CNKI 等)的年限为(　　　)年

(6) 您使用搜索引擎(如:百度等)的年限为(　　　)年

(7) 您使用淘宝等电子商务网站购物的年限为(　　　)年

(8) 您使用文献数据库查找文献的频率为(　　)

A. 每天至少一次　　B. 每周至少一次　　C. 半个月一次

D. 最多一个月一次　　E. 从来没有

(9) 您经常在以下哪个中文数据库查找文献资料(　　　)(可多选)

A. 中国知识基础设施工程 CNKI　　B. 万方数据知识服务平台

C. 维普资讯　　D. 其他 ________

(10) 是否可以提供您的邮箱:________

2. 实验任务

(1) 请描述下您目前对 CNKI 数据库的整体认识。如果之前没有用过

CNKI 请直接进入下一步。

(2) 登陆南京农业大学图书馆 http://libwww.njau.edu.cn/,点击下图中椭圆标出的“数据库”按钮。

继续点击下图中的“CNKI 中国知网”按钮,进入 CNKI 中国知网数据库。

中国知网临时免登录计费网关入口（限校内使用）

| 序号 | 数据库名称 | 详细信息 | 类型 |
| --- | --- | --- | --- |
| 1 | CNKI中国知网 + | 详细信息 | 全文电子期刊,学位论文 |
| 2 | Web of Science（SCI/SSCI/JCR/ESI/CPCI/BCI/MEDLINE等） + | 详细信息 | 引文数据库 |
| 3 | 万方数据库 + | 详细信息 | 全文电子期刊,学位论文 |
| 4 | Elsevier ScienceDirect + | 详细信息 | 全文电子期刊,电子图书 |
| 5 | Springerlink + | 详细信息 | 全文电子期刊,电子图书 |
| 6 | 维普中文科技期刊数据库 + | 详细信息 | 全文电子期刊 |
| 7 | PubMed Central | 详细信息 | 全文电子期刊 |
| 8 | 超星数字图书馆 + | 详细信息 | 电子图书 |
| 9 | 读秀学术搜索 + | 详细信息 | 其它数据库,电子图书 |
| 10 | 南京农业大学博硕士学位论文数据库 | 详细信息 | 学位论文 |
| 11 | Wiley-Blackwell电子期刊 + | 详细信息 | 全文电子期刊 |
| 12 | Nature全文在线 + | 详细信息 | 全文电子期刊 |

继续点击下图中的“新平台公网入口”按钮，进入 CNKI 中国知网数据库。

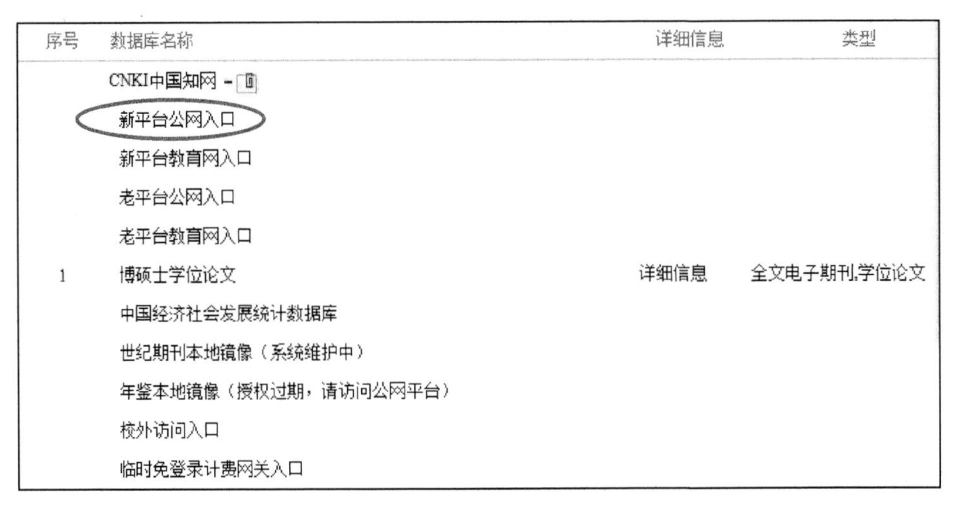

| 序号 | 数据库名称 | 详细信息 | 类型 |
| --- | --- | --- | --- |
| | CNKI中国知网 - | | |
| | 新平台公网入口 | | |
| | 新平台教育网入口 | | |
| | 老平台公网入口 | | |
| | 老平台教育网入口 | | |
| 1 | 博硕士学位论文 | 详细信息 | 全文电子期刊,学位论文 |
| | 中国经济社会发展统计数据库 | | |
| | 世纪期刊本地镜像（系统维护中） | | |
| | 年鉴本地镜像（授权过期，请访问公网平台） | | |
| | 校外访问入口 | | |
| | 临时免登录计费网关入口 | | |

(3) 进入 CNKI 数据库后，请自己自由练习使用该数据库 3 分钟。

采用概念列表法完成下面的任务。概念列表法：即提到某一事物时，你脑海中所浮现出的相关词汇。

例如，在询问你对于淘宝网的认识时，采用该方法，可能出现在你脑海中的词汇为：淘宝、购买、马云、阿里巴巴、衣服、鞋、电子产品、搜索框、评论、天猫、聚划算、快递、图片、淘金币、方便、假货、种类多、价格参差不齐、具有诱惑性、商品、品质、良莠不齐、退换货、快捷、售后、有待改进、严把质量关、集分宝、广告、活动、消费者心理等。

在了解该方法后完成下面的任务。

① 在通过3分钟练习使用CNKI后，采用概念列表法，在下列输入框中输入您所想到的或者浮现在您脑海中的所有与CNKI数据库相关的词语，按照浮现的顺序依次输入。其中，每个词语之间打一个空格。时间为10分钟，想不起来时，可以继续到CNKI界面查看，辅助您写出相关词汇，词汇没有对错之分，请自由填写。若在10分钟之前已经再想不到相关词语，可以提前结束，请尽可能全面地输入您所想到的词汇。

| |
|---|
| |

② 请在提供的"画出对CNKI认知的图片"纸张的表格中，画出图1，以表示您对于CNKI的认知。可以自由发挥，不受限制。画完后，请解释下您所画出的图的含义。

(4) 完成第一组检索任务1(请开始KK录像机，确保其在录像)

① 第一组检索任务

请在10分钟内完成下面的两个任务。

任务1：请检索南京农业大学校长"周光宏"以第一作者在《中国食品学报》期刊上发表的2篇文章的名称。

| |
|---|
| |

任务2：请检索《江苏省粮食消费与粮食安全分析及预测》一文发表于哪个期刊上。

| |
|---|
| |

② 在完成检索任务1后，采用概念列表法，在下列输入框中输入您所想

到的或者浮现在您脑海中的所有与CNKI数据库相关的词语，按照浮现的顺序依次输入。其中，词语之间打一个空格。若在10分钟之前已经再想不到相关词语，可以提前结束，请尽可能全面地输入您所想到的词汇。（可以与上一次输入的词汇有重复，**重点是如有想到不同的也一定要填写，这些词汇对于我们的研究非常重要，敬请配合，谢谢！**）

③ 请在提供的“画出对CNKI认知的图片”纸张的表格中，画出图2，以表示您对于CNKI的认知。可以自由发挥，不受限制。画完后，请解释下您所画出的图的含义。

④ 请在完成上述任务后，填写任务难度感知和用户体验问卷。

**第一组任务难度感知调查表**

| 任务难度感知题项 | 请将对应的数字标红即可 | | | | |
|---|---|---|---|---|---|
| 您觉得这一组任务难度如何 | 非常简单 | 简　单 | 中　立 | 难 | 非常难 |
| | 1 | 2 | 3 | 4 | 5 |
| 您觉得在完成这一组任务的过程中，所花费的努力程度如何 | 非常小 | 小 | 中立 | 大 | 非常大 |
| | 1 | 2 | 3 | 4 | 5 |
| 您对查找文献的结果满意程度如何 | 非常失望 | 失望 | 中立 | 满意 | 非常满意 |
| | 1 | 2 | 3 | 4 | 5 |

**第一组任务完成后的用户体验调查表**

| 问　项 | 非常不同意 | 不同意 | 中　立 | 同　意 | 非常同意 |
|---|---|---|---|---|---|
| 您认为CNKI数据库的界面设计符合您的需求 | 1 | 2 | 3 | 4 | 5 |

续　表

| 问　项 | 非常不同意 | 不同意 | 中　立 | 同　意 | 非常同意 |
| --- | --- | --- | --- | --- | --- |
| 您认为 CNKI 数据库中的文献资源的质量高 | 1 | 2 | 3 | 4 | 5 |
| 您认为 CNKI 数据库中的文献资源全面 | 1 | 2 | 3 | 4 | 5 |
| 您认为 CNKI 数据库系统的响应速度快 | 1 | 2 | 3 | 4 | 5 |
| 您认为 CNKI 数据库提供的结果排序功能满足您的需求 | 1 | 2 | 3 | 4 | 5 |
| 您认为 CNKI 数据库中的信息组织(如:信息的分类明确等)合理 | 1 | 2 | 3 | 4 | 5 |
| 当您在 CNKI 检索遇到问题时，CNKI 给您提供了合理的帮助(如:界面的引导、可以实时询问等) | 1 | 2 | 3 | 4 | 5 |

(5) 完成第二组检索任务(请确保 KK 录像机在录像)

① 近年来,国内的环境污染问题一直是民众担心的问题,为了了解环境污染对日常生活的影响,请您查找该方面的相关文献。将对您有用的文章的题目复制在下列的文本框中,检索时间为 15 分钟。

② 在完成该检索任务后,采用概念列表法,在下列输入框中输入您所想到的或者浮现在您脑海中的所有与 CNKI 数据库相关的词语,按照浮现的顺序依次输入。其中,词语之间打一个空格。若在 10 分钟之前已经再想不到相关词语,可以提前结束,请尽可能全面地输入您所想到的词汇。(可以与上一次输入的词汇有重复,**如有想到不同的一定要填写**)

③ 请在提供的"画出对 CNKI 认知的图片"纸张的表格中,画出图 3,以表示您对于 CNKI 的认知。可以自由发挥,不受限制。画完后,请解释下您

所画出的图的含义。

④ 请填写任务难度感知和用户体验问卷。

**第二组任务难度感知调查表**

| 任务难度感知题项 | 请将对应的数字标红即可 | | | | |
|---|---|---|---|---|---|
| 您觉得这一组任务难度如何 | 非常简单 | 简　单 | 中　立 | 难 | 非常难 |
| | 1 | 2 | 3 | 4 | 5 |
| 您觉得在完成这一组任务的过程中，所花费的努力程度如何 | 非常小 | 小 | 中立 | 大 | 非常大 |
| | 1 | 2 | 3 | 4 | 5 |
| 您对查找文献的结果满意程度如何 | 非常失望 | 失望 | 中立 | 满意 | 非常满意 |
| | 1 | 2 | 3 | 4 | 5 |

**第二组任务完成后的用户体验调查表**

| 问　项 | 非常不同意 | 不同意 | 中　立 | 同　意 | 非常同意 |
|---|---|---|---|---|---|
| 您认为 CNKI 数据库的界面设计符合您的需求 | 1 | 2 | 3 | 4 | 5 |
| 您认为 CNKI 数据库中的文献资源的质量高 | 1 | 2 | 3 | 4 | 5 |
| 您认为 CNKI 数据库中的文献资源全面 | 1 | 2 | 3 | 4 | 5 |
| 您认为 CNKI 数据库系统的响应速度快 | 1 | 2 | 3 | 4 | 5 |
| 您认为 CNKI 数据库提供的结果排序功能满足您的需求 | 1 | 2 | 3 | 4 | 5 |
| 您认为 CNKI 数据库中的信息组织（如：信息的分类明确等）合理 | 1 | 2 | 3 | 4 | 5 |
| 当您在 CNKI 检索遇到问题时，CNKI 给您提供了合理的帮助（如：界面的引导、可以实时询问等） | 1 | 2 | 3 | 4 | 5 |

（6）完成第三组检索任务（请确保 KK 录像机在录像）

① CNKI 除了提供默认的检索框进行检索之外，其实还提供其他的检索方式，如高级检索。

请您尝试从 CNKI 界面找到“高级检索”，进入高级检索界面后，查找武汉大学的“**马费成**”教授**在** 2010～2014 **年期间发表的文章**中，**被下载量(即该文献被用户下载的次数)最高**的一篇文章。并将该文章的题目复制到下面的文本框中。如果在 15 分钟内仍未找到“高级检索”或要求查找的该文章，请在下面文本框中填写“无法找到”。

② 在完成该检索任务后，采用概念列表法，在下列输入框中输入您所想到的或者浮现在您脑海中的所有与 CNKI 数据库相关的词语，按照浮现的顺序依次输入。其中，词语之间打一个空格。若在 10 分钟之前已经再想不到相关词语，可以提前结束，请尽可能全面地输入您所想到的词汇。(可以与上一次输入的词汇有重复，如有想到不同的也一定要填写)

③ 请在提供的“画出对 CNKI 认知的图片”纸张的表格中，画出图 4，以表示您对于 CNKI 的认知。可以自由发挥，不受限制。画完后，请解释下您所画出的图的含义。

④ 请填写任务难度感知和用户体验问卷。

**第三组任务难度感知调查表**

| 任务难度感知题项 | 请将对应的数字标红即可 | | | | |
|---|---|---|---|---|---|
| 您觉得这一组任务难度如何 | 非常简单 | 简　单 | 中　立 | 难 | 非常难 |
| | 1 | 2 | 3 | 4 | 5 |
| 您觉得在完成这一组任务的过程中，所花费的努力程度如何 | 非常小 | 小 | 中立 | 大 | 非常大 |
| | 1 | 2 | 3 | 4 | 5 |
| 您对查找文献的结果满意程度如何 | 非常失望 | 失望 | 中立 | 满意 | 非常满意 |
| | 1 | 2 | 3 | 4 | 5 |

**第三组任务完成后的用户体验调查表**

| 问　项 | 非常不同意 | 不同意 | 中　立 | 同　意 | 非常同意 |
|---|---|---|---|---|---|
| 您认为 CNKI 数据库的界面设计符合您的需求 | 1 | 2 | 3 | 4 | 5 |
| 您认为 CNKI 数据库中的文献资源的质量高 | 1 | 2 | 3 | 4 | 5 |
| 您认为 CNKI 数据库中的文献资源全面 | 1 | 2 | 3 | 4 | 5 |
| 您认为 CNKI 数据库系统的响应速度快 | 1 | 2 | 3 | 4 | 5 |
| 您认为 CNKI 数据库提供的结果排序功能满足您的需求 | 1 | 2 | 3 | 4 | 5 |
| 您认为 CNKI 数据库中的信息组织(如:信息的分类明确等)合理 | 1 | 2 | 3 | 4 | 5 |
| 当您在 CNKI 检索遇到问题时，CNKI 给您提供了合理的帮助(如:界面的引导、可以实时询问等) | 1 | 2 | 3 | 4 | 5 |

(7) 一周后,再次浏览该网站,请写出您对 CNKI 数据库的整体认知

① 采用概念列表法,在下列输入框中输入您所想到的或者浮现在您脑海中的所有与 CNKI 数据库相关的词语,按照浮现的顺序依次输入。其中,词语之间打一个空格。若在 10 分钟之前已经再想不到相关词语,可以提前结束,请尽可能全面地输入您所想到的词汇。(可以与上一次输入的词汇有重复,**如有想到不同的也一定要填写!!!**)

② 请在提供的“画出对 CNKI 认知的图片”纸张的表格中,画出图 5,以表示您对于 CNKI 的认知。可以自由发挥,不受限制。画完后,请解释下您所画出的图的含义。

**绘图表格:画出对 CNKI 认知的图片**

| 图　名 | 请在下面表格中画出图片 | 请解释图片的含义 |
| --- | --- | --- |
| 图 1 | | |
| 图 2 | | |
| 图 3 | | |
| 图 4 | | |
| 图 5 | | |

# 附录E　文献数据库用户心智模型演进机理实验平台界面

1. 实验平台入口界面

2. 任务同意书界面

文献数据库用户心智模型演进数据采集系统

任务同意书

尊敬的各位同学：

您好！

非常感谢您参与本次实验！本次实验旨在探索大学生用户对于文献数据库（如CNKI、万方等）认识的演进过程。本次实验需要您在指定的数据库（CNKI）中完成4个检索任务，同时在完成实验的一周后对文献数据库认识进行简要回顾。

请在开始检索时将KK录像机软件安装在自己电脑上，并双击打开软件，如上图所示。

在检索开始的时候点击“开始”按钮，在检索完成时再次点击“开始”按钮，将检索过程录像保存。请在参与实验前，提前练习使用该软件。

在实验前会有一个10分钟的实验培训。整个实验大概持续1.5~2小时，完成实验后，每人可获得50元的劳务费，后期我们会采用一定的方法计算每个参与实验人员的检索绩效，绩效得分高的前三名可以得到额外的50元奖励。

您所做的实验和填写的问卷资料我们将会予以保密，所有的实验数据仅用于本实验研究。您可以自愿选择是否参与该项实验，我（　　），已经理解上述要求，同意参与实验。

参与者签名：

参与实验

3. 人口统计学数据采集界面

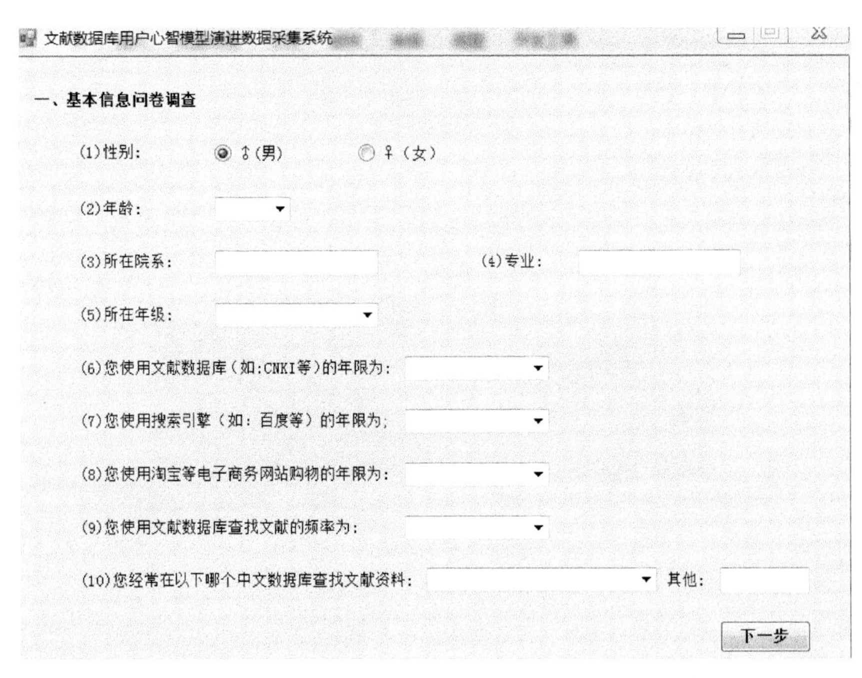


4. 用户对CNKI的初步印象

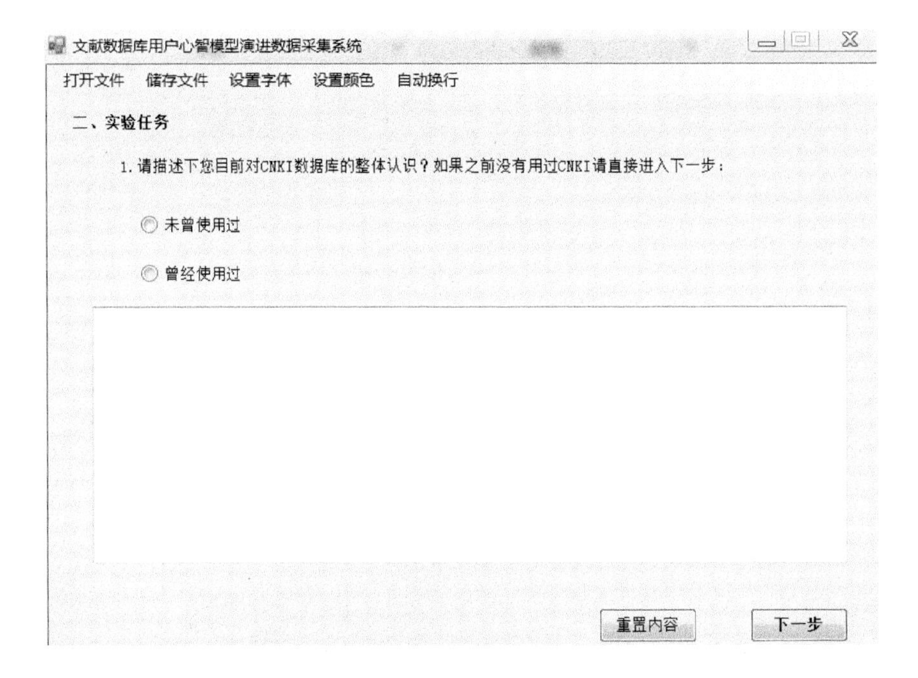

## 5. 概念列表界面

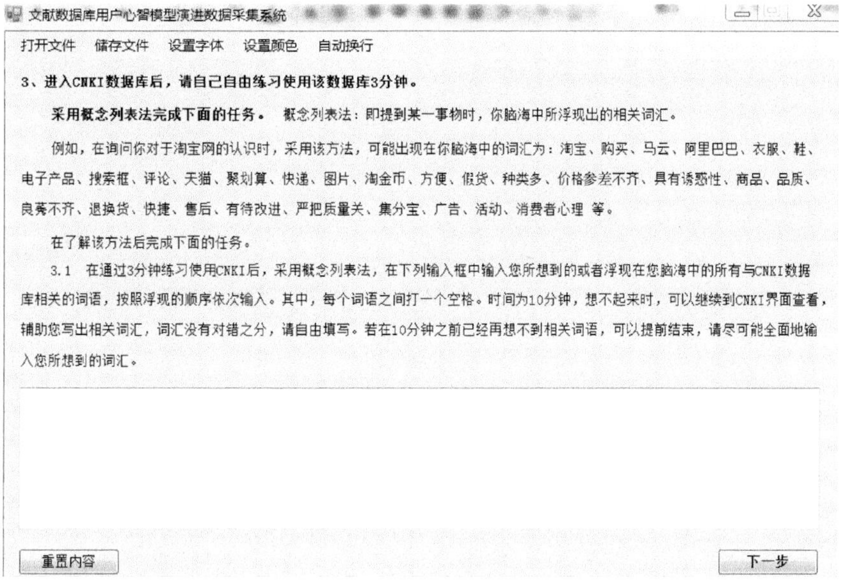

文献数据库用户心智模型演进数据采集系统

打开文件　储存文件　设置字体　设置颜色　自动换行

**3、进入CNKI数据库后，请自己自由练习使用该数据库3分钟。**

**采用概念列表法完成下面的任务。** 概念列表法：即提到某一事物时，你脑海中所浮现出的相关词汇。

例如，在询问你对于淘宝网的认识时，采用该方法，可能出现在你脑海中的词汇为：淘宝、购买、马云、阿里巴巴、衣服、鞋、电子产品、搜索框、评论、天猫、聚划算、快递、图片、淘金币、方便、假货、种类多、价格参差不齐、具有诱惑性、商品、品质、良莠不齐、退换货、快捷、售后、有待改进、严把质量关、集分宝、广告、活动、消费者心理 等。

在了解该方法后完成下面的任务。

3.1　在通过3分钟练习使用CNKI后，采用概念列表法，在下列输入框中输入您所想到的或者浮现在您脑海中的所有与CNKI数据库相关的词语，按照浮现的顺序依次输入。其中，每个词语之间打一个空格。时间为10分钟，想不起来时，可以继续到CNKI界面查看，辅助您写出相关词汇，词汇没有对错之分，请自由填写。若在10分钟之前已经再想不到相关词语，可以提前结束，请尽可能全面地输入您所想到的词汇。

重置内容　　下一步

## 6. 绘制心智图界面

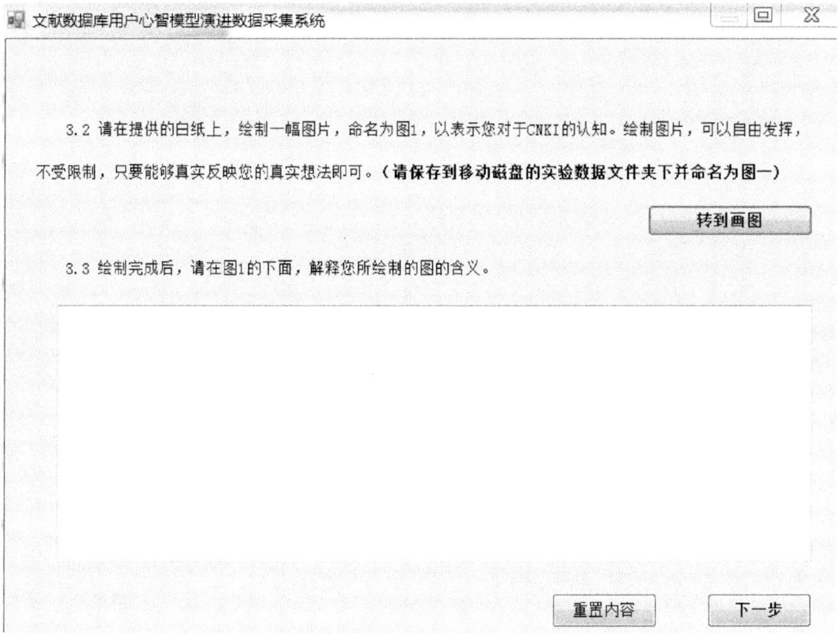

文献数据库用户心智模型演进数据采集系统

3.2 请在提供的白纸上，绘制一幅图片，命名为图1，以表示您对于CNKI的认知。绘制图片，可以自由发挥，不受限制，只要能够真实反映您的真实想法即可。**（请保存到移动磁盘的实验数据文件夹下并命名为图一）**

转到画图

3.3 绘制完成后，请在图1的下面，解释您所绘制的图的含义。

重置内容　　下一步

7. 一周后进入初始界面的“一周后入口”

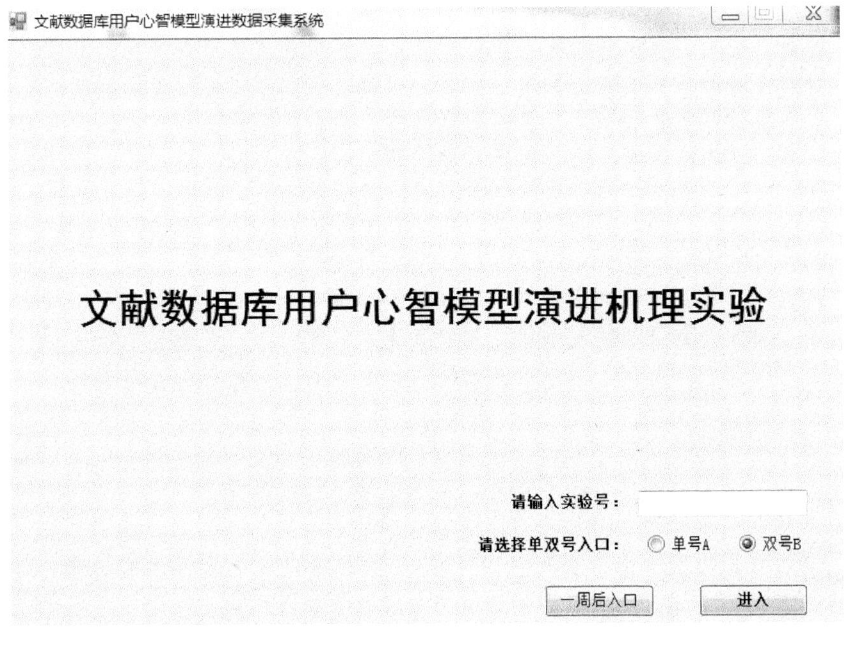


8. 实验退出界面

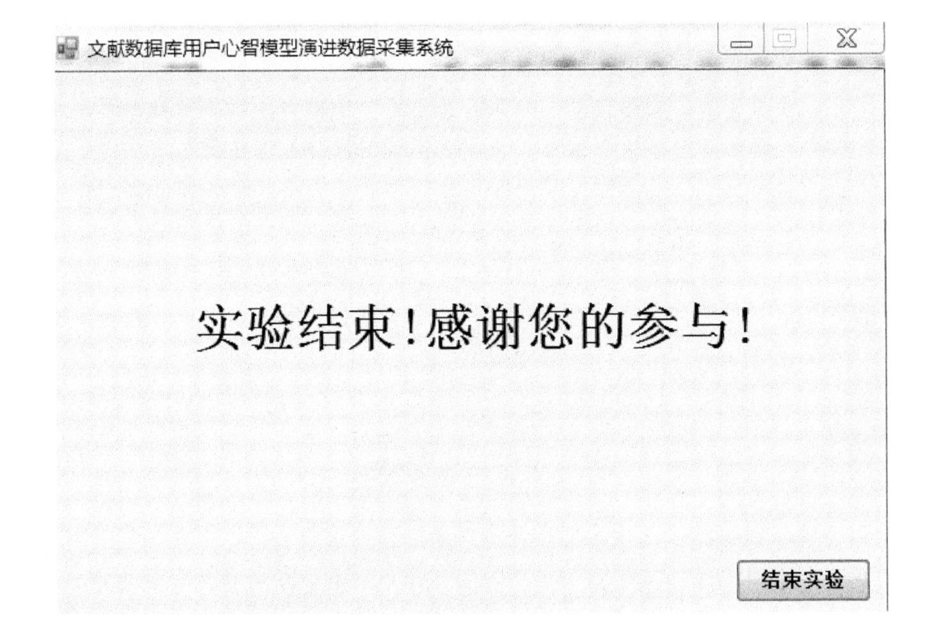

# 附录 F 用户绘制的文献数据库心智图

| 序号 | 图 1 | 图 2 | 图 3 |
| --- | --- | --- | --- |
| 1 | 数据云。 | 信息的海洋。 | 一脸不知所以。 |
| | 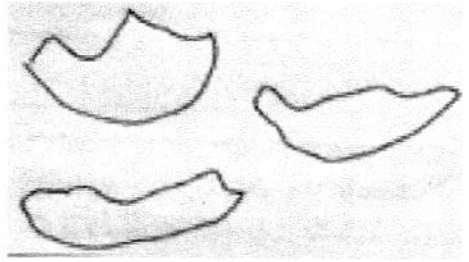 | 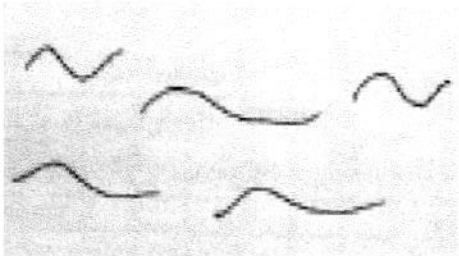 | 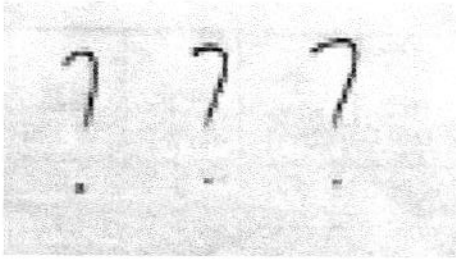 |
| 2 | 中间相当于一个大平台，而其他则代表各个学科分支，每个学科都有相当多的资料文献。 | 根据搜索信息搜索，在加以条件限制排序，能准确找到自己最想要的信息。 | 输入各种条件限制，可以快速搜索到想要的信息。 |
| | 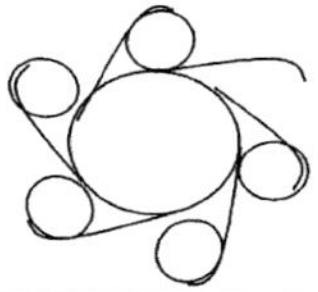 |  X1 X2 X3 X4 条件 Y1 Y2 Y3 Y4 |  XX XX YY YY |
| 3 | CNKI像这个中间人，收录研究者的各类文献资源，又提供给他们以产生更多更好的知识。 | CNKI搜索可以自某点出发，分散或延伸得到更多的内容。 | 在CNKI输入时，有自动联想的功能，方便用户的同时，有时也让人混乱。 |
| | 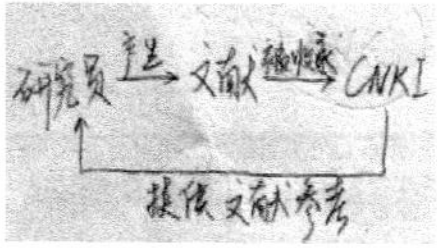 | 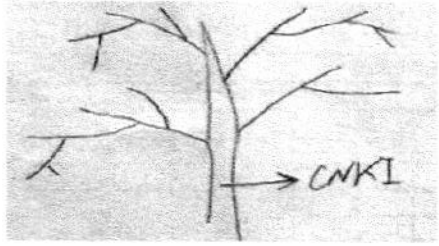 | 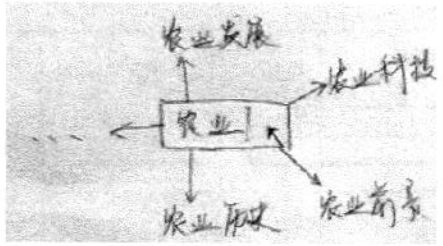 |

续 表

| 序号 | 图 1 | 图 2 | 图 3 |
| --- | --- | --- | --- |
| 4 | 芝士(知识)就是力量!  | 一个神奇的学术世界。  | 对自己的毕业论文有帮助(开心脸hhh)。  |
| 5 | 这是中国知网检索到的页面,上方是中国知网名称和其他内容。下方的左边是检索内容,右边是来源、关键词和检索历史等。  | 这是我用中国知网的感受,所要查找的内容处在无用的内容中,查找起来比较麻烦。波浪线为无用信息,横线为要查找的内容。  | 信息多如乱麻,查找困难。  |
| 6 | 像图书馆一样,收录了各种论文、期刊、工具书等。 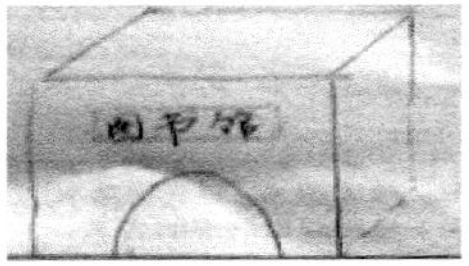 | 特别快。 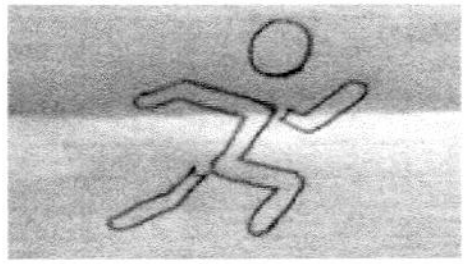 | 像飞机一样便捷快速直达目的。  |

续　表

| 序号 | 图 1 | 图 2 | 图 3 |
| --- | --- | --- | --- |
| 7 | 方框代表中国知网具有一定的权威性，第一二行的小方格、三角形、圆不规则排列代表我进入新教育平台和之前进入的中国知网网页有差异，一时感觉信息量增多，且一时没有找到规律性。最后的小船漂泊在海面上代表中国知网的文献就如同浩瀚的海洋，而我去寻觅需要的文献就如同坐着小船在乘风破浪。 | 三个问号表示对 CNKI 还有一些不懂的地方，比如引用量是怎么获知的，万一有人在论文中引用而不知道呢。然后感觉 CNKI 像一个联系在学者和机构之间的枢纽。 | 这幅图抽象地代表了我们宿舍节假日“造型”，没了查寝，宿舍会很混乱，这一次的检索就如同这种感觉，广泛性地检索内容时给人一种混乱的感觉。 |
|  | 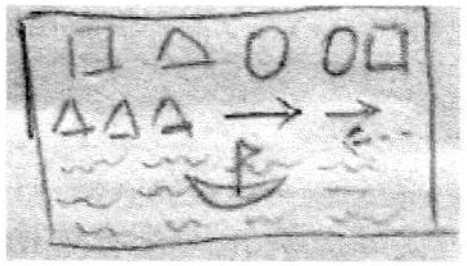  |   | 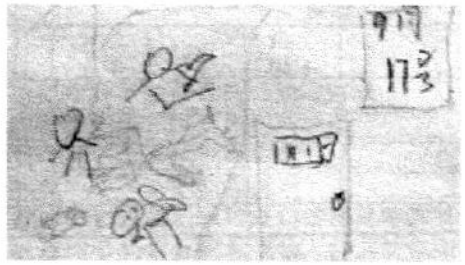  |
| 8 | 图书馆中的书架。 | 旧式图书馆所使用的图书信息检索卡。 | 带有旧式搜寻提示的书架。 |
|  | 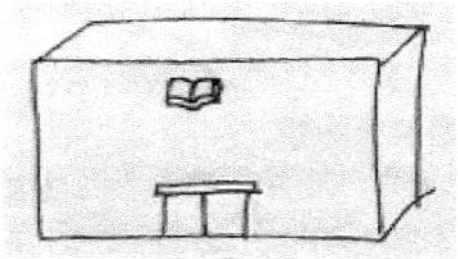  |   | 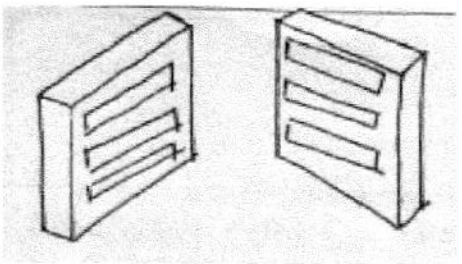  |

续　表

| 序号 | 图 1 | 图 2 | 图 3 |
| --- | --- | --- | --- |
| 9 | 文献网络，很多分类，搜索工具。 | 可一次找好几类。 | 整理文档。 |
| | 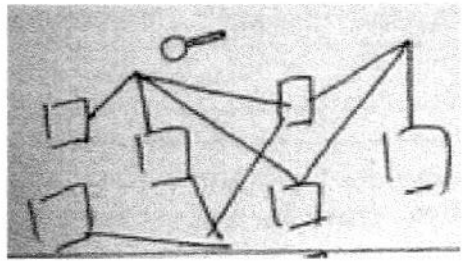 | 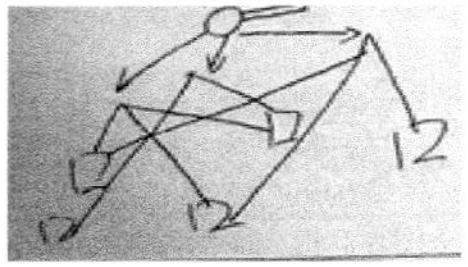 | 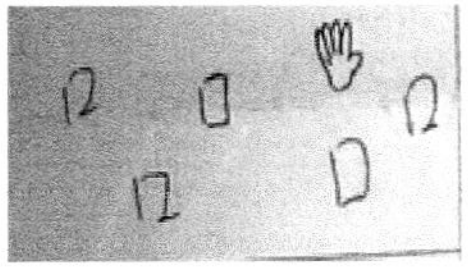 |
| 10 | 很多搜索方式和范围，下面以一定的逻辑排列搜索结果。 | 上面是高级检索的类型，中间是详细的关键词，下面是结果。 | 智能提示，相关词汇标红显示。 |
| | 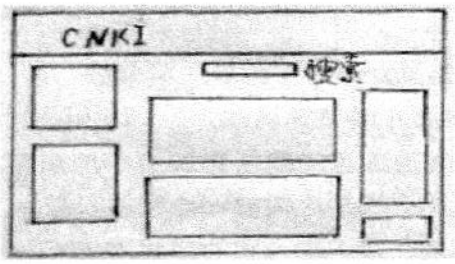 | 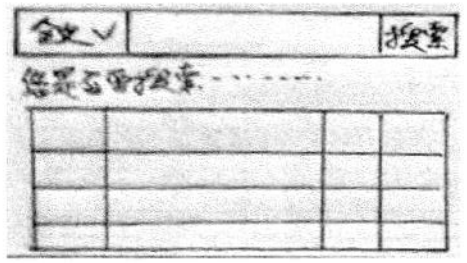 | 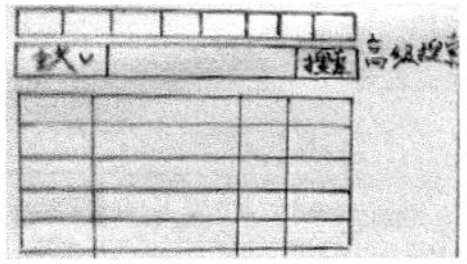 |
| 11 | 每一个关键词都是一个分支，根据搜索词找到对应的分支。 | 一盘糖果，就像许许多多的关键词，通过精准的搜索可以找到所要搜索的信息。 | 整个数据库是一本大书，目录涵盖关键词。 |
| |  | 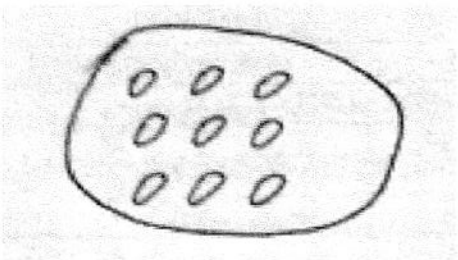 | 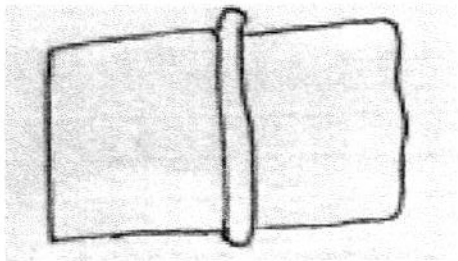 |

续 表

| 序号 | 图 1 | 图 2 | 图 3 |
|---|---|---|---|
| 12 | CNKI 搜索内容时像工具箱，明确问题是什么，下一步只需进去寻找。 | CNKI 像衣柜，所有东西都分类储存在里面，需要什么很快可以看到。 | CNKI 像一本书，在目录上查找信息可以翻到。 |
| |  | 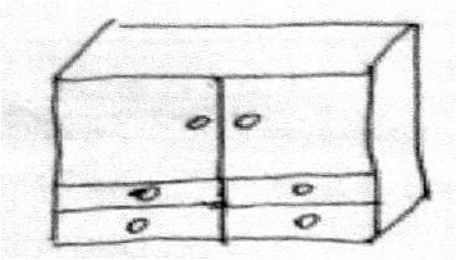 | 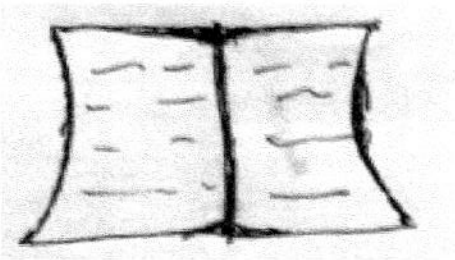 |
| 13 | 网页上一片空白，对知网的认识并不足。 | 对知网的检索方式还是不理解，不知道怎么用。 | 找与环境相关的文章很难找，网上的内容很多，很杂，不能精确检索出来，如同一团乱麻。 |
| | 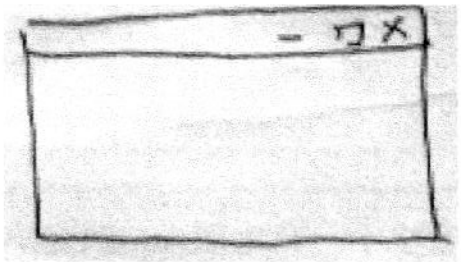 | 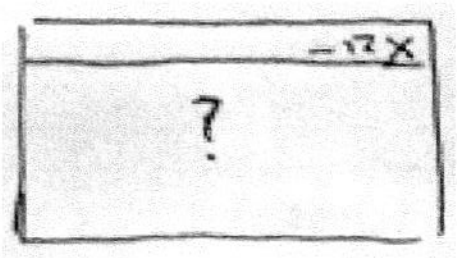 | 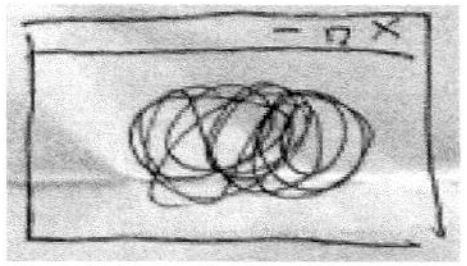 |
| 14 | 健康，绿色文明。 | 在互联网上，如桥梁般，建立沟通方式。 | 知识的殿堂，学者们可以在知网上发表论文，查看其他学者的文章。 |
| |  | 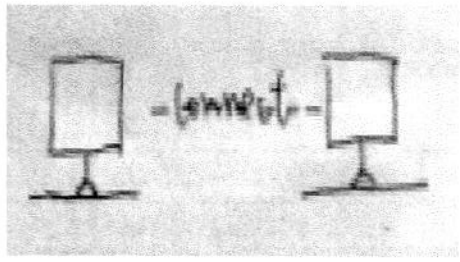 | 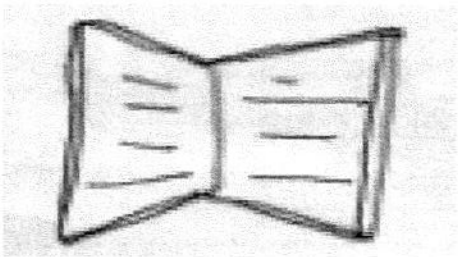 |

续　表

| 序号 | 图 1 | 图 2 | 图 3 |
| --- | --- | --- | --- |
| 15 | 充满智慧，以电脑为载体。 | 和书一样，知识有权威性。 | 来自全国各地的文章。 |
|  |   | 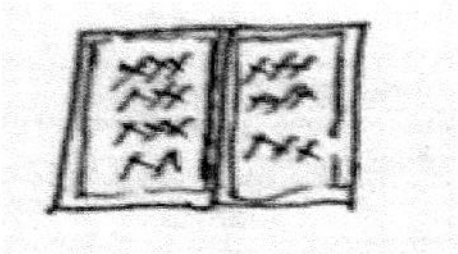  | 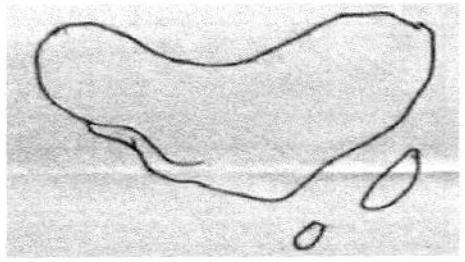  |
| 16 | CNKI 提供对文献的检索，所以有一个大的搜索框，还有其他的相关链接。 | 可以在作者栏中看到周光宏及相关的作者。 | 检索关键词后会弹出所有与关键词有关的文章标题、作者等详细信息，都可以点开查看。 |
|  | 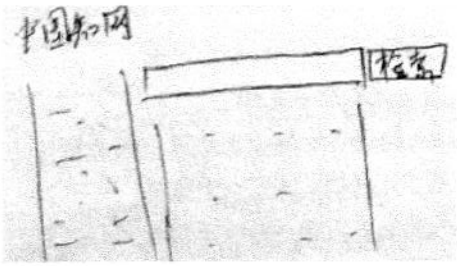  |   | 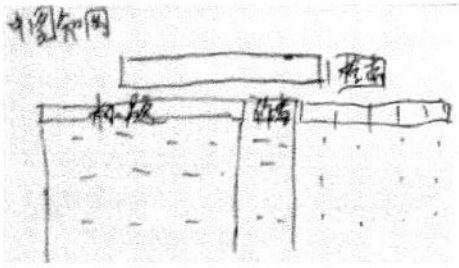  |
| 17 | 通过搜索关键词，网页显示文章、作者、下载量，通过数据满足人群的需要。 | 系统通过关键字自动排序，更快找到想要的内容。 | 通过检索“环境污染”将弹出多个与关键词有联系的文章。 |
|  |   | 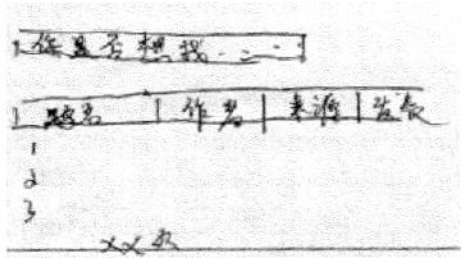  | 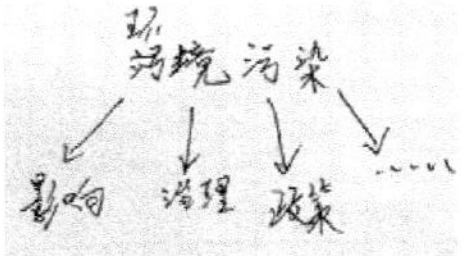  |

续 表

| 序号 | 图 1 | 图 2 | 图 3 |
| --- | --- | --- | --- |
| 18 | 就像海洋一样浩瀚无垠。 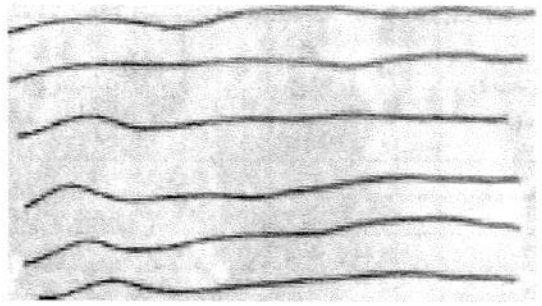 | 虽然数据庞大而复杂，但如果目的明确的话，查找起来也不是非常困难。 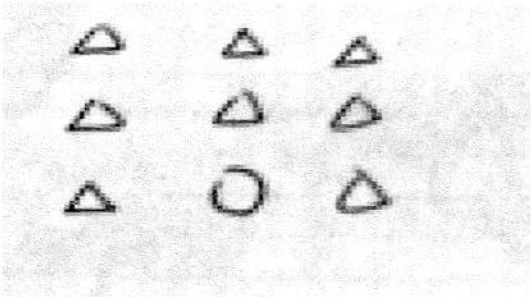 | 在 CNKI 中查找资料就像在大海里寻找一只小舟，数据庞大而复杂。 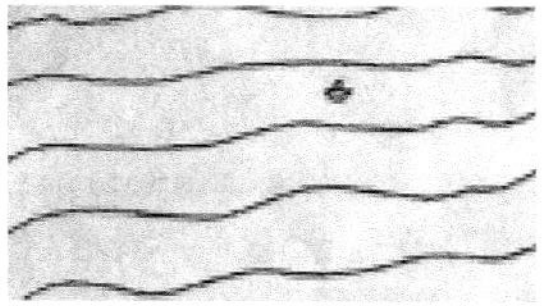 |
| 19 | CNKI 是一本记载了很多知识的书。  | 使用 CNKI 后发现很复杂，不知道怎么检索到自己需要的东西，一团乱麻。 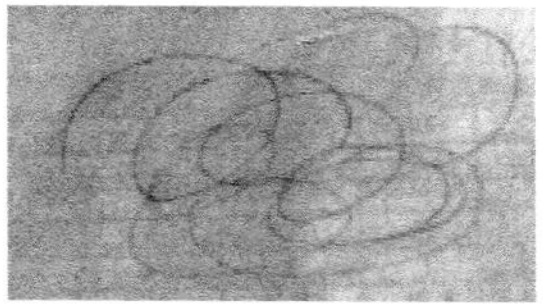 | CNKI 像一个很深的瓶子，里面什么知识都有，但要找出来很难。 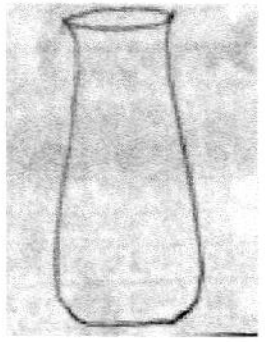 |
| 20 | 很专业，是百科全书。  | 很难的专业论文用这个网站查找文献资料就有了得高分的希望。 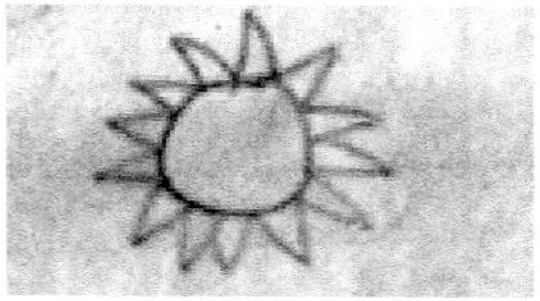 | 这个网络在生活中不常见。  |

续　表

| 序号 | 图 1 | 图 2 | 图 3 |
| --- | --- | --- | --- |
| 21 | CNKI 相当于一个图书馆，可以查阅想要的资料。 | 可以根据不同的关键词进行搜索。 | 可以进行高级检索，根据词频关键词进行检索。 |
|  | 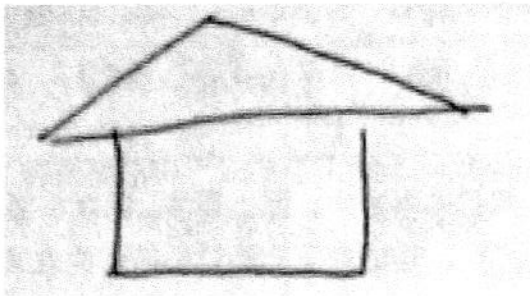  | 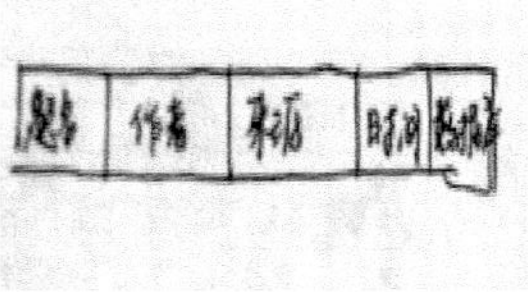  | 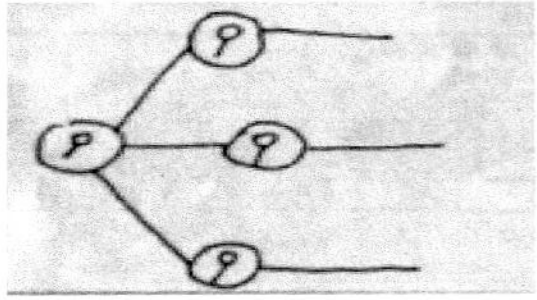  |
| 22 | 文章种类众多，具有权威性。 | 第二组任务中，有“作者”这一搜索分类，同时有期刊名称、分类，很容易找寻。 | 第一组任务重，关键词不够精确，被分散了。 |
|  | 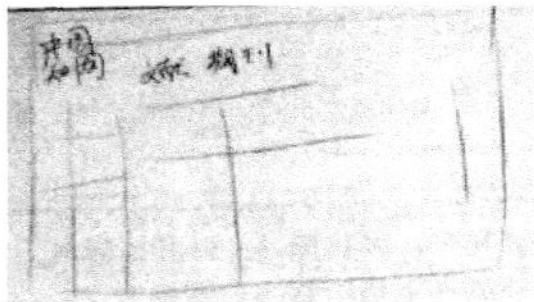  | 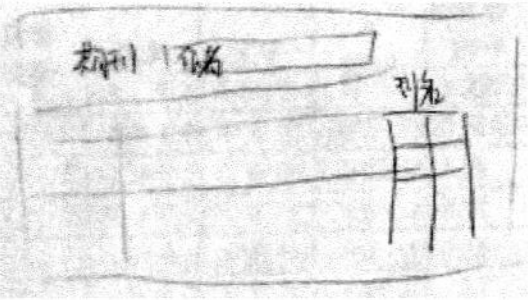  | 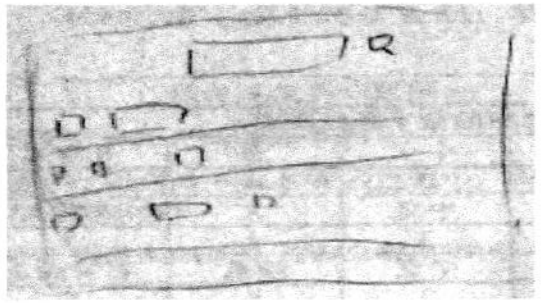  |
| 23 | 通过直接在中国知网数据库查询，得出目标信息。 | 通过输入关键性的针对性的内容，如作者、期刊等在数据库中检索，再从条目中通过查找确定目标文献。 | 输入范围比较大的指向性语句，在数据库中检索，得到范围比较大的目标条目，但结果中信息较为驳杂，会有与其他主题的资料有交叉，因此，再从这部分中通过筛选翻查确定需要的部分资料。 |
|  | 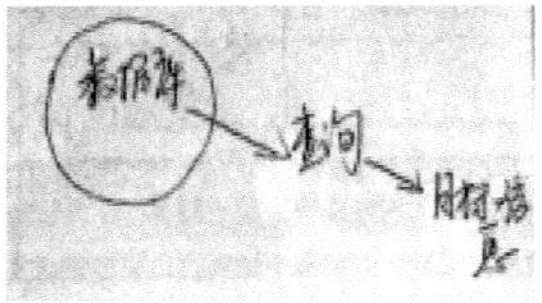  | 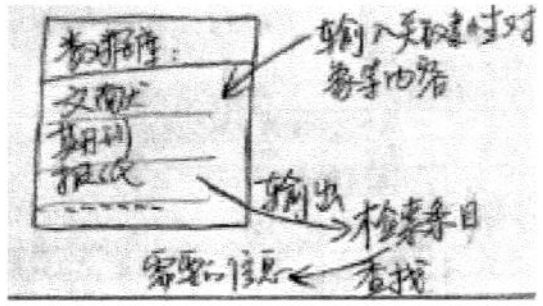  | 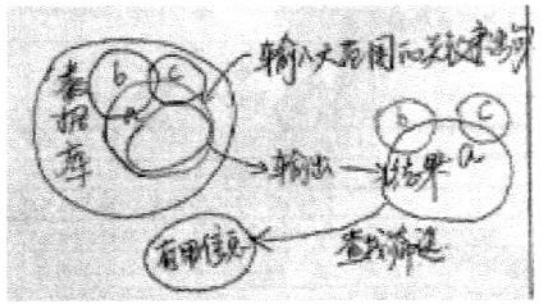  |

续 表

| 序号 | 图 1 | 图 2 | 图 3 |
| --- | --- | --- | --- |
| 25 | 资源丰富，数量种类繁多，有一种看花眼的感觉，就像花园一样。 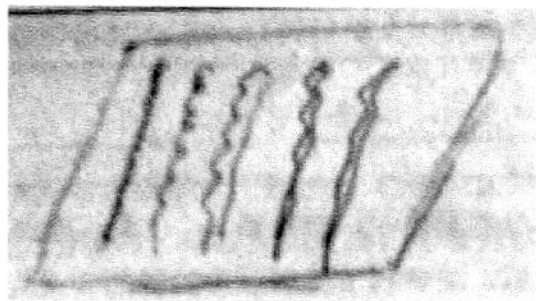 | 资源分类齐全，查找非常方便，就像在超市货架找东西一样。  | 感觉排在前面的比较有用，查找时比较方便，不用向后面查太多文章，有序得像钟表一样。 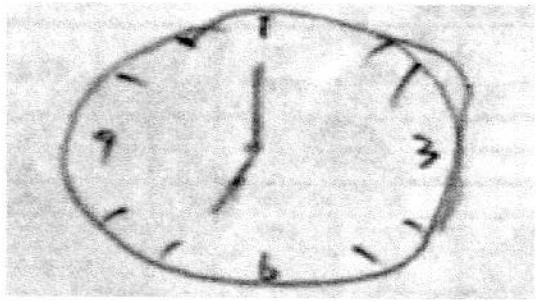 |
| 26 | 东西非常多，让人觉得这个数据库的工作量很大，很惊叹！ 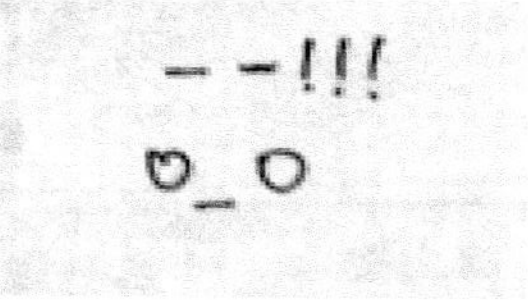 | 放大镜，感觉这种搜索功能像放大镜一样，看得很清楚。  | 搜索功能很强大，两种属性可以在一起搜索。 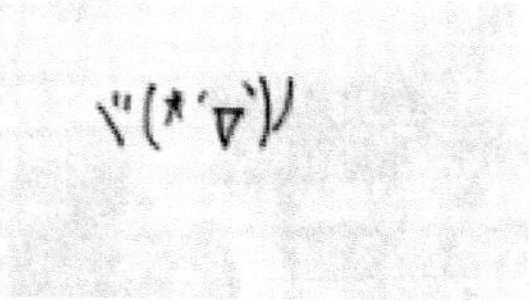 |
| 27 | 通过上 CNKI 搜索可以解答生活学习中遇到的疑难，还能产生新的思想。  | 在搜索时会遇上许多干扰精确搜索想要的信息的因素。  | 当搜索目的不明确，仅靠一个模糊的关键词时，会有许多不同的结果，需要耐心辨别。 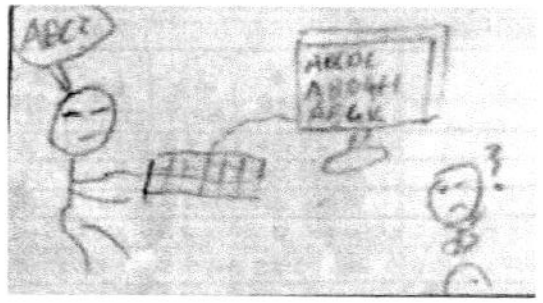 |

续　表

| 序号 | 图 1 | 图 2 | 图 3 |
| --- | --- | --- | --- |
| 28 | 第一次使用 CNKI,感觉里面的各种文献资料数不胜数,就像天上的繁星一般,浩瀚无穷。 | 通过引导,有具体目标地查找文献资料,感觉文献分门别类像书柜般有着一定的排列顺序,查找起来很容易。 | 使用 CNKI 查找相关文献,因为没有明确的搜索方向,对 CNKI 使用也不是很熟练,感觉难以找到对自己有用的信息,众多文献的筛选也很困难。 |
| | 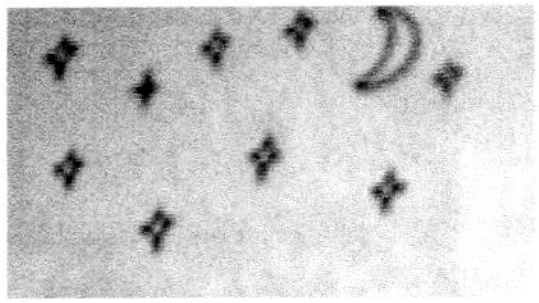 |  |  |
| 29 | 分为多类,每一类下细分,易于理解。 | 各种关键词或限定条件能比较准确地找到目标。 | 智能程度较低,在搜索时仅根据词条搜索,没有关于内容的模糊检索。 |
| | 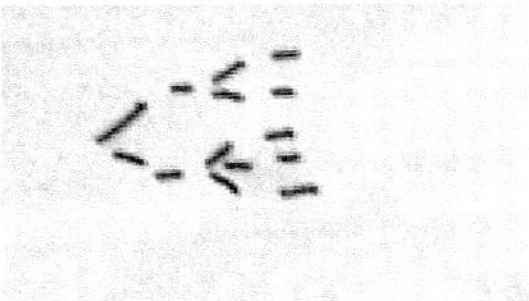 |  |  |
| 30 | 就是一个类似百度但是可以查找各种专业文献资料的搜索平台,有各种期刊、论文等高质量的资料。 | 可以凭借作者、题目等找到想要的信息。 | 一个比较高级的搜索平台,可以快速根据关键字查到想要的东西。 |
| |  |  | 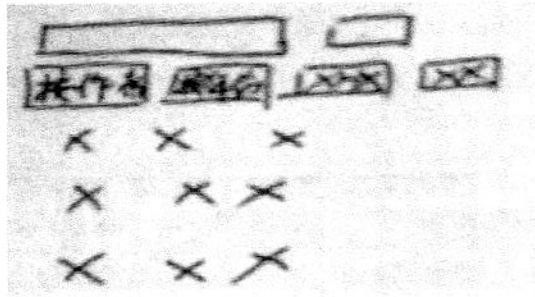 |

续 表

| 序号 | 图 1 | 图 2 | 图 3 |
| --- | --- | --- | --- |
| 33 | CNKI 相当于电子图书馆,与实体图书馆互补,很便捷。 | CNKI 涉及很广,像一颗大树的根系。 | CNKI 的检索更专业,更有权威性。 |
| | 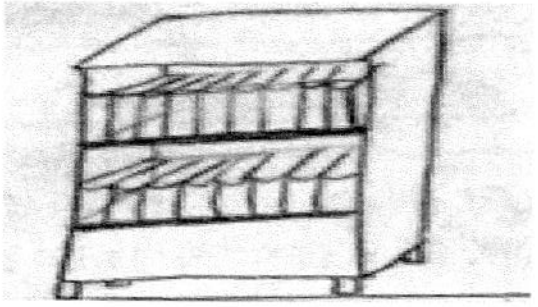 | 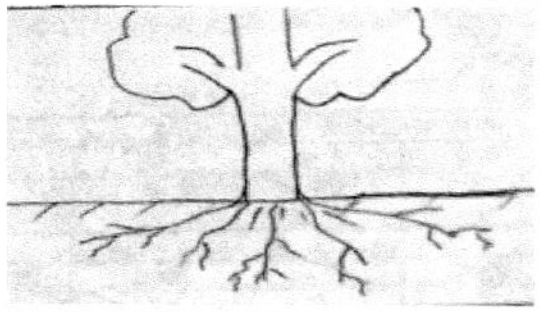 | 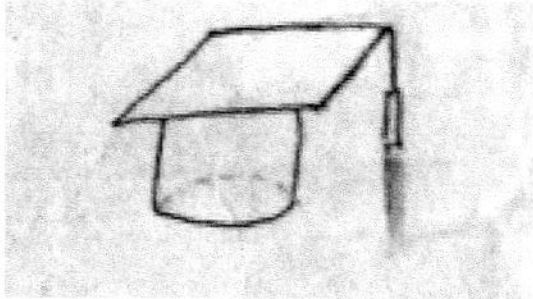 |
| 34 | CNKI 像是一个庞大的资料库。 | 通过关键词搜索。 | 是网状的检索系统。 |
| |  |  | 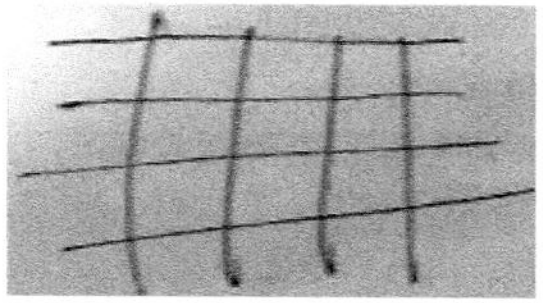 |
| 35 | 我现在处于大二阶段,感觉 CNKI 离我还很遥远,平常不怎么接触,还有海量的权威数据让我感觉像座山一样高大雄伟。 | 刚开始靠近,了解检索的一些皮毛,还没有看到实质的内容,只是观察了一下表面。 | 开始钻山研究内容,发现喷涌出好多无用的碎屑,开始怀疑是不是自己使用方法不当的原因。 |
| | 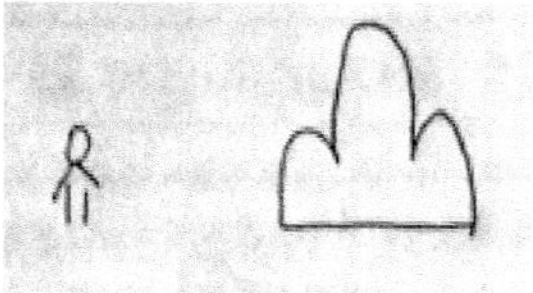 | 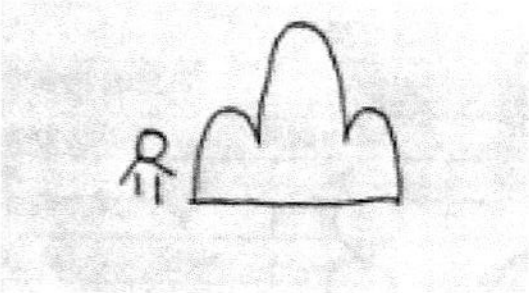 |  |

续　表

| 序号 | 图 1 | 图 2 | 图 3 |
| --- | --- | --- | --- |
| 36 | CNKI 像一个通往海量资源的大门，里面各类文献应有尽有。 | 关键词检索功能可以让人轻而易举地找出某篇具体的文章。 | 资源太多(尤其是相似主题的文献太多)让人难以筛选出最接近需求的信息。 |
| | 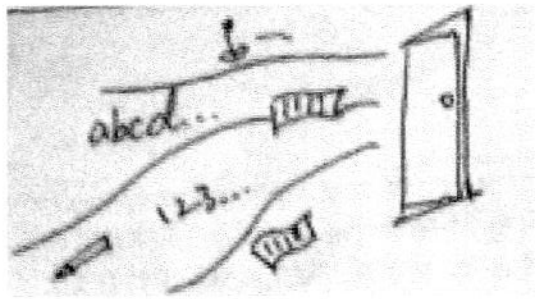 |  | 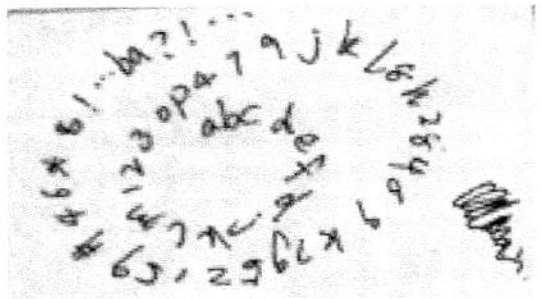 |
| 37 | 种类多，范围广，页面风格简简单单，就像一个圆一样。 | 搜索快速，目标准确，直击要害，就想狙击枪上的瞄准镜一样。 | 按关联性排列，就像一根线一样，连接结果与搜索目标。 |
| | 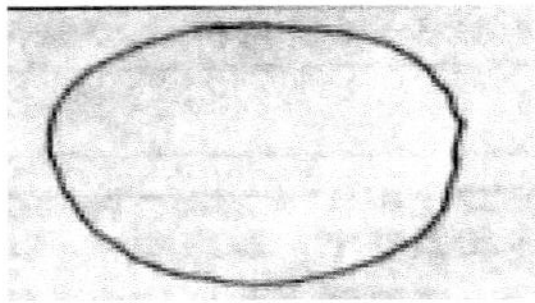 | 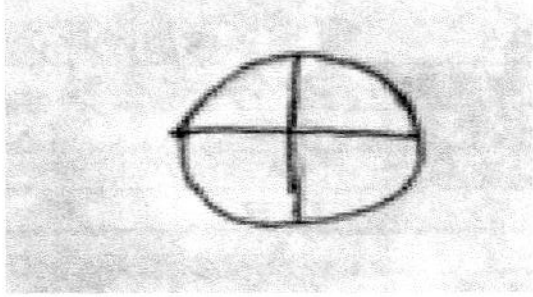 | 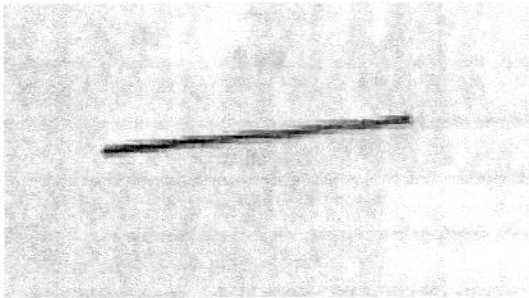 |
| 38 | 数据资料多，范围广，可以有效促进学业，但还是不能熟练使用其方法。 | 较为快速地找到了答案，选择了正确的方法，体验了检索的高效性。 | 检索范围大、内容多、不会使用正确的方式、不确定是否正确可靠。 |
| |  |  |  |

续　表

| 序号 | 图 1 | 图 2 | 图 3 |
| --- | --- | --- | --- |
| 39 | 洋葱，只是看清了表面的纹理，未看清其内在。  | 眼镜，开始帮助我深入了解，我觉得很有用。 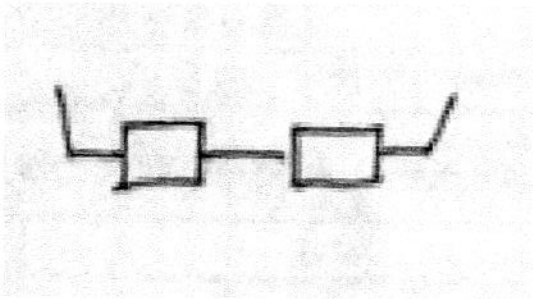 | 一开始以为会了，但使用之后发现并没有那么会，使用过程中还是有问题。  |
| 40 | 它对我来说就是一个搜索框，可以搜到我想要的文献阅读。 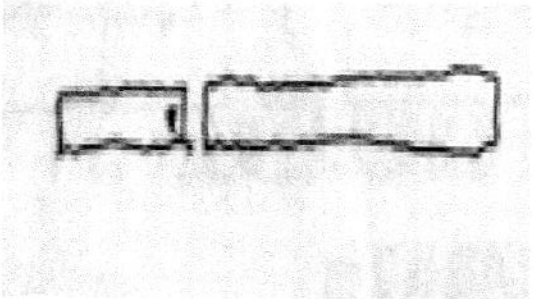 | 点击搜索没有任何反应，也没有告诉你为什么不能搜索。 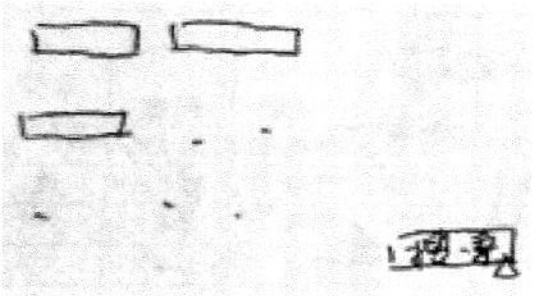 | 响应速度慢，文献打开速度慢。 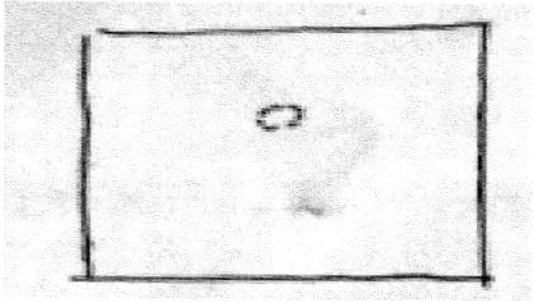 |
| 41 | 一本字典很厚、内容多。 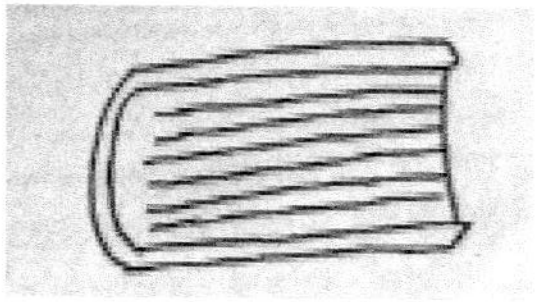 | 一本寻找书目的导航、目录。  | 包含了自然科学和社会科学的方方面面。 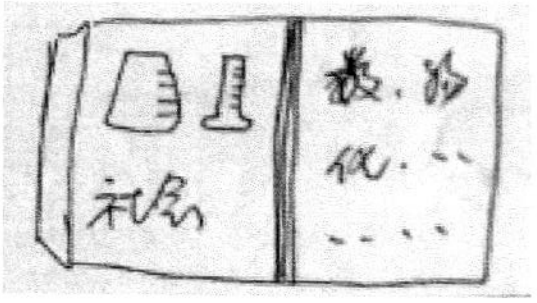 |

续　表

| 序号 | 图 1 | 图 2 | 图 3 |
| --- | --- | --- | --- |
| 42 | 这是见到网站的第一眼，可能是习惯使然，觉得排版不太好，十分混乱，再加上内容十分多，难免有冗长之感。 | 波浪线代表流水，经过这次任务感觉很轻松，很快就能搜索到想要的东西。 | 这是根据正文搜索出来的文献，很多很多，数字代表页数，在寻找时会比较着急。 |
|  | 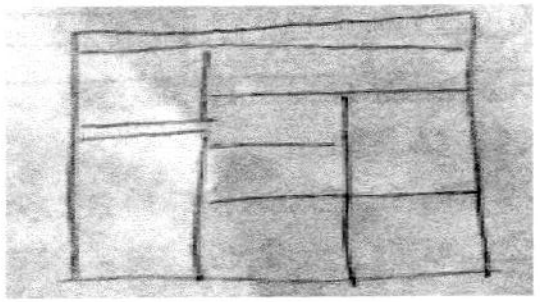  | 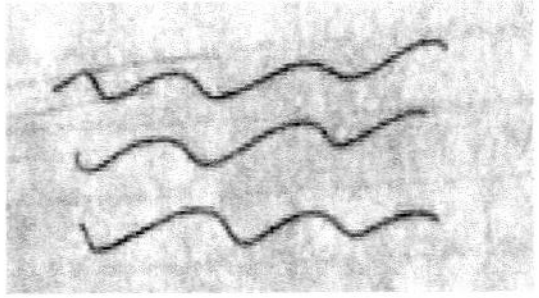  | 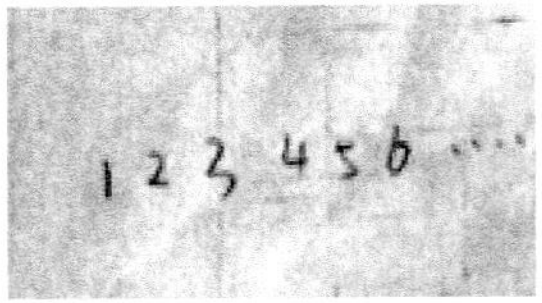  |
| 43 | CNKI 网站中最重要的检索框。 | 检索“周光宏”的界面。 | 只抓到了某些关键词，与我目标查找相关度不够，有些甚至出入较大。 |
|  |   | 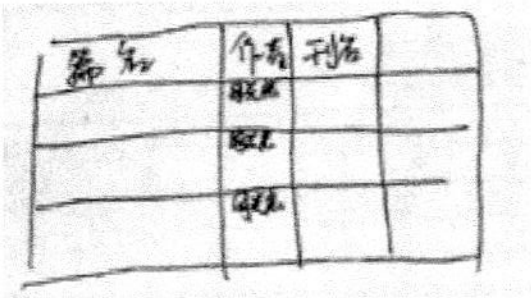  | 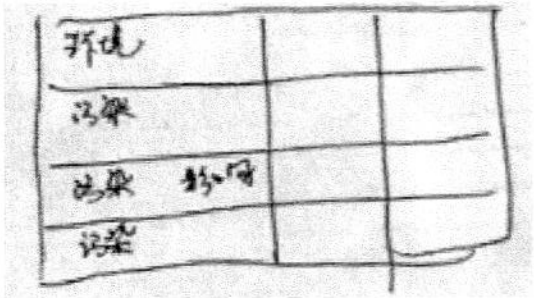  |
| 44 | CNKI 的资料库就像一个巨大的书库，里面有分类齐全的各类资料文献，但对于其中的内容及具体结构还充满未知性。 | 较智能的检索系统，精确度高，引导你精确查找到所需资料。 | 某一方面的文献资料很多，在选择时比较迷茫，无法准确获取最有用的资料。 |
|  | 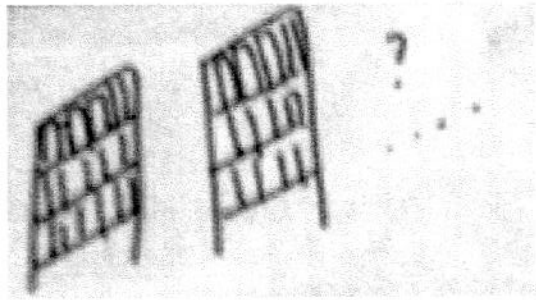  |   | 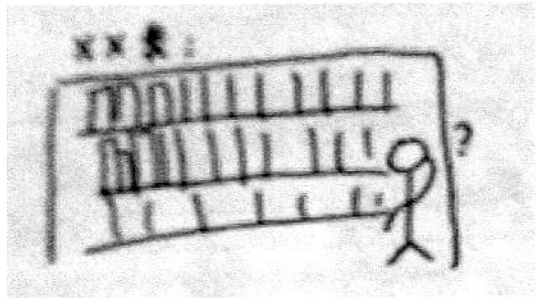  |

续　表

| 序号 | 图 1 | 图 2 | 图 3 |
| --- | --- | --- | --- |
| 47 | 该图片表述的是大海，大海广阔无垠，CNKI 就像大海一样范围宽广。 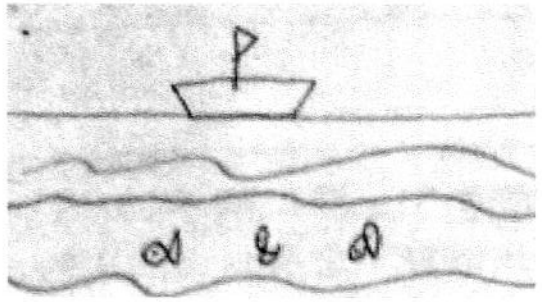 | 该图片描述的是火箭，火箭的速度快，用来描述 CNKI 的响应速度快。 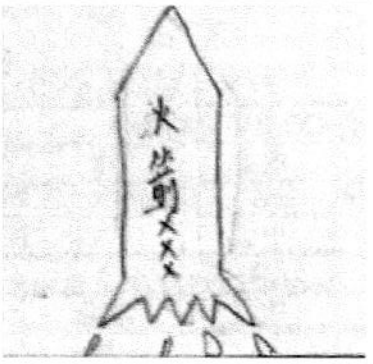 | 高高在上的太阳和地下小小的蝼蚁，用来描述 CNKI 资源丰富。  |
| 48 | 由个体上传资料及相关工作人员整理文献资料组成 CNKI 数据库，数据库中的资料被下载查阅，实现资源共享。 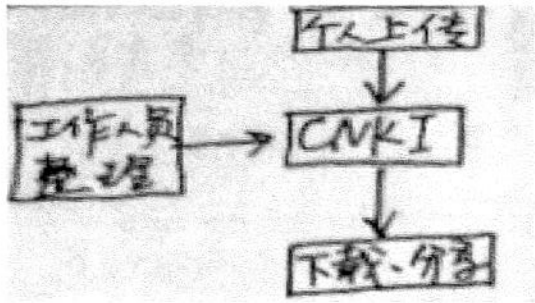 | CNKI 不同类型的文献资料名称、题目存储在某一文件夹，当查找者输入标题，很快找到相关标题，点标题后进入到具体文章。 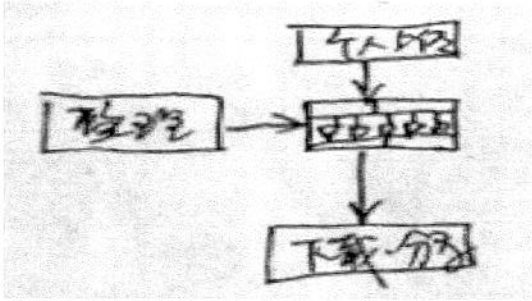 | 个人上传资料后按照不同的分类存储在数据库中，当需要查阅时按照不同的类型被下载。 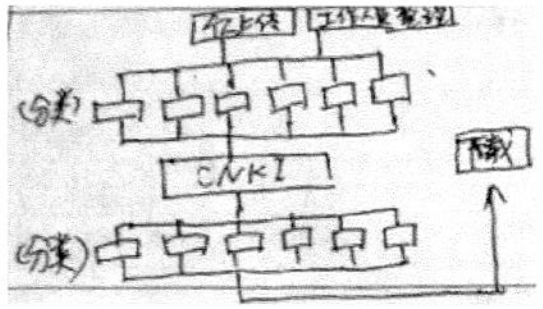 |
| 49 | 输入一定的关键词，就会在较为专业正式权威的数据库中进行排序，且排版较满，内容丰富。 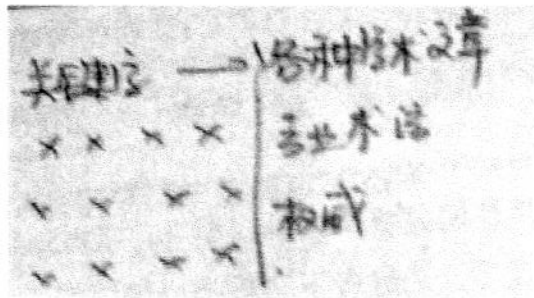 | 内容有各种分类。要搜索的内容在各分类间有交错，但要明确一定的类别再搜索。 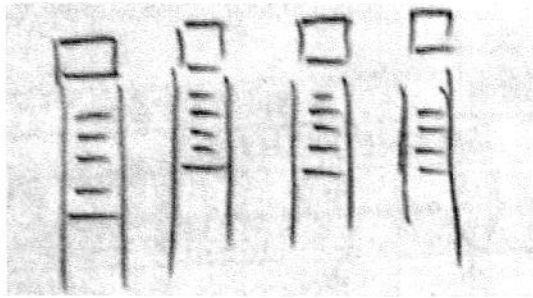 | 关键字的选取较长，不能很好理解搜索者的意思，不能立刻导出想要的内容，片面机械化。 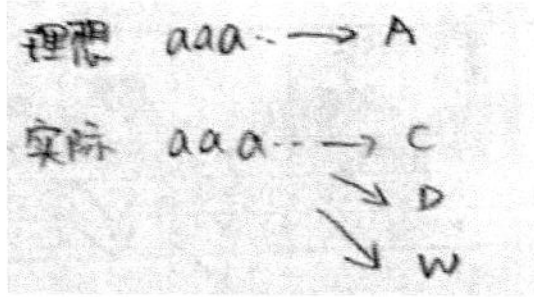 |

续 表

| 序号 | 图 1 | 图 2 | 图 3 |
| --- | --- | --- | --- |
| 50 | 实验 1 的第一感觉就是通过关键词搜索论文及相关文献。 | 通过词条，可以重复查找相关信息。 | 从一个词出发，可以延伸出很多相关信息。 |
| | 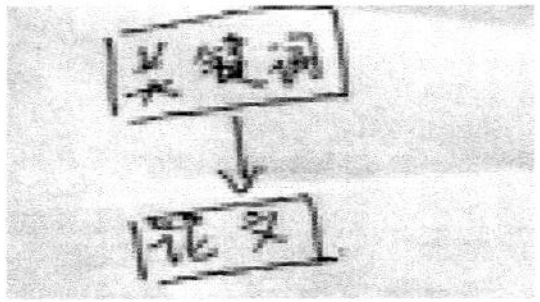 | 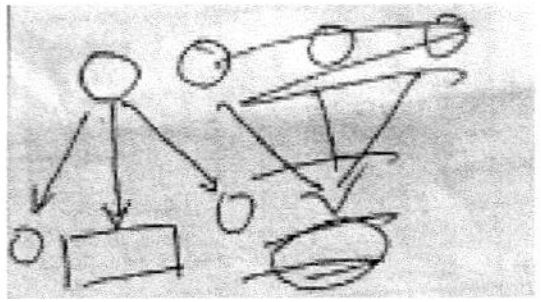 | 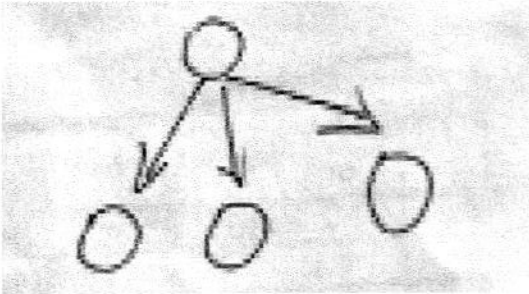 |
| 51 | 一个庞大的书籍，里面所有你想要的资料都能查到。 | 一个放大镜，能根据你所需找到你想要的。 | 显微镜，相比放大镜而言，看的东西更加仔细与深入。 |
| | 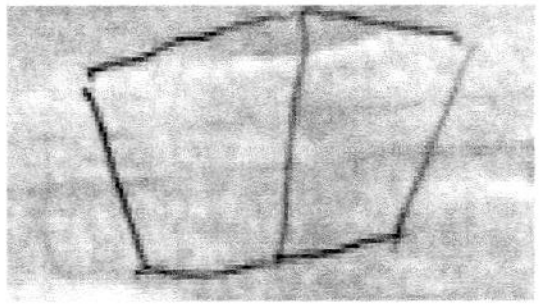 |  |  |
| 56 | 不用点开文章，和文章相关的基本信息就显示得很清楚，方便寻找到自己想要的文章。 | 能精确查找，只要知道部分你想要的文献的相关信息，就能找到相应文章。 | 搜索关键词后能得到许多和关键词有关的资料，在资料中能得到许多提示，点击自己感兴趣的能搜到更多资料，如点击作者能得到更多该作者发表的文献，点击期刊名可得到更多该刊上发表的文章。 |
| |  | 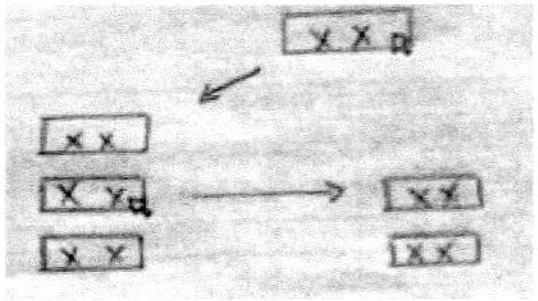 | 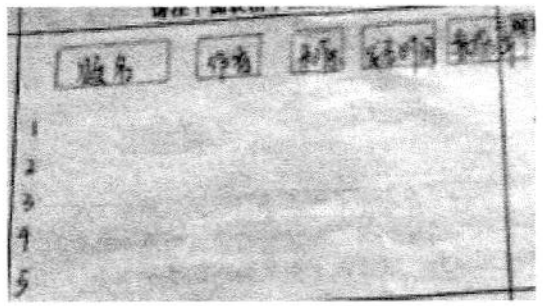 |

续表

| 序号 | 图 1 | 图 2 | 图 3 |
| --- | --- | --- | --- |
| 57 | CNKI 是一个数据综合平台，帮助人们搜集各类相关文献信息，方便人们查找。 | 人们可以通过 CNKI 搜索到他人的研究成果，提供信息交流和分享自己的平台。 | CNKI 中数据来源多样化，但由于来源广泛导致数据冗杂，在分类不够细致明确的情况下，有时难以搜索到所需信息。 |
| | 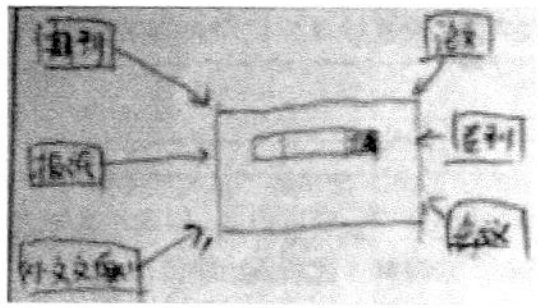 | 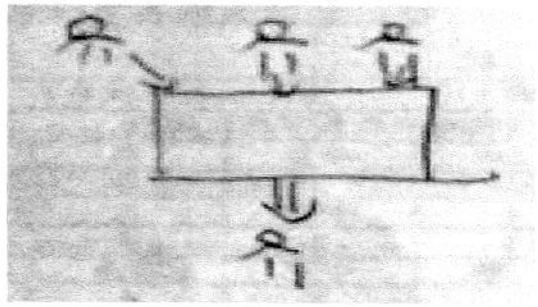 | 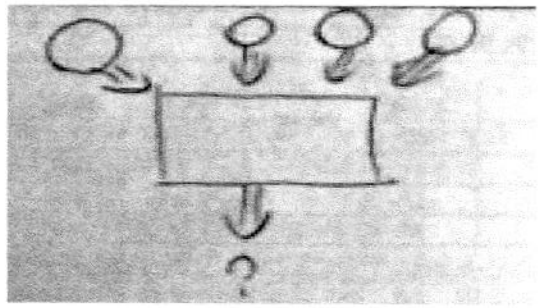 |
| 60 | CNKI 就像一个苹果，我们每从中找到一些需要的东西就像咬了苹果一口。 | CNKI 内容很多，像小桶中装满水。 | CNKI 就像一个饼，有很丰富的东西且数量多。 |
| | 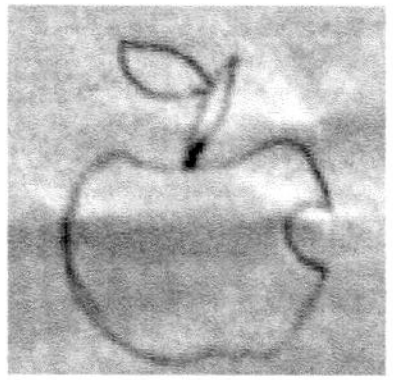 |  | 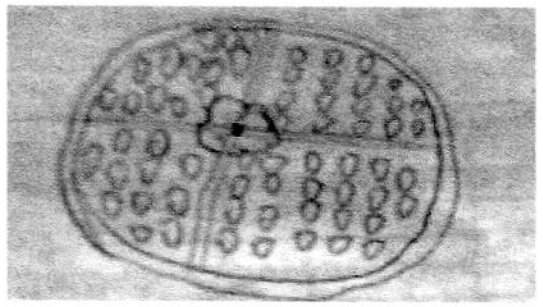 |
| 61 | 信息关联性很高。 | 分类。 | 平行。 |
| | 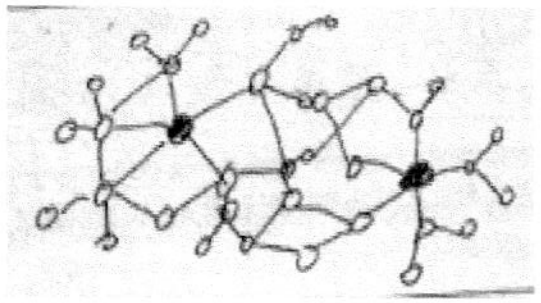 | 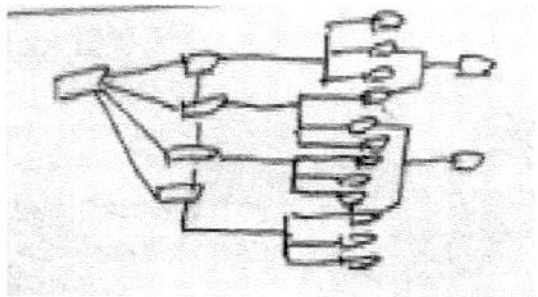 | 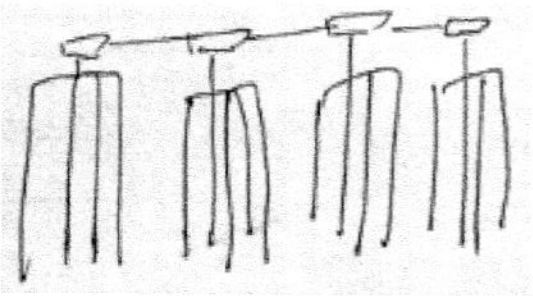 |

续　表

| 序号 | 图 1 | 图 2 | 图 3 |
| --- | --- | --- | --- |
| 62 | 很多感兴趣的期刊会出现错误，无法显示，大多数给的分类里的条目可以看到。 | 分类很合理，排序很清晰。 | 关键词可用，但句子和短语不太容易。 |
| |  |  | 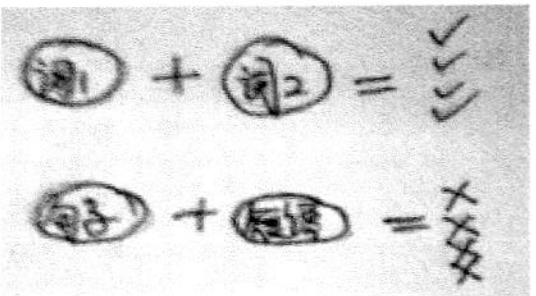 |
| 63 | 有的作者很多，而且时间发表都是很老的时间了。 | 用这个可以更快捷方便地搜索。 | 用高级检索可以更快捷方便。 |
| | 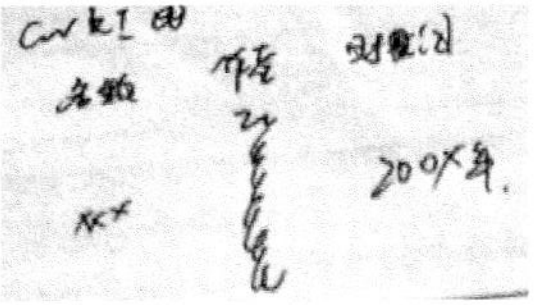 |  | 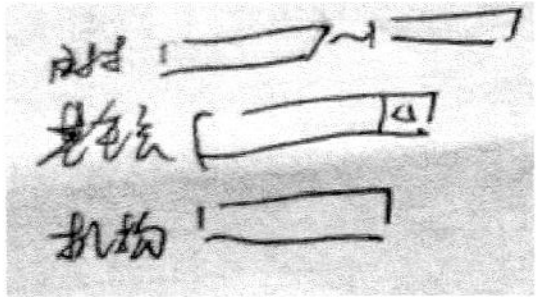 |
| 64 | 文献很多，有所相关，但并不相同。 | 快速。 | 模糊，找不到需要。 |
| | 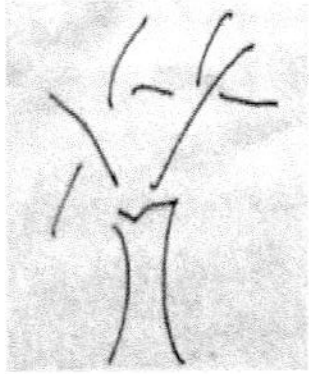 | 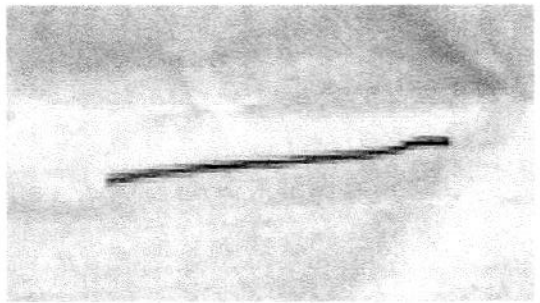 | 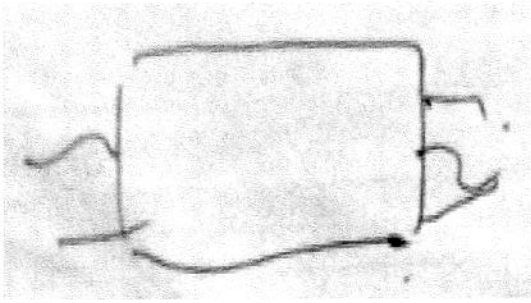 |

续 表

| 序号 | 图 1 | 图 2 | 图 3 |
|---|---|---|---|
| 65 | 地球爸爸内涵丰富，宝宝还年轻看不懂。 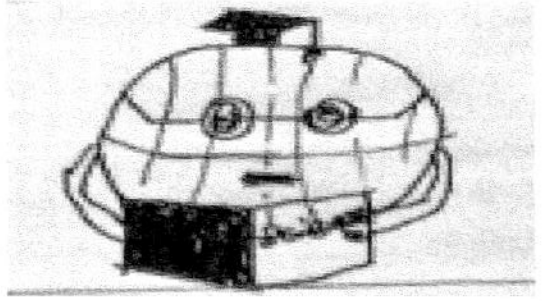 | 爸爸的心向我敞开，让我了解他。  | 亚洲爸爸变得越来越小了，就是有点丑。  |
| 66 | 刚打开时的页面。 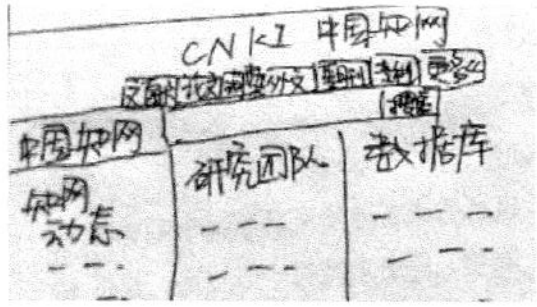 | 根据前面下拉栏里的分类会好找些。 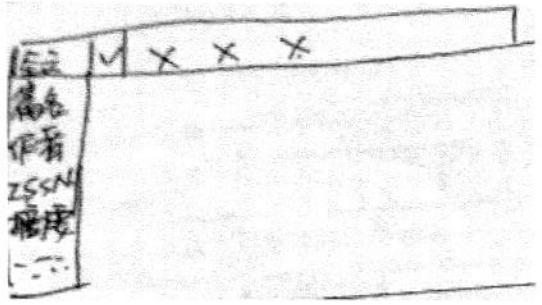 | 搜索时，找不准关键词，总搜不到想要的文献。 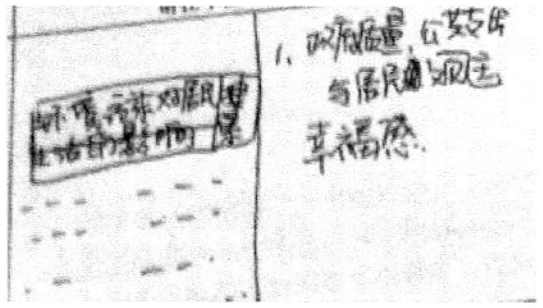 |
| 67 | 布局比较乱，虽然包罗万象，但是在一个很乱的圈里，而且各种东西混杂，让初学者无从下手。 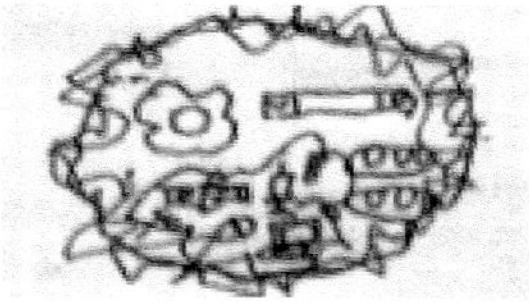 | 分类全、索引好、可以找到想要的。 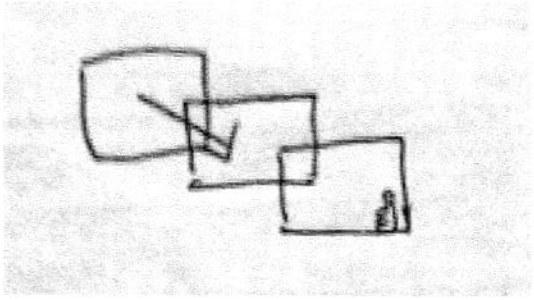 | 各种文献交杂，不知轻重，头脑混乱。  |

续 表

| 序号 | 图1 | 图2 | 图3 |
| --- | --- | --- | --- |
| 68 | 第一次检索感觉推开了新的世界的大门。  | 文献方面的万能搜索引擎。  | 信息检索就是淘金与发现的过程。  |
| 69 | CNKI 的首页，包含着包罗万象的标签，想搜索的东西应有尽有，畅游知识的海洋，庞大的数据库满足各类人群的需要。 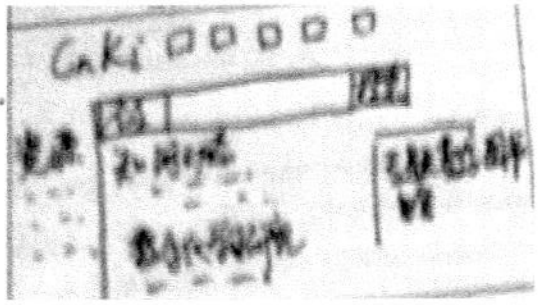 | 多种排序，满足各种检索要求，丰富多彩的检索结果，操作容易，易上手。  | 检索反馈的内容丰富全面，覆盖面广阔，内容深入浅出。 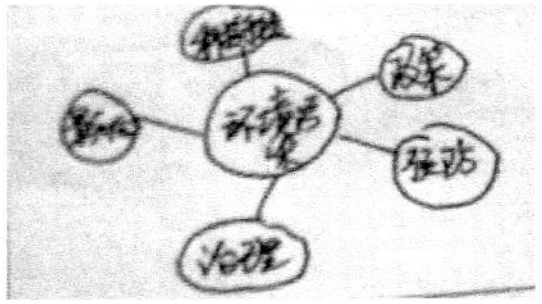 |
| 71 | 像个大书架。  | 准确、快速、方便。 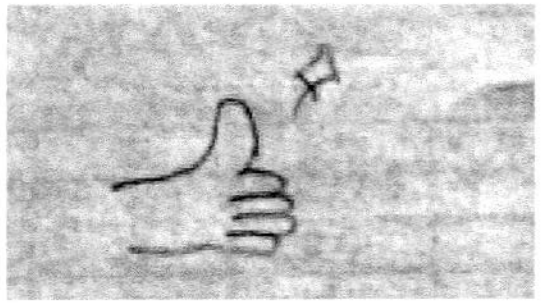 | 与生活息息相关。 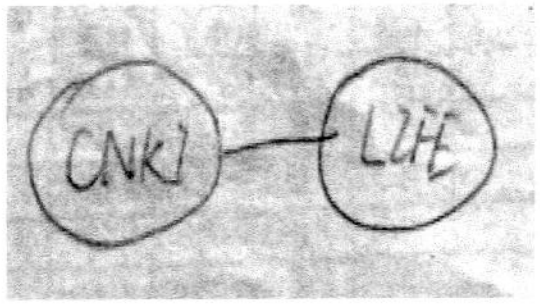 |

续　表

| 序号 | 图 1 | 图 2 | 图 3 |
| --- | --- | --- | --- |
| 73 | 一开始不怎么会用 CNKI，看不懂，东西太多。  | 按照流程进行检索，感觉很简单，很容易。  | 想找环境污染对于日常生活的影响，基本没有这方面的文章，根本搜不动，有也是没用的因为排在很后。  |
| 74 | CNKI 是一个数据库，收录各类学术期刊、学术研究者的文章，用户主要是一些学生、教师、学术研究者。 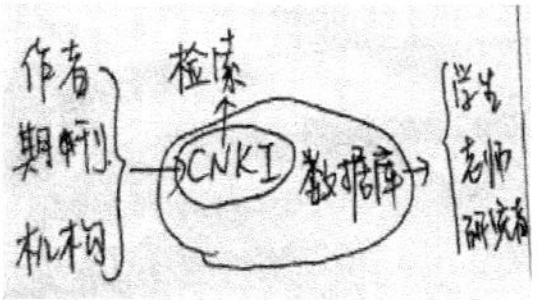 | 查找特定作者的论文，可以根据时间、期刊、机构、研究方向进行进一步细分找到自己需要的。 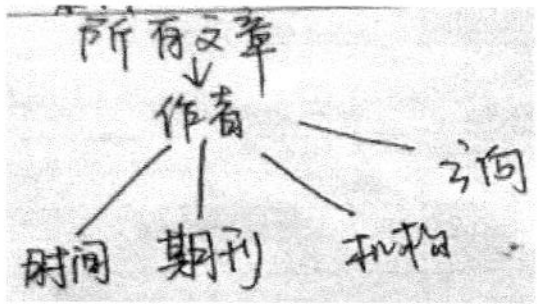 | 检索可以从一个点开始向外扩散，比如从一个作者开始检索，作者就是一个点，周围的放射线就是与他有关的文章。 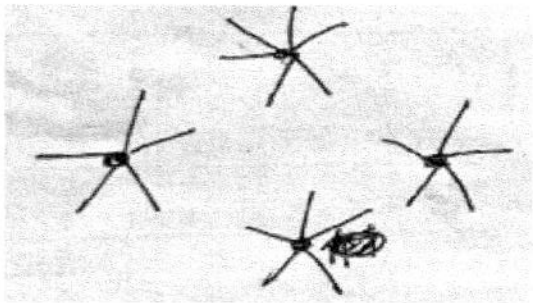 |
| 75 | 一个装有很多资源的终端。  | 检索出相关内容窗口。 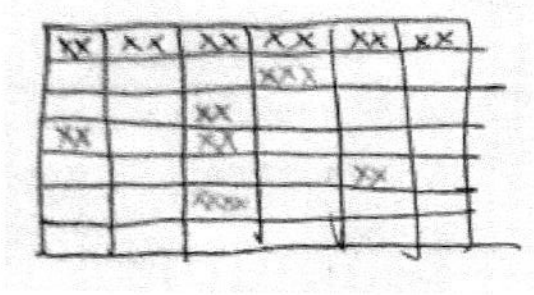 | 检索“环境污染对日常生活的影响”出现了很多结果，只符合关键字，看得很烦，所以在页面上画了个“×”。 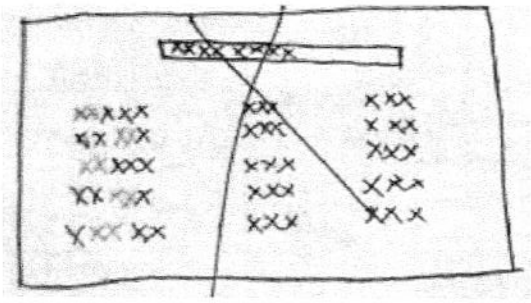 |

续 表

| 序号 | 图 1 | 图 2 | 图 3 |
| --- | --- | --- | --- |
| 77 | 不太感兴趣的,反而排到了前面。 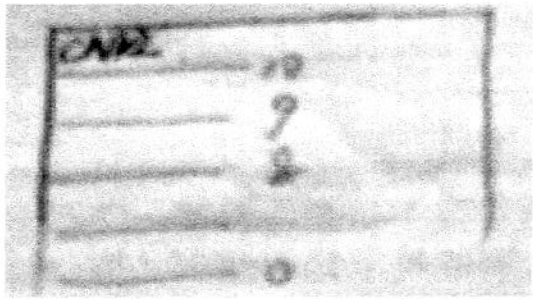 | 十分精确。 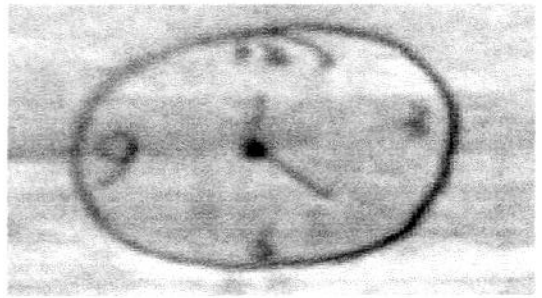 | 虽然是农业大学,但一打开全是农业相关,还是很震惊。 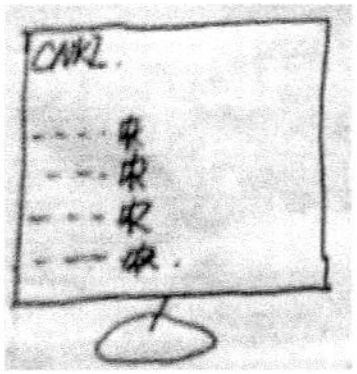 |
| 78 | CNKI 检索界面。 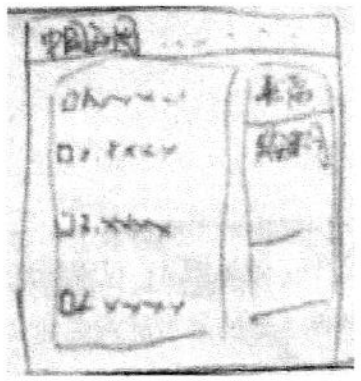 | 公示栏。 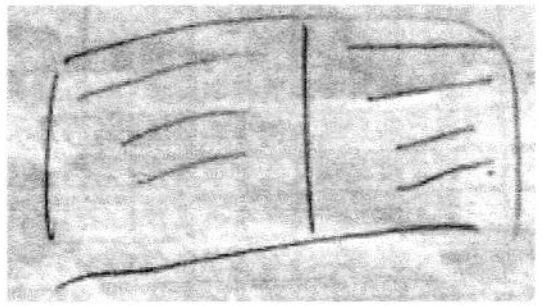 | 跳转式的检索。 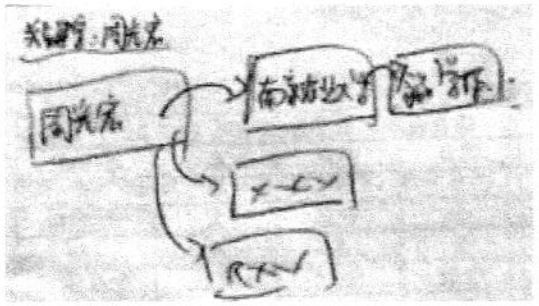 |
| 79 | 可以像字典一样查到很多东西。  | 与百度上面对一些东西的介绍分析条例相似。  | 与书中的目录相似。  |

续 表

| 序号 | 图 1 | 图 2 | 图 3 |
|---|---|---|---|
| 80 | 很多本书，和书库一样。 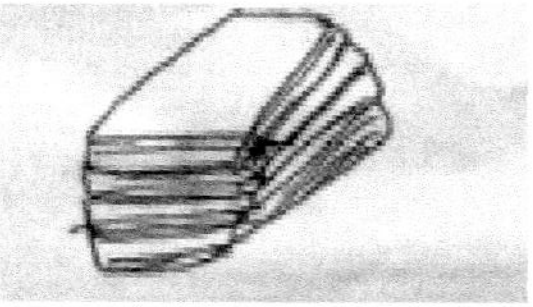 | 和射靶子一样，可以准确找到自己想要的东西。 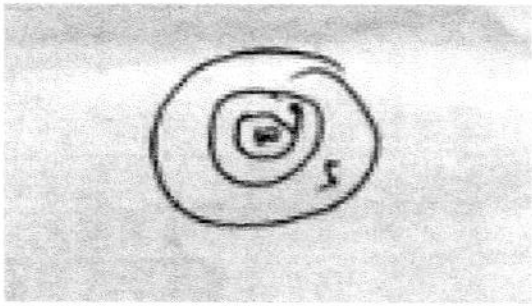 | 和大海一样，无边无际，东西太多，眼花缭乱。  |
| 81 | 搜索关键词，显示文献题目、来源、作者、时间。 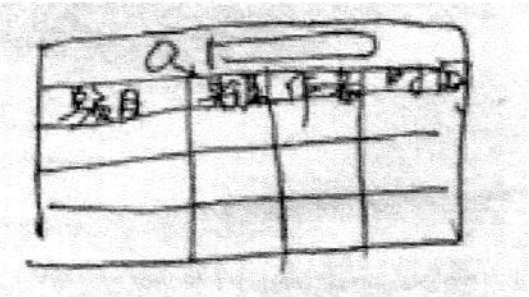 | 搜索后出现很多篇文献，与关键词最吻合的在前面，且关键词标红了。 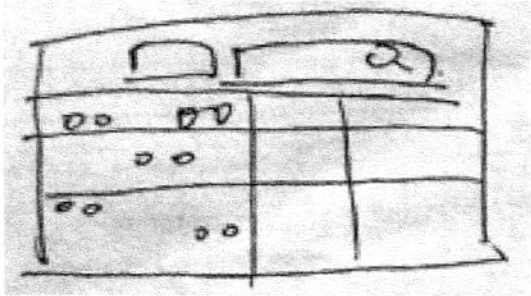 | 关键词输出后很乱，并未完全契合。 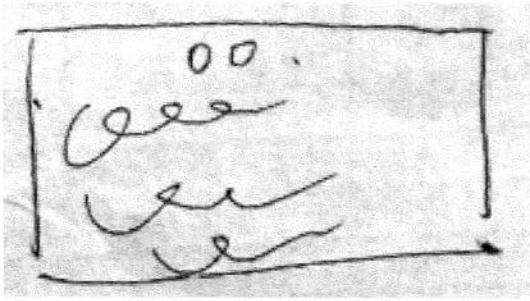 |
| 82 | CNKI 内容丰富，就好像是一本十分专业的百科全书。  | 如图，一个人正在使用 CNKI 检索文献，并且 CNKI 检索出来的结果有很多很多条，面对这些结果，有些选择困难。  | 如图，CNKI 就是一个知识型网站，检索出来有很多结果，比如 a，b，c，d 等。 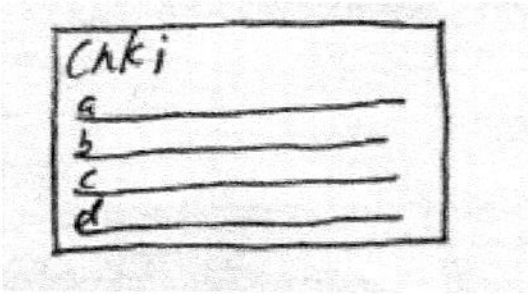 |

续 表

| 序号 | 图 1 | 图 2 | 图 3 |
| --- | --- | --- | --- |
| 83 | 第一印象为“CNKI”是检索论文的网站。 | 知网上有期刊等文献。 | CNKI 像一个知识的“海洋”，资源丰富。 |
|  | 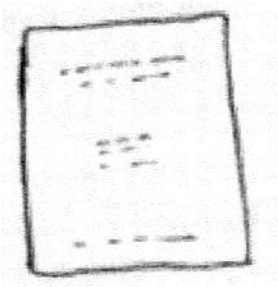  |   | 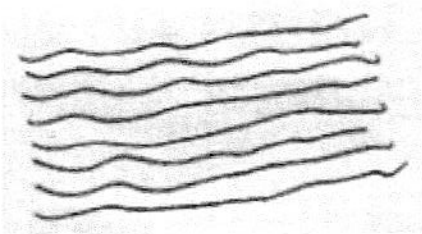  |
| 84 | 微有残缺的新版百科全书，里面有最新的信息资源，最全面的问题回答，却依然因缺少某个单页，或者单页上有某处被污损，而导致在搜索过程中，查不到结果或者查到的内容不相符。 | 标有起、终点的地图，有明确的目标，并且有精确的途径，通过标志物，达到终点。 | 琳琅满目的同科类书籍，当想找一类书时，比如试验化学，来到书架前，满满一格都是相关书籍，不同的只是出版社、作者、书名、版本年代，该选哪本来预习呢？ |
|  |   |   | 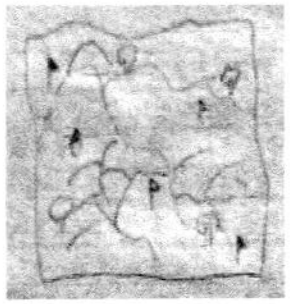  |
| 85 | 这是一本书。知网就相当于是一本现代化的百科全书，让所有有需要的人找到相应的知识。 | 这是一个鼠标。知网检索需具备一定的检索能力。 | 就如同一个盒子放着无数的球，要找到自己真正要找的，还是存在一定的困难。 |
|  |   | 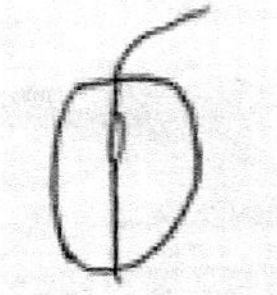  | 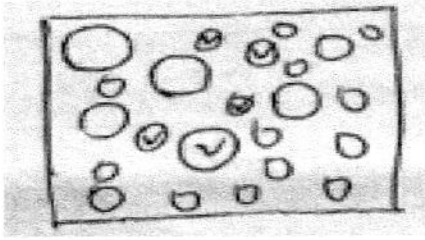  |

续 表

| 序号 | 图 1 | 图 2 | 图 3 |
| --- | --- | --- | --- |
| 86 | CNKI就像是一个口袋，在这个口袋里什么都有，包含了许多丰富的内容。  | 就像是一本书，上边有很多的内容，虽然有我想要找的内容，但还是要自己去一条一条地找。 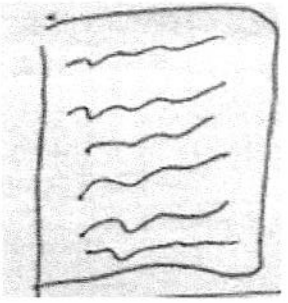 | 就像是一条高速公路，方便我们在上边快速地查找，快速、直接找到想要的内容。 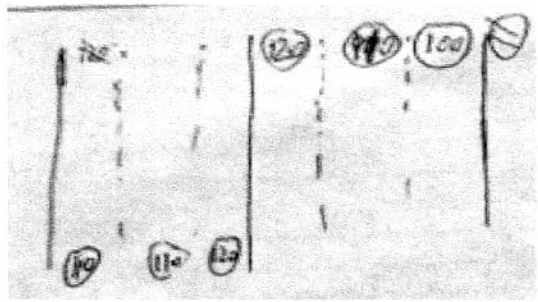 |
| 87 | 在海量的资源中，由1个条件筛选出想要的结果，在筛选后的结果中再筛选，重复以上步骤。 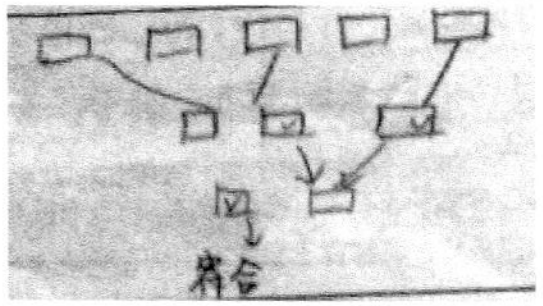 | 简单的搜索任务就像在普通的搜索引擎中搜索一样。 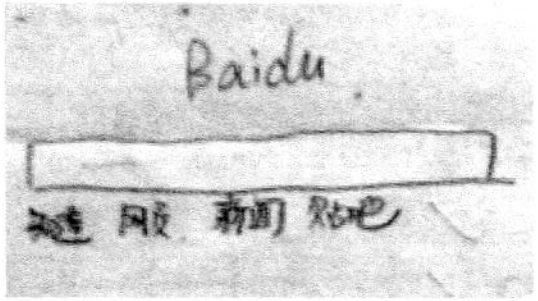 | 像是“分类的百度”一样，直接查询会导致信息太多不方便，查询时分好类对搜索、挑选更有帮助。 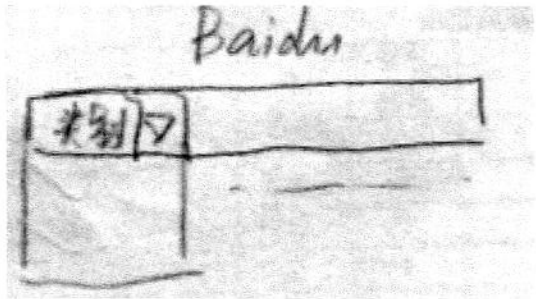 |
| 88 | 这个人想要鸡腿，给出的东西却太多，从这么多东西中找不出鸡腿。 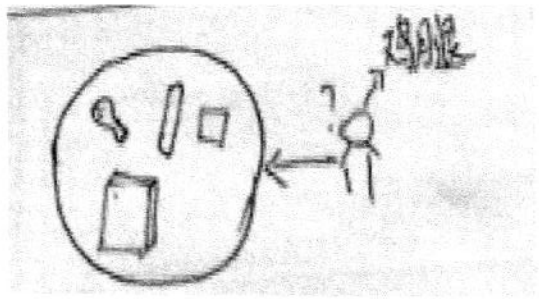 | 分类比较明确。 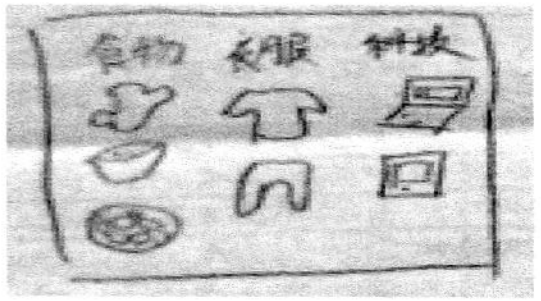 | 柜子里的好多东西，不知道装的是什么。  |

续 表

| 序号 | 图 1 | 图 2 | 图 3 |
| --- | --- | --- | --- |
| 89 | 国家“十一五”重大工程，学术气息，动态，党的光辉，全面的知识库。 | 繁复的信息，一切相关信息，没有不良信息，干净整齐，能够找到限定资料。 | 海量文献。 |
|  | 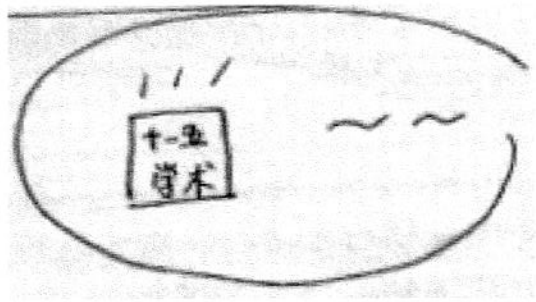  | 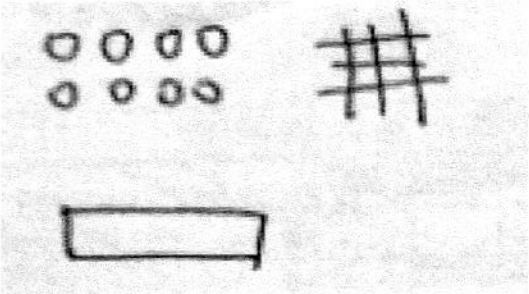  | 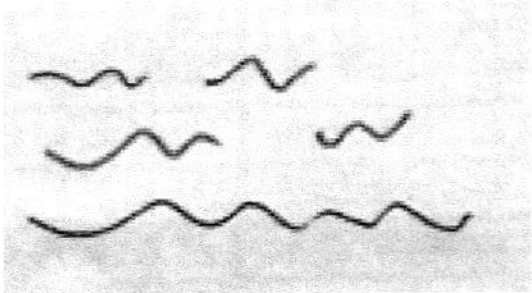  |
| 90 | CNKI 是很多文献的储存场所。 | 录入了许多文件的数据库。 | CNKI 帮助人们寻找标签。 |
|  | 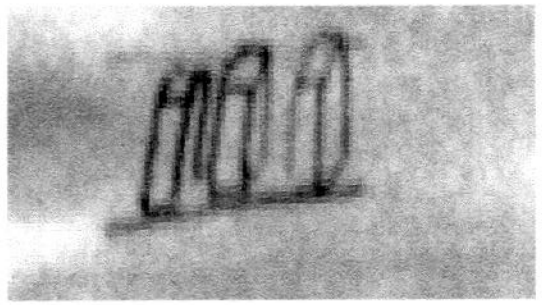  | 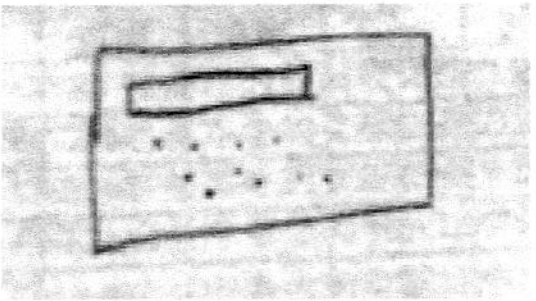  | 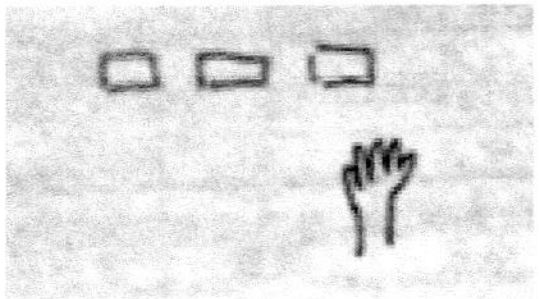  |
| 92 | CNKI 是一个集各方面论文和文献在一起的一个数据库，里面内容众多。 | CNKI 有很多用户，众多用户都在同时使用 CNKI。 | CNKI 里的论文是由各种 idea 构成的。 |
|  | 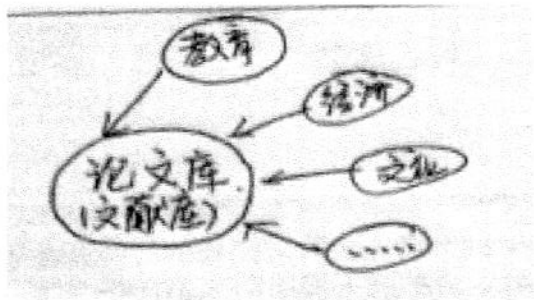  |   | 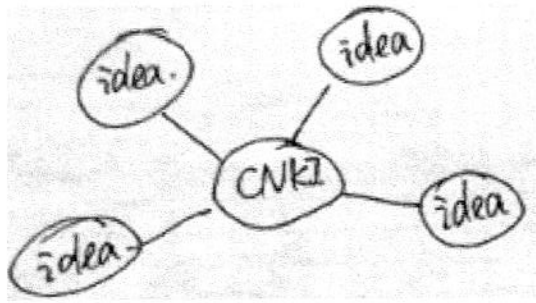  |

续 表

| 序号 | 图 1 | 图 2 | 图 3 |
|---|---|---|---|
| 93 | 知识的网络，电子书刊。 | 知网界面。 | 知识界面。 |
| 94 | CNKI 相当于图书馆，在这里可以查找到你想要的知识。 | 可以根据不同条件搜索文献。 | 是网状的搜索系统。 |
| 96 | CNKI 网就像一个人，而其中的各种信息数据组成了他的躯体，保证了 CNKI 的正常运作。 | 越是精确的查找，越是能搜索到自己想要的内容。 | 就像射击一样，靶子正中间才是你想要查找的信息，然而很难一下就查找到你需要的信息。 |

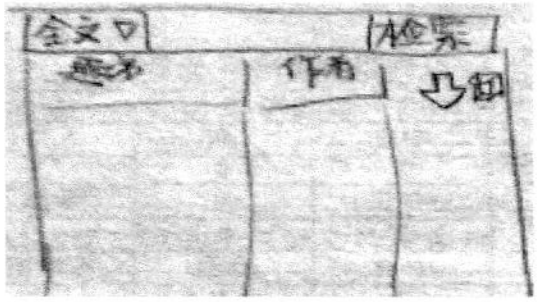

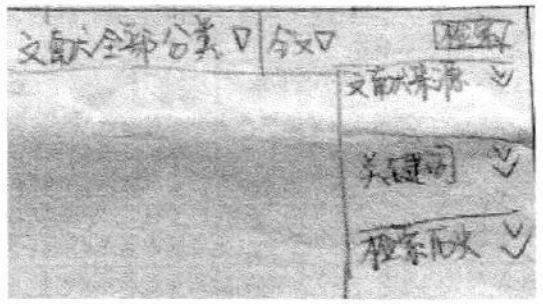

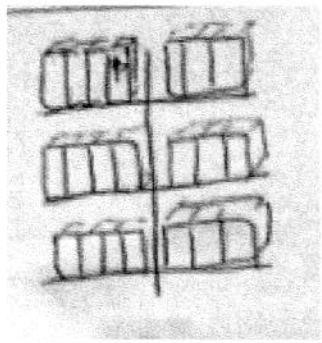

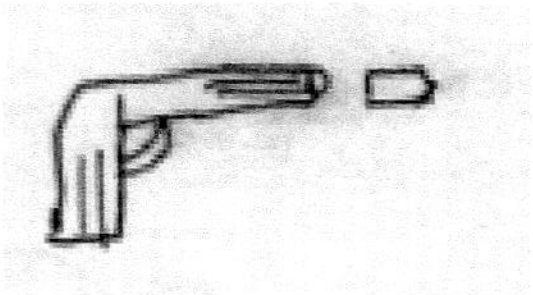

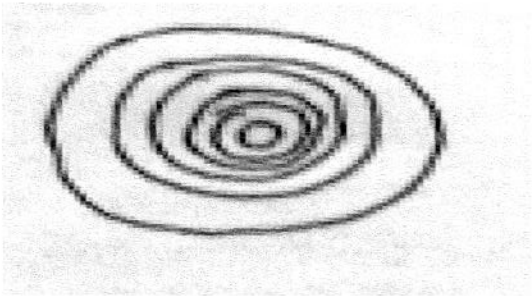

续 表

| 序号 | 图 1 | 图 2 | 图 3 |
| --- | --- | --- | --- |
| 97 | 与一般网站排列大致相同。 | 条理渐渐清晰，学术性强，排版有一定的规律。 | 海量资源，检索十分顺利，但缺乏筛选精度，如在茫茫大海却无从下手。 |
|  | 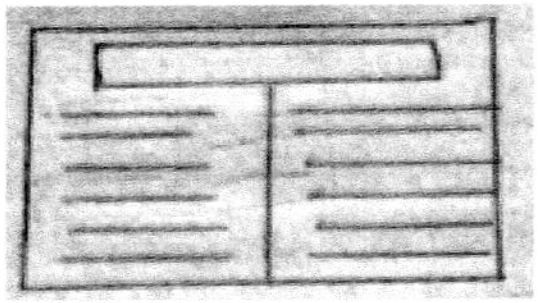  | 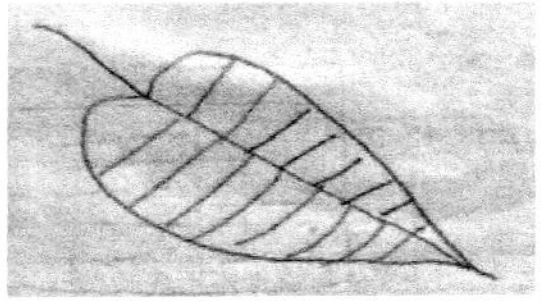  | 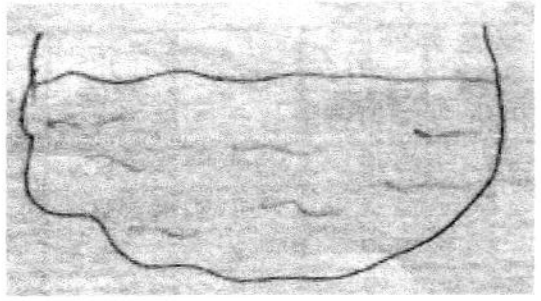  |
| 99 | 小人发出问号代表着他对某件事情产生疑问，于是登陆中国知网查询。我对中国知网的第一印象就是查找和搜索，所以画出这样一幅图片。 | 一个圈里面有很多小圈，小圈里是不同颜色的东西，代表着中国知网分类明确清晰，要找什么颜色的东西就得到什么样的圈里，不能找错了。 | 图中为一群打辩论的人在搜索资料。在给定辩题的情况下，A 队由于对中国知网使用比较熟悉，所以查到的信息更加准确丰富，B 队则不然，无法获得有用信息。 |
|  | 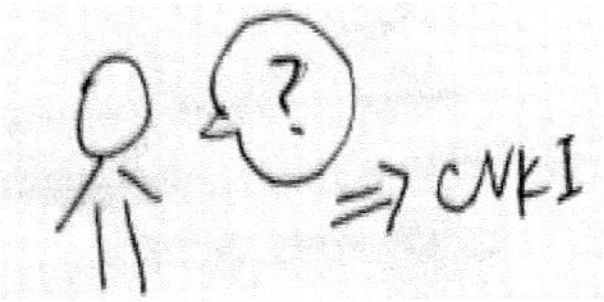  | 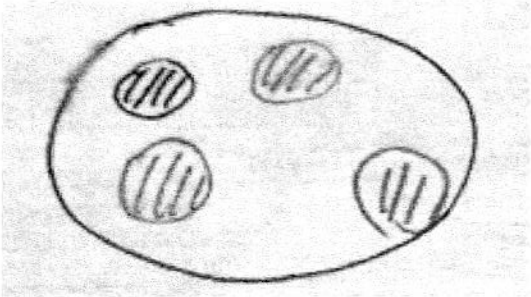  | 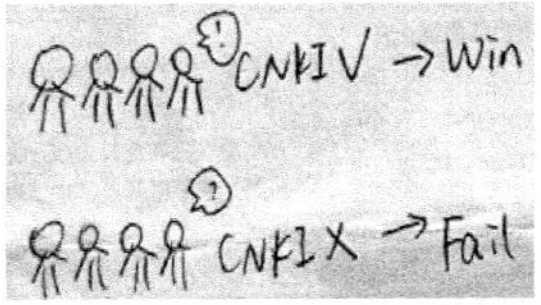  |
| 100 | 一本敞开的书，有信息，丰富且科学。 | 一个箭头指向一个小人，说明快速、直击中心。 | 一棵大树，表明枝节蔓长，知识网络丰富。 |
|  | 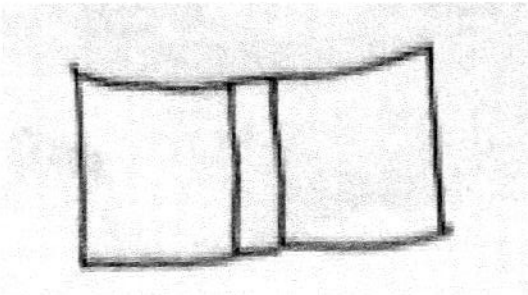  | 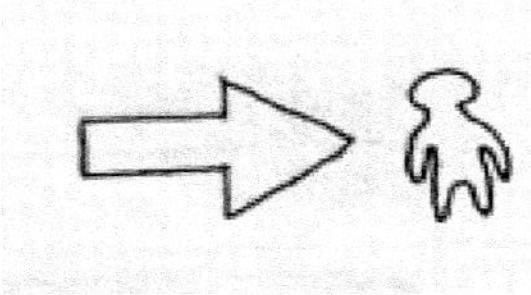  |   |

**续(心智图)**

| 编号 | 图 4 | 图 5 |
| --- | --- | --- |
| 1 | 很方便。 | 点赞。 |
|  |   |   |
| 2 | 这是一个信息分享平台,有各种各样分支学科的知识资料。 | 一个巨大的平台,包含着各种各样学科知识分支,分支下又包含着各色各样的资料,资料有优有劣,优质的论文在于其核心位置。同时,不同学科有着交叉之处。 |
|  |   |   |
| 3 | CNKI 高级检索的功能很好,基本是傻瓜式操作,能让初学者也可以找到所想要的东西。 | 尽管 CNKI 的界面设计等等并不那么好看,但是功能性极强,操作也相当简单,如图,就是丑却有用。 |
|  |   | 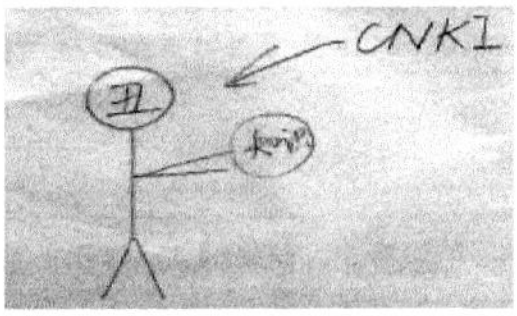  |
| 4 | 学术的海洋,在知识的海洋中扬帆起航。 | 在 CNKI 平台的相关专业信息获取中,或许几年后自己的文章也被收录在中国知网上。 |
|  |   |   |

续 表

| 编号 | 图 4 | 图 5 |
| --- | --- | --- |
| 5 | 高级检索方便快捷，能迅速查找到自己所需的内容，赞！ | 就像是硬币的正反面，中国知网有时很有用，有时完全没有什么帮助，而硬币的哪一面朝上，在这次使用之前，是完全不能预知的。 |
| | 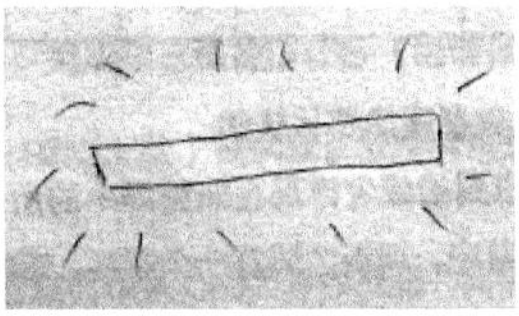 | 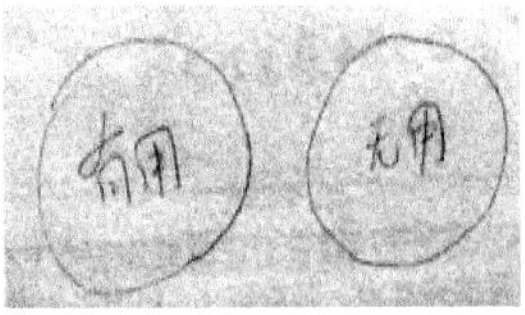 |
| 6 | 像钓鱼，想钓什么鱼，要用对应的鱼饵。 | 属于中国人自己的数据库。 |
| | 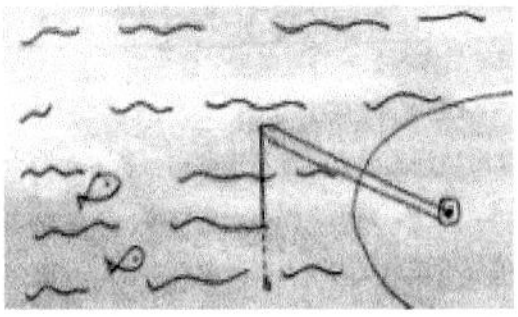 |  |
| 7 | 图的意思是用 CNKI 做客观题是很开心的，准确率也高，然而做主观题就有些吃力了…… | 既可以逐级分类寻找，如树状图般寻找自己想要的文献，又可以如图中的蜘蛛网，通过划分区域或各种属性的作者、机构等，寻求结果。 |
| |  |  |
| 8 | 如图书馆般(装了旧式电脑)。 | 得花一定功夫才能费力地找到可能自己感兴趣的书的图书馆。 |
| | 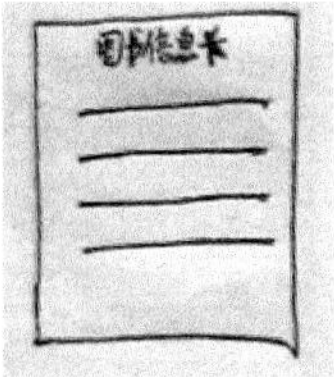 |  |

续 表

| 编号 | 图 4 | 图 5 |
|---|---|---|
| 9 | 想找“☆”，搜特征“∧”会出现一堆乱七八糟的，掩盖你想找的。 | 我印象中的页面。 |
| | 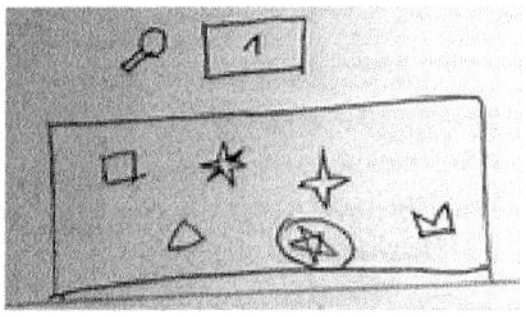 |  期刊 硕博士 会议 报纸…… |
| 10 | 有一个网站标识，有搜索框，有很多板块。 | 中国知网首页的大致模样。 |
| | 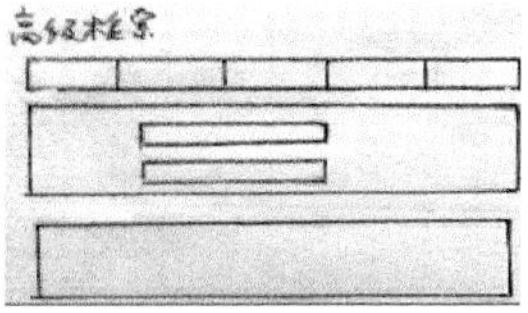 高级检索 | 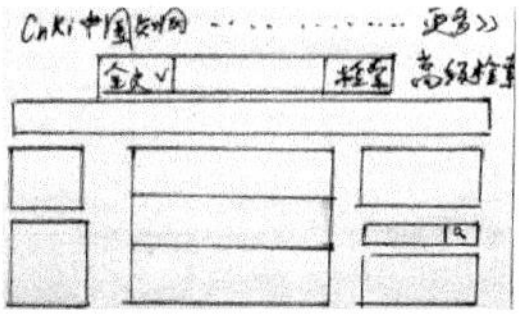 CNKI中国知网 …… 更多>> 全文 检索 高级检索 |
| 11 | 数据库是一张大网，环环相扣，枝节相连。 | 数据库是一个仓库，有分类，有更新。 |
| | 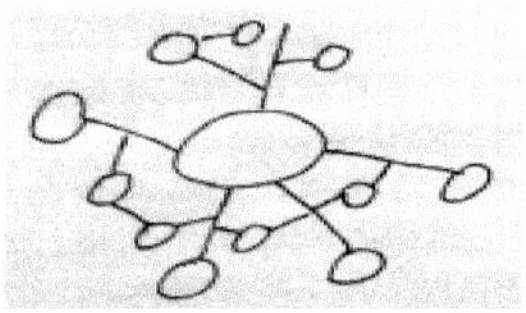 | 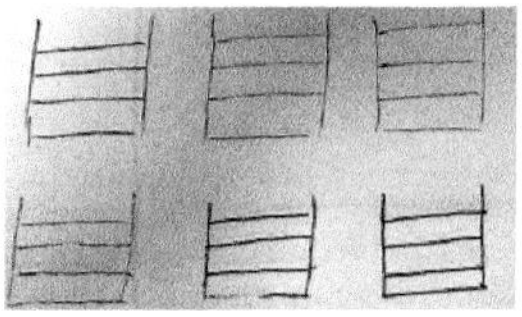 |
| 12 | CNKI 中检索一个关键词后会出现许多题目，有了主干，下面有许多相关内容。 | CNKI 像大海容纳各种内容。 |
| | 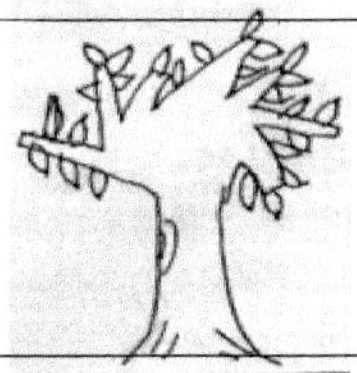 | 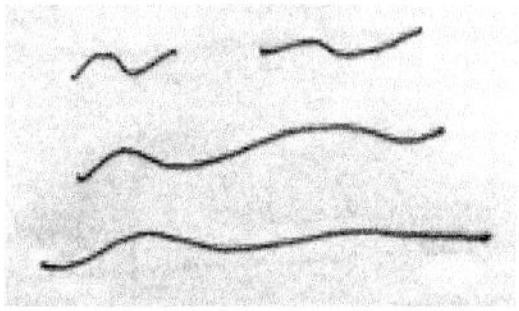 |
| 13 | 由于高级检索功能比较好找，成功地完成了任务。 | 对于知网有了解，有清楚的认知。 |
| | 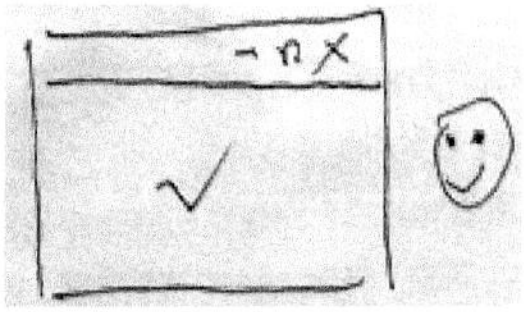 | 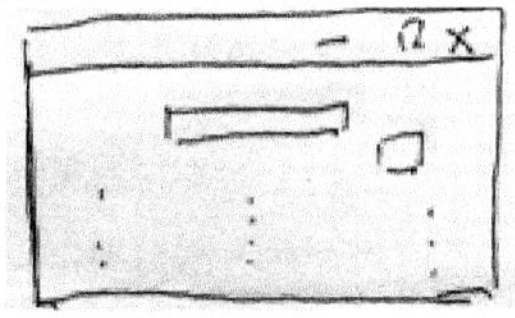 |

续 表

| 编号 | 图 4 | 图 5 |
| --- | --- | --- |
| 14 | 人与人之间进行观点交流、思想交流。 | 建立多维联系与交流，如一个家园。 |
| |  |  |
| 15 | 有一定的权限。 | 知识分子使用较多。 |
| | 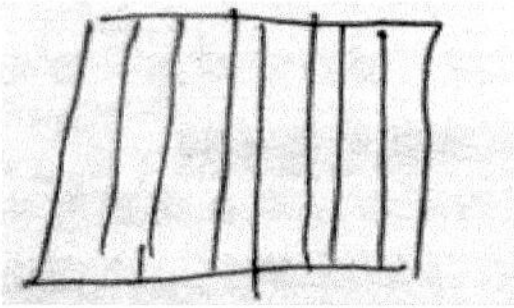 | 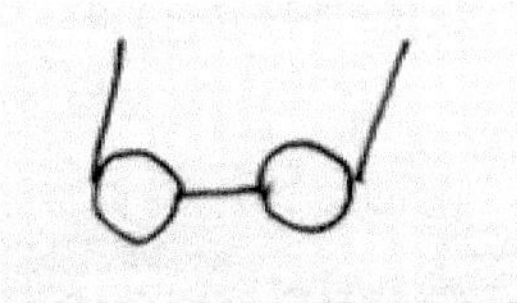 |
| 16 | 有很多的条件设置，用来找到精确的文献。 | CNKI 有一个大的搜索框。 |
| | 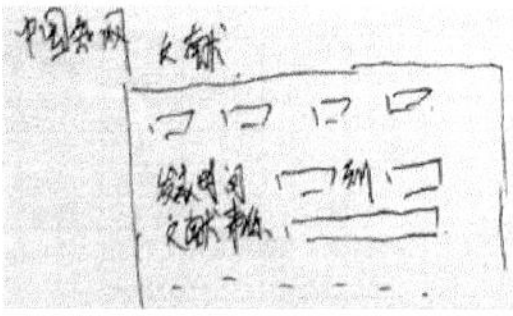 |  |
| 17 | 给定一定的筛选条件更快地搜索，提高了效率。 | CNKI 就像一座书架，将每一个种类的书放在书架，既快速又方便地提供读者搜索平台。 |
| | 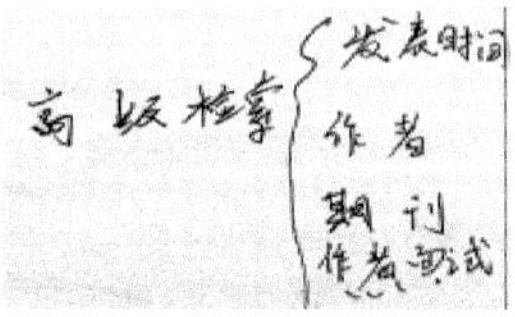 |  |
| 18 | 数据条件越清晰，查找起来越容易。 | 拥有 CNKI，就像全世界都被了解于心一般。 |
| |  | 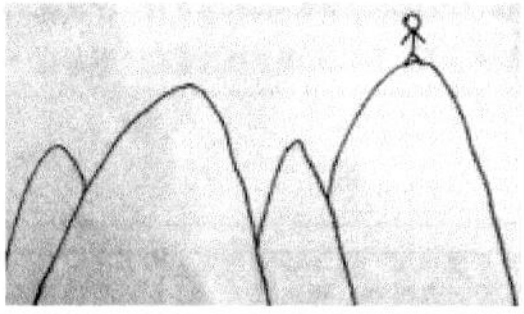 |

续　表

| 编号 | 图 4 | 图 5 |
|---|---|---|
| 19 | CNKI 是一个网络，把使用者和提供知识的人连接起来。 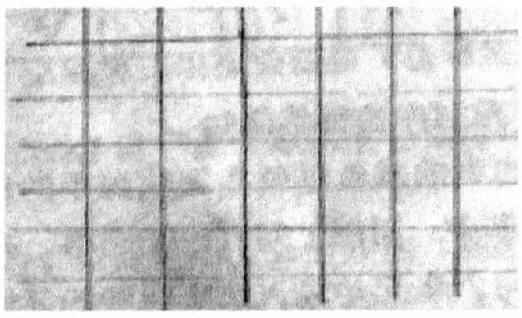 | CNKI 是一个知识的海洋。 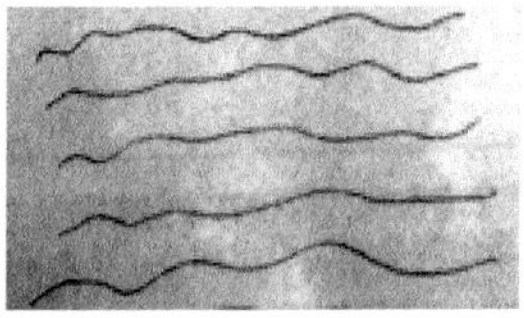 |
| 20 | 里面的知识如海洋一样辽阔。 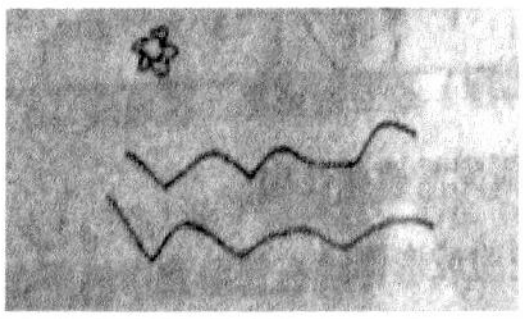 | 这里的知识很解渴。 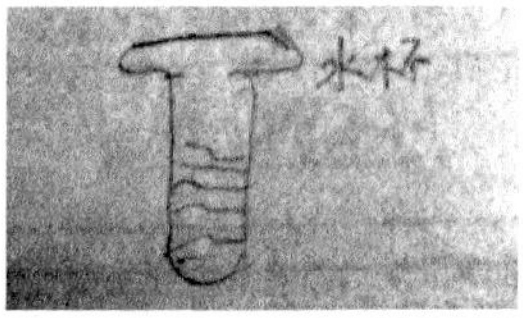 |
| 21 | 可根据不同条件进行检索。 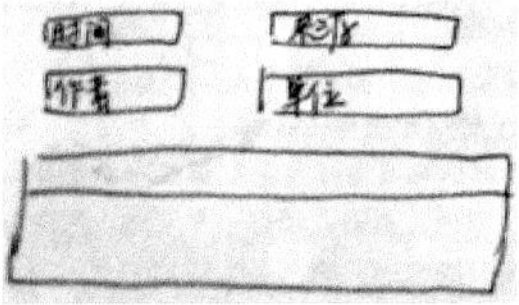 | 搜索信息，相当于图书馆的功能。 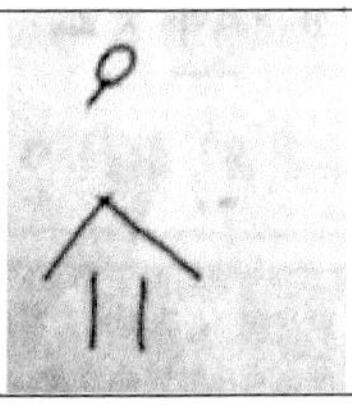 |
| 22 | 高级搜索可以有两个关键词的搜索，更精确，可以按照自己的喜好排序，方便快捷。 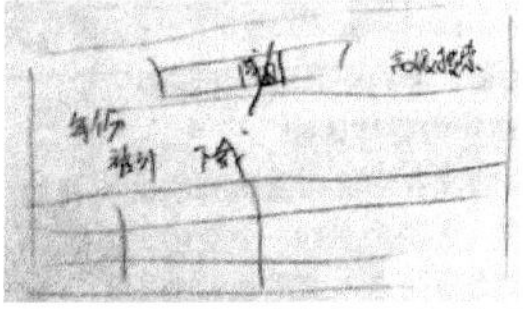 | 知网文章众多，检索较方便，且分类详细、准确，可按自己需要排序，文章丰富、广泛。 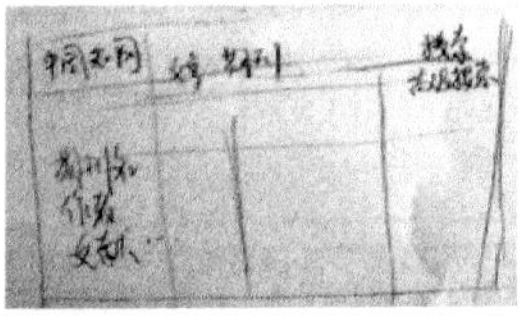 |
| 23 | 在数据库的检索系统中，通过高级检索的功能，根据已有信息选择最合适的一条高级检索项，查询出相关的信息。 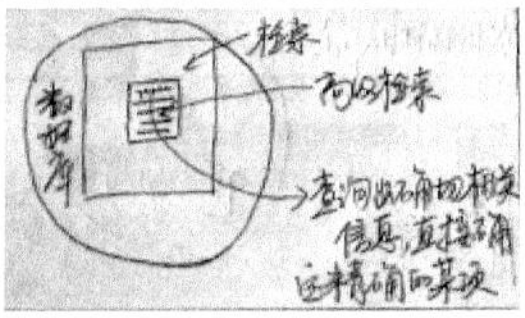 | 数据库系统类别的规划好，有不同的领域文献；同时类别化地分出检索方向，但信息会有交叉性，检索系统除普通检索，还有其他方式，通过检索来得出信息。 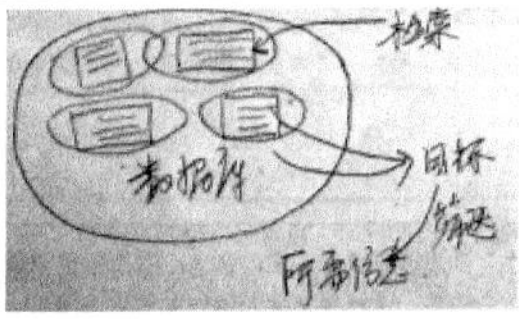 |

**续 表**

| 编号 | 图 4 | 图 5 |
|---|---|---|
| 25 | 查找精确快捷，准确找到所要文章，就像导弹一样。 | 查找资料非常方便就像喝水一样。 |
| | 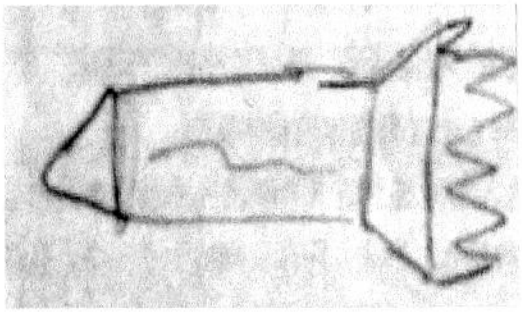 |  |
| 26 | 查找方式非常多，给跪了。 | 感觉非常好用，在毕业之前是查询文献首选。 |
| |  | 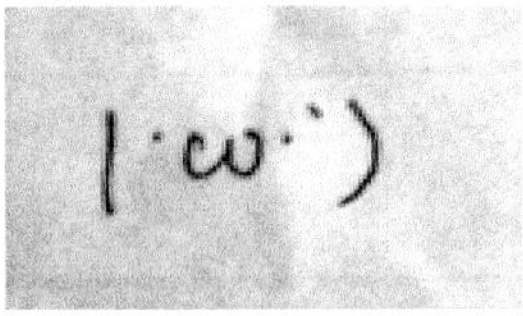 |
| 27 | 高级检索功能对于检索定位信息有极大帮助，可以让人更加便捷地获取所需信息。 | CNKI 上丰富的资源与使用者相应的检索技能是密不可分的，二者缺一不可，只有两者兼备，才可迸出智慧的火花。 |
| | 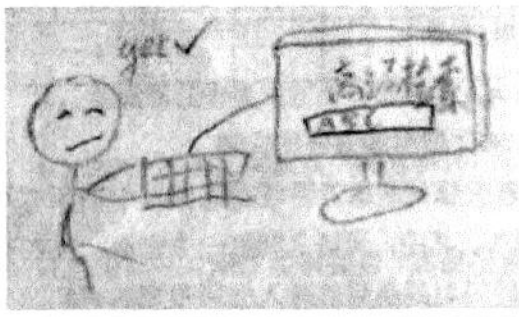 | 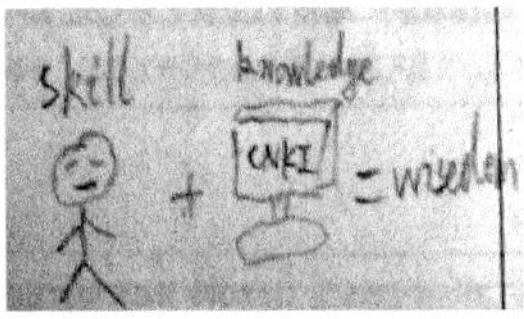 |
| 28 | 使用高级检索，感觉 CNKI 的功能像电脑一样，查找迅速也分类明确，可简单定点查找。 | CNKI 像云时代的大数据库，内涵丰富，对我们平时的学习用处很大。 |
| |  | 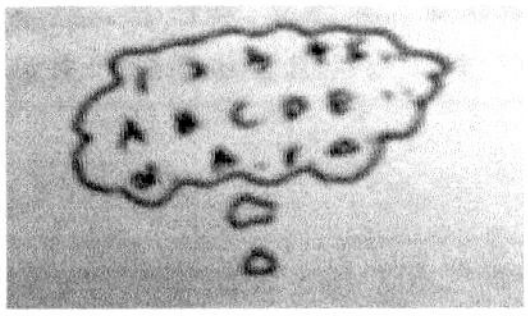 |
| 29 | 各种关键词或限定条件能比较准确地找到目标。 | 内容丰富多样。 |
| |  | 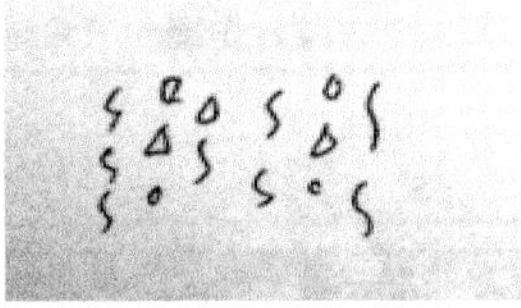 |

**续　表**

| 编号 | 图 4 | 图 5 |
| --- | --- | --- |
| 30 | 文献很专业，也是免费向大众提供资料，很满意，不像百度等需要费用，但在某些搜索方面不方便，不如百度，但文章质量非常高。 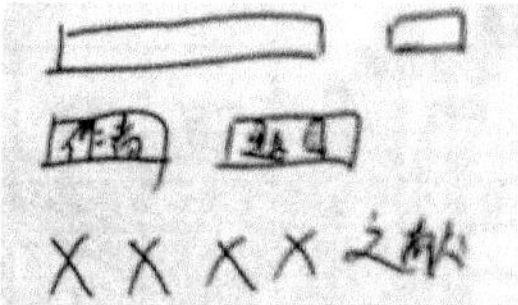 | 一个在大学生中认知度不高但是有着非常多专业和可参考文献资料的数据库。 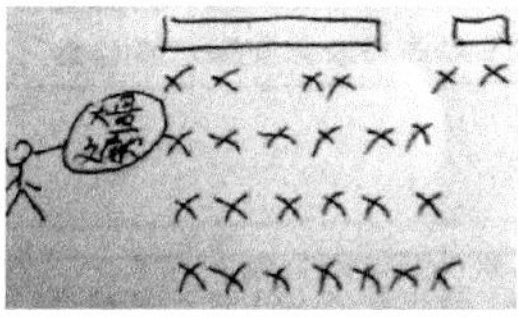 |
| 33 | CNKI 是学习中可以利用的工具。 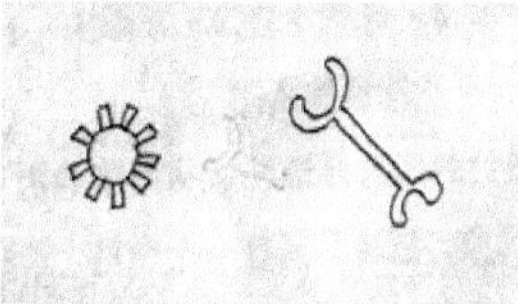 | 在 CNKI 的帮助下，不出门也可以获取各种信息。 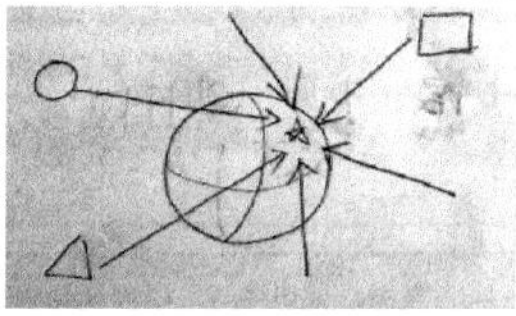 |
| 34 | 高级搜索。 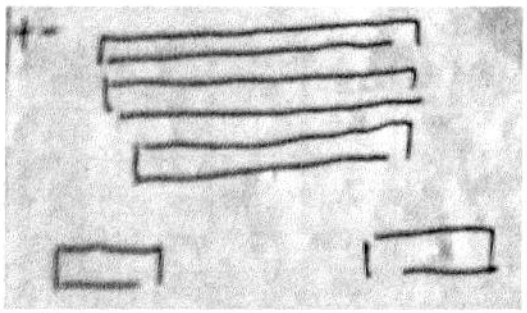 | 是复杂庞大的网状，点线结合。 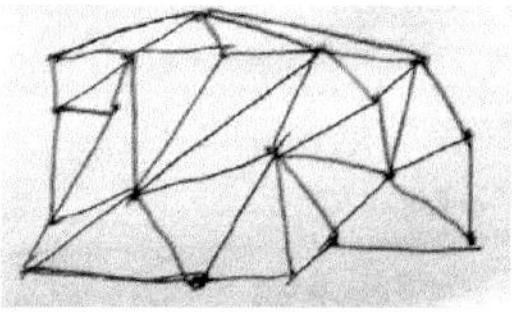 |
| 35 | 再深入研究，也确实找到了有价值的宝藏，定位也比较准确。  | 只挖掘了其中一小部分，面对庞大的数据库，还有很多未知。  |
| 36 | 高级检索可以按特定条件选出符合要求的文献。 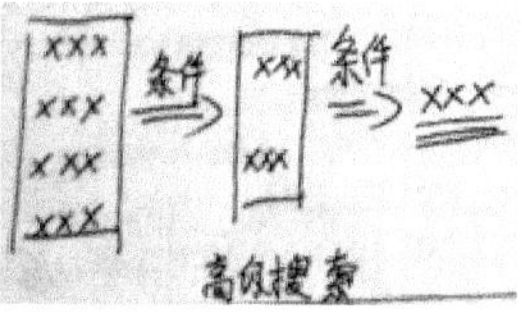 | CNKI 资源丰富，使用快捷，赞！  |

续　表

| 编号 | 图 4 | 图 5 |
|---|---|---|
| 37 | 可以自己选择按何种顺序排列，就像单选框一样。 | 软件很强大，就像一只粗壮有力的臂膀。 |
| |  |  |
| 38 | 高级检索功能找到了答案，但不确定正确性。 | 对部分内容已经遗忘，只能回忆起原来检索的基本功能，而高级检索的相关方式已经记不清。 |
| |  |  |
| 39 | 书和物联网，既权威又很快捷，信息时代的优质产物。 | 放大镜下仍能找到的宝物，过了一段时间仍留有记忆。 |
| |  |  |
| 40 | 可能出现与搜索条件不符的条项。 | 总的来说还是很好用的。 |
| | 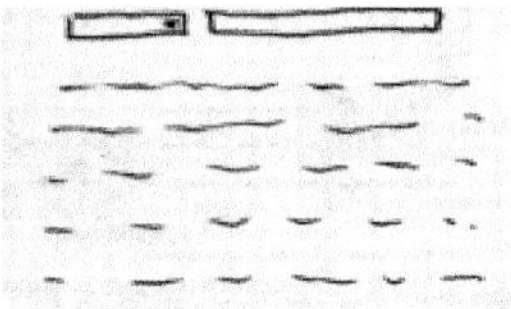 |  |
| 41 | 电子表格专用工具、速度快、精确度高。 | 用书搭建的一个机构。 |
| | 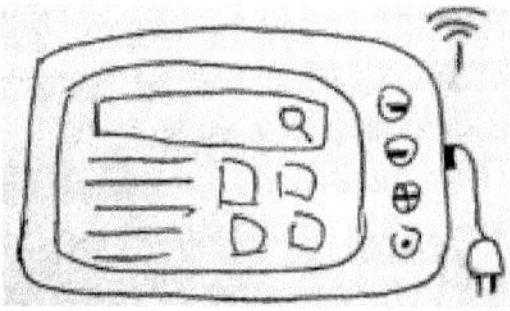 | 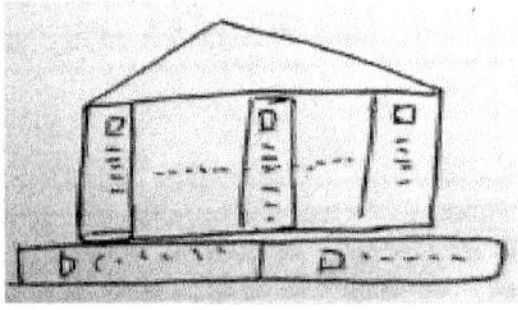 |

续　表

| 编号 | 图 4 | 图 5 |
| --- | --- | --- |
| 42 | 这代表一个书架,感觉网站中的文献像在书架上一样,整齐而有序地排列。 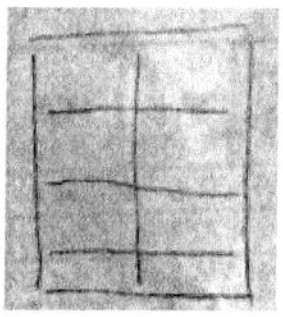 | 这个略显诡异的图像,我将它称为大脑。CNKI 中丰富的文献资源就像大脑一样重要。  |
| 43 | “高级检索”不易找到。  | 中国知网的标志与网址的简称。  |
| 44 | 较智能的检索系统,精确度高,引导你精确查找到所需资料。  | 智能全面的文献资料库。  |
| 47 | 用眼镜来描述 CNKI 的详细性、谨慎性。  | 该图指的是超人,用来描述 CNKI 的功能强大。 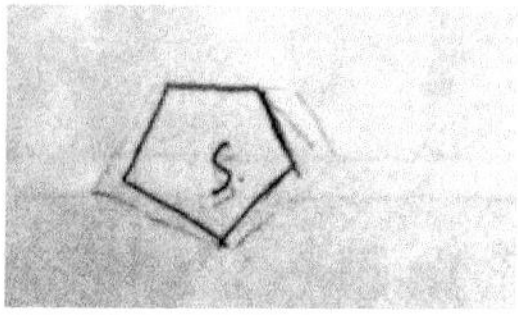 |
| 48 | 当搜寻关键字时,数据库快速响应找到标题或关键字含有该词的相关文章。 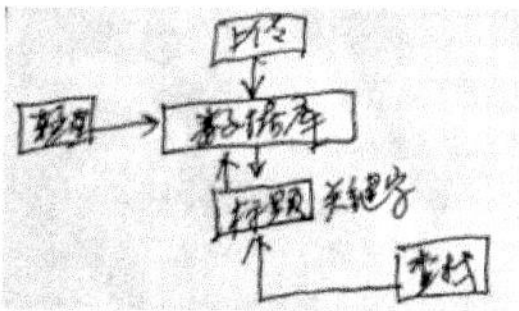 | 不同来源的资料通过一定手段的处理、分类、汇聚到数据库,并将文件标题关键字提取出来便于快速定位,快速查阅下载。 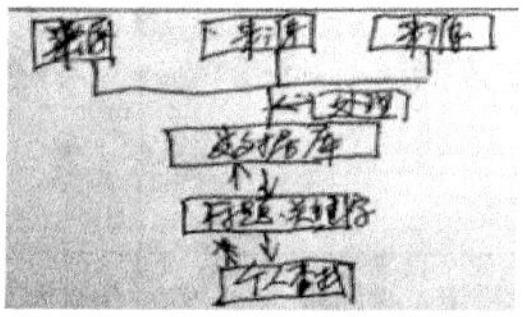 |

续　表

| 编号 | 图 4 | 图 5 |
| --- | --- | --- |
| 49 | 输入的关键词有部分修饰性词语，不能自动识别提取关键词。 | 关键词简单——易搜索；关键词庞大复杂——难理解使用者意愿；关键词含修饰性词——不易搜索。 |
| | 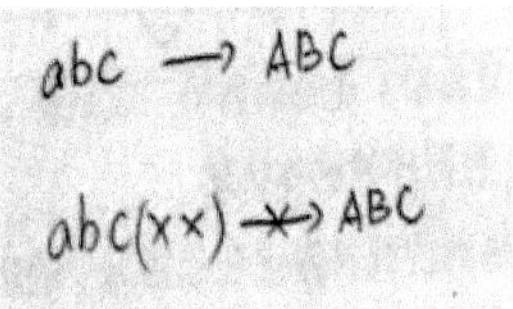 | 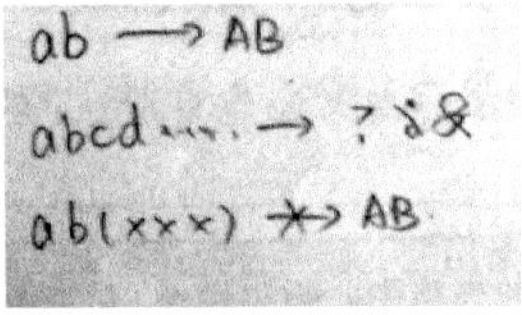 |
| 50 | 通过多个标题，可以进行精确查找。 | 知网的检索功能是可逆的。 |
| |  | 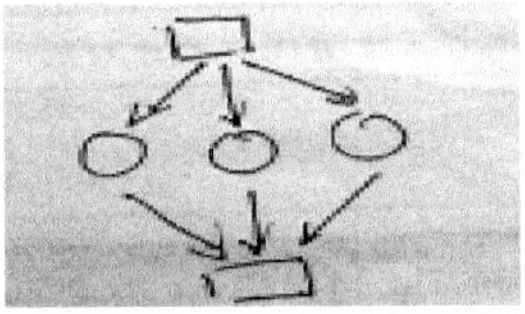 |
| 51 | 一个完整的计算机，能精确通过高科技获取内容。 | 一个巨大的书架，放着各种所需要的资料与文献；或者可以看成一扇扇门，通往信息世界的大门。 |
| |  | 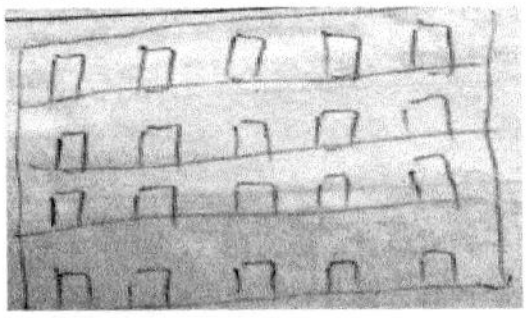 |
| 56 | 能查出多种资源，文献、期刊、硕博士论文、外文文献，所有种类都能在 CNKI 里检索。 | 资源丰富、搜索快捷、应有尽有，能给各个专业领域的人快速提供信息。 |
| | 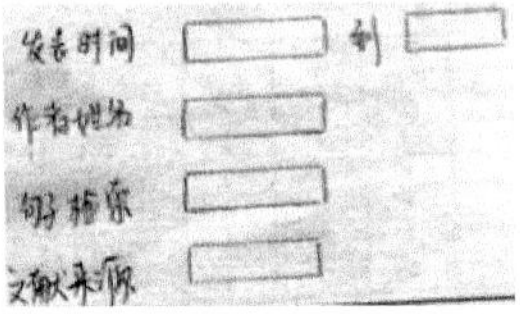 | 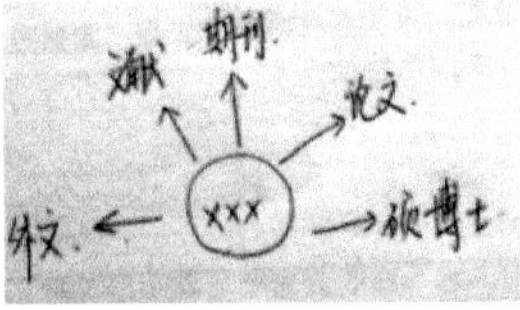 |
| 57 | 通过将一个文献细致拆分，可得到不同分类，精确细致的分类可以帮助人们快速查找。 | 通过对各方资源、文献期刊等的收集，经过分类、集合，再将信息传递给他人。 |
| | 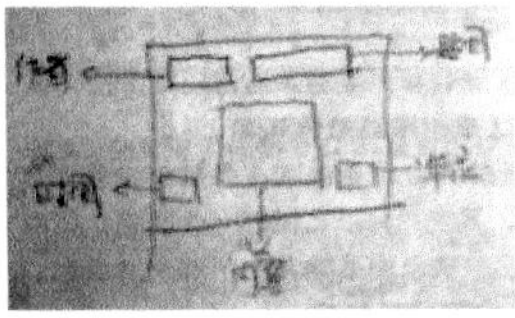 | 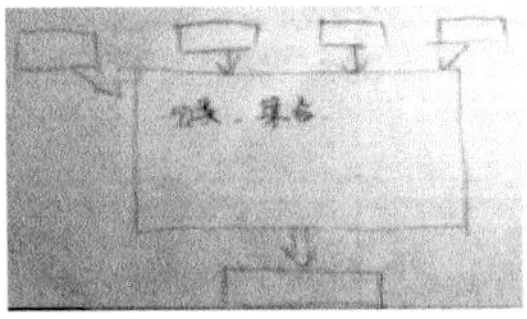 |

续 表

| 编号 | 图 4 | 图 5 |
|---|---|---|
| 60 | CNKI就像一本字典，我们可以从中查找需要的东西。  | CNKI就像一棵枝繁叶茂的大树，里面的内容非常丰富。 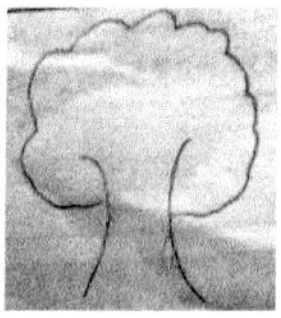 |
| 61 | 区间。  | 区间。 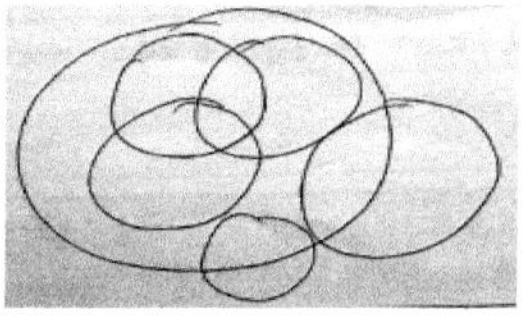 |
| 62 | 加上条件后直接出想要的结果。 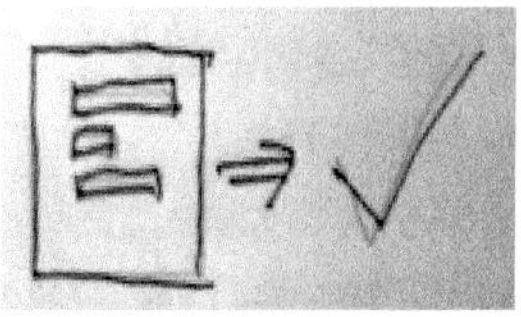 | 搜索功能大体可用，拓展内容无法使用，分类很好。 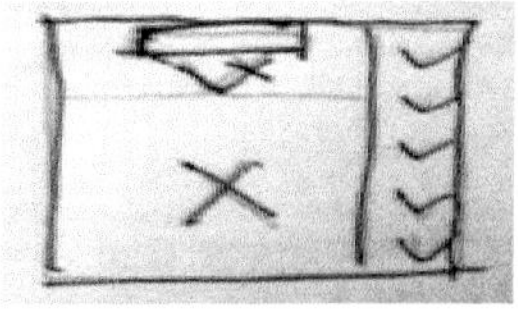 |
| 63 | 各种选择条件很多，有一些东西不知道如何使用。 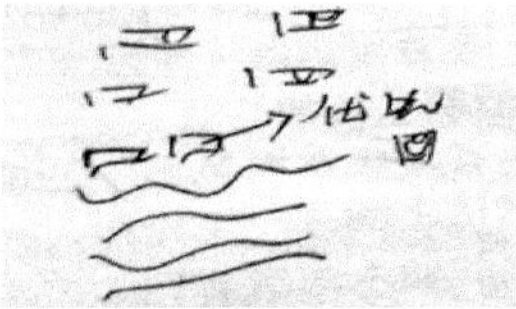 | 只记得一个搜索框了。 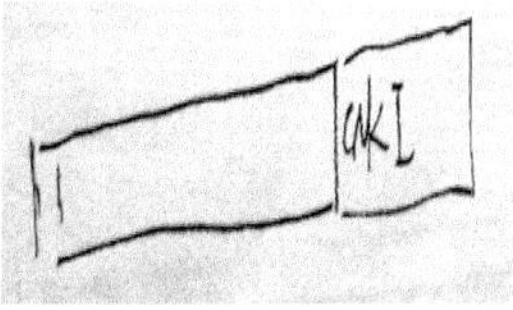 |
| 64 | CNKI像一棵树，有很多分支。 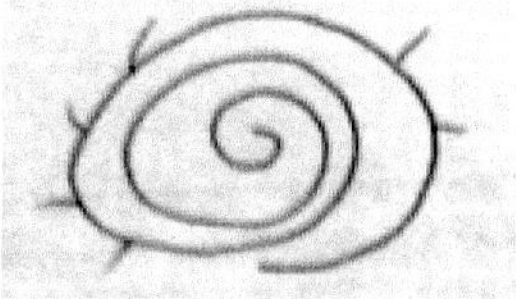 | 很多资料，但有些找起来很不方便。 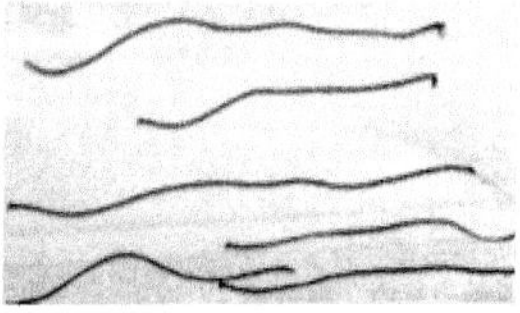 |

续　表

| 编号 | 图 4 | 图 5 |
|---|---|---|
| 65 | 有个孩子不听话，爸爸准确找到他教训他。 | 爸爸变得丑了，依旧满腹经纶，但需要新的知识注入。 |
| |  |  |
| 66 | 排序、分组很好用。 | 发现可以用的功能更多了。 |
| | 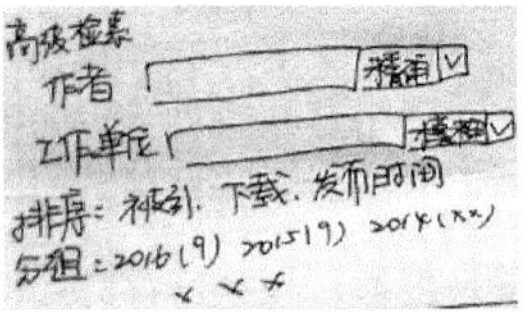 | 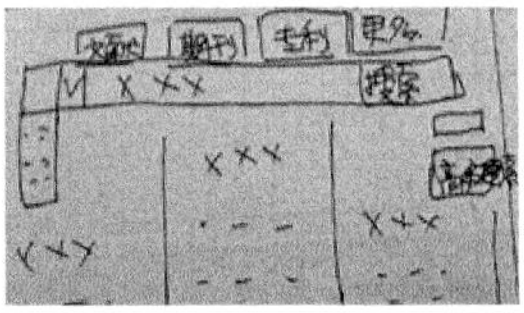 |
| 67 | 对于一个详细来源的东西，查找很方便。 | 总体很权威，很吸引人，给人帮助很大，但排版缺陷，白璧有瑕，希望有精简版之类的。 |
| | 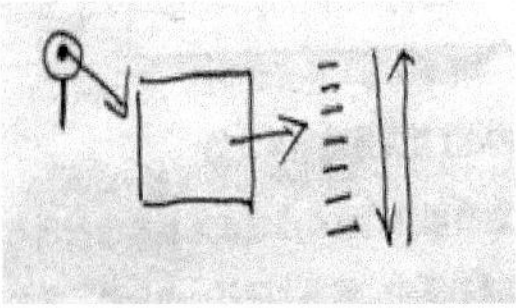 |  |
| 68 | 同上一阶段。 | 更加详细的检索。 |
| |  |  |
| 69 | 高级检索的筛选条件提高了检索的效率，弥补了普通搜索的一些不足。 | 包罗万象的庞大数据库，全面的文献资源、高质量的学术文献，想你所想，应有尽有。 |
| | 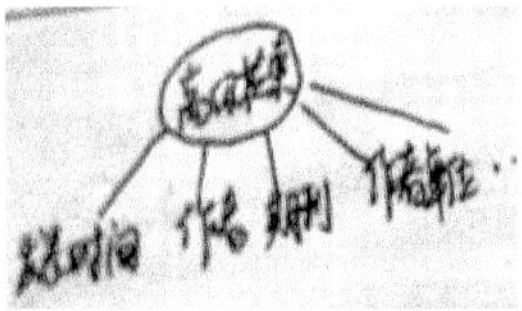 | 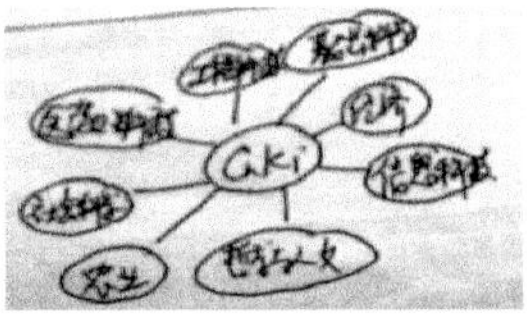 |

续　表

| 编号 | 图 4 | 图 5 |
| --- | --- | --- |
| 71 | 高级。  | 简易。  |
| 73 | 只能说这个高级检索准确了一点，更好找东西，但是可能有人会找不到高级检索。  | 和上周界面一样，感觉印象也停留在上周，没感觉。  |
| 74 | 首先检索是有一个中心主题，围绕这个主题根据关键字检索，设定一定条件，如作者、时间，就可以找到符合条件的所有结果，然后再自己选择需要的。 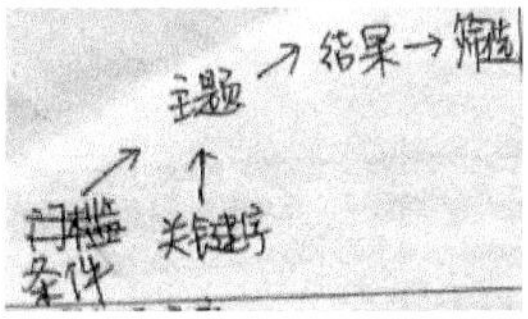 | CNKI 是一个专业的，布局分块非常明确的信息检索网站。 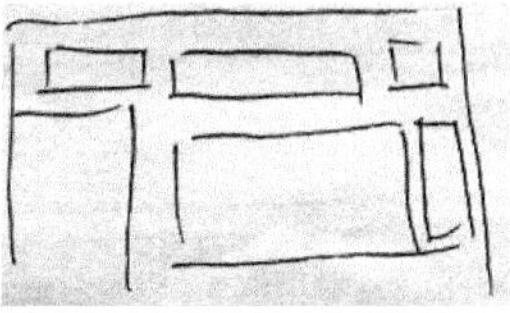 |
| 75 | 高级检索条件，排序。 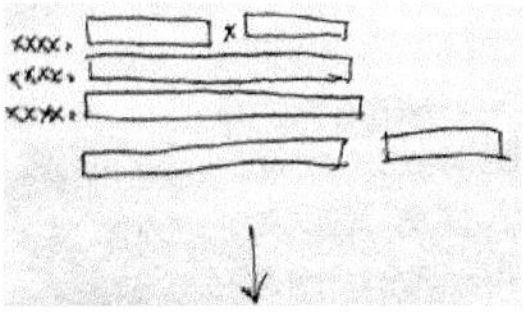 | 一口井，不会枯竭的井，资源不断更新。 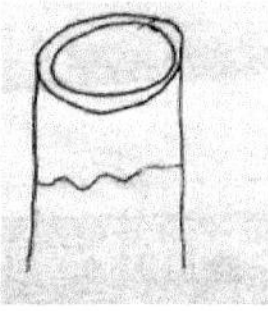 |
| 77 | 找到答案特别快。  | CNKI 上面的文献，都很好，珍贵。  |

续　表

| 编号 | 图 4 | 图 5 |
| --- | --- | --- |
| 78 | CNKI 像一个综合的报刊亭，里面存放着很多专业的文献综述、报纸，不过是数字化的平台。 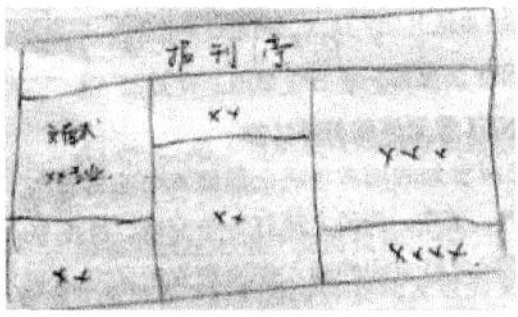 | 包含因素：从大范围逐渐缩小范围，最后精确查找。 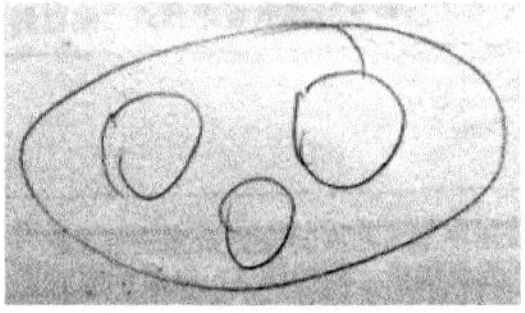 |
| 79 | 输入关键词就会出来很多东西。 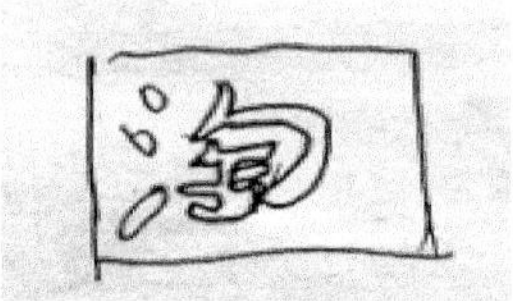 | 和图书馆一样。 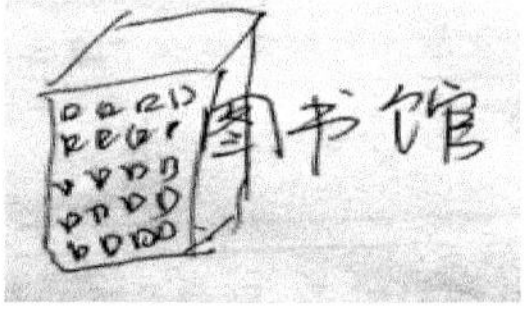 |
| 80 | 有很多东西，和图书馆一样。 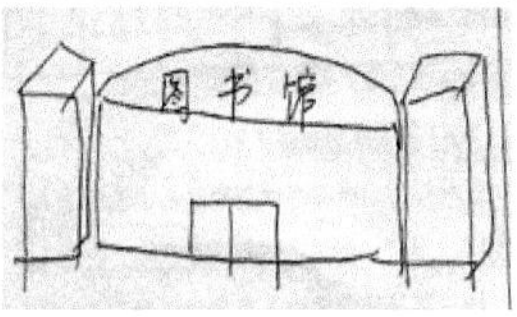 | 和字典一样，有很多内容，但需要使用正确的方法去找。  |
| 81 | 论文下载需要安装一个软件，而不是直接阅读。 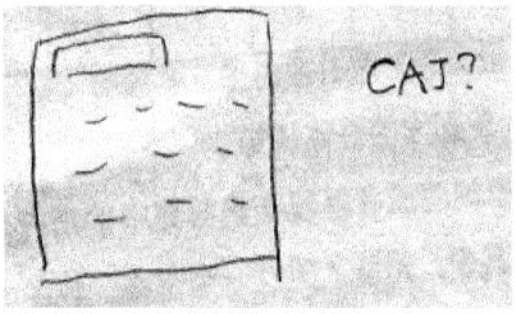 | 搜索加文献列表，右边框点入后会有论文具体内容。 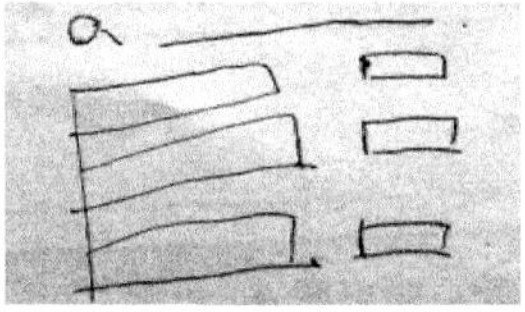 |
| 82 | 如图，CNKI 高级检索功能如同狙击一般精准。 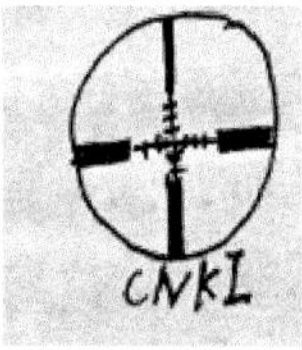 | 如图，各种知识包含在 CNKI 中，通过如同放大镜般的检索功能找到用户需要的相关知识。 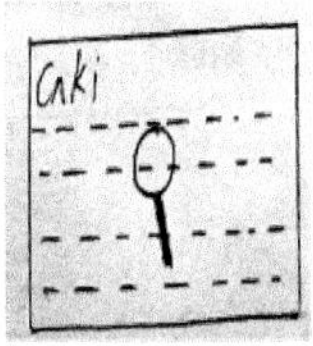 |

续　表

| 编号 | 图 4 | 图 5 |
| --- | --- | --- |
| 83 | “CNKI”上面有许多有权威的文献。(但也包含一些权威性较小的文献) | “CNKI”是一座知识的殿堂,我们能从中找到大多数想知道的答案。 |
| | 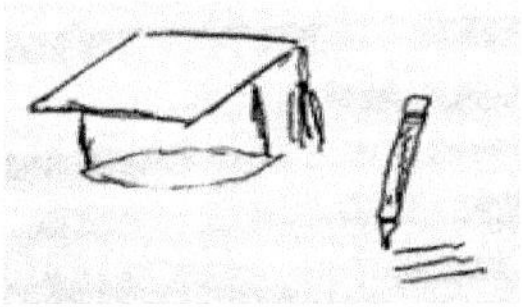 |  |
| 84 | 点歌、通过题名,歌手等方式或渠道,准确、快速地找到想要找的歌(信息)。 | 索求知识,不用自己在书海中寻找相关的文字资料,查询便知,会得到相关推荐书籍。 |
| | 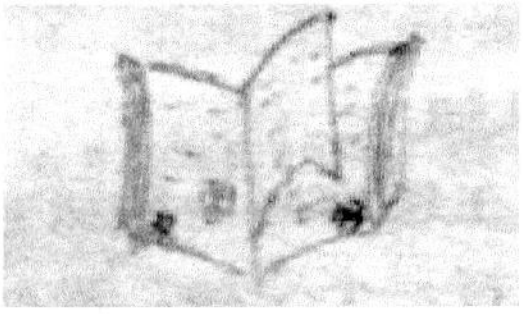 | 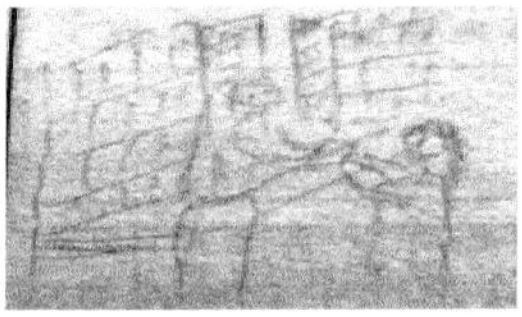 |
| 85 | 这是一格格极有条理的储物柜,当关键词符合要求时,能较有条理、较迅速地找到文献。 | 就是一个装着各种面值铜板的钱袋,有的价值高,有的价值低,如同文献有些质量高,有些质量低,混杂在一起。 |
| | 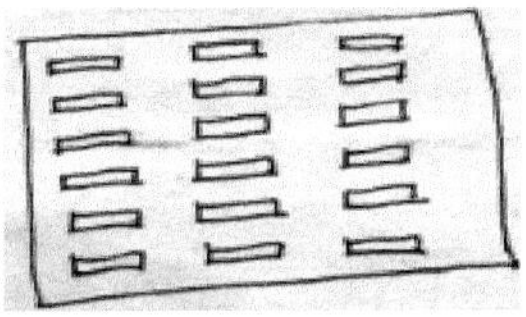 |  |
| 86 | 就像是一个机器,你按照正确的顺序去点击按钮,就能找到你想要的内容。 | 就像是装了各种各样东西的许多口袋,不是装在一起,而是很有条理地分类装在一起,想要找什么样的东西就可以很方便地取得。 |
| |  | 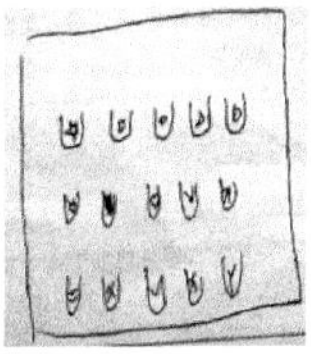 |

续 表

| 编号 | 图 4 | 图 5 |
| --- | --- | --- |
| 87 | 每一个内容都可以分类筛选，而不是简单地只筛选一个，而且像树状图一样，层层递进。 | 像是以前给我感觉的集合，分类检索后，还可以逐级检索，使用起来更加熟悉。 |
| | 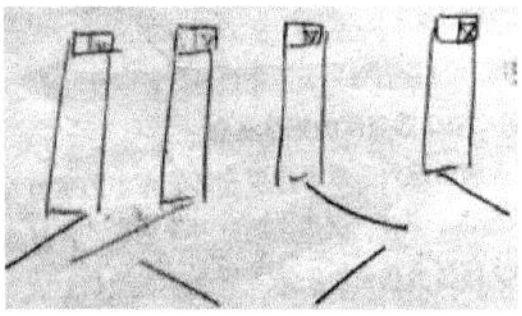 | 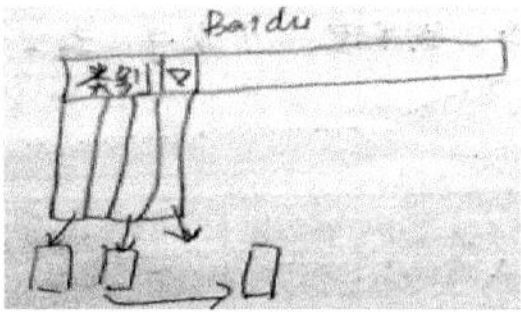 |
| 88 | 东西多，内容丰富，但是寻找稍微复杂。 | 很多资源需要付费，但是在图书馆中免费。 |
| |  |  |
| 89 | 干净利落。 | 一个较为全面的又比较实用的网站，散发着党的光辉。 |
| |  |  |
| 90 | 人工智能作为一种新方式，可以代替人工检索，胜任许多复杂的任务。 | CNKI 是一个全面的类似机器人一样的数据库。 |
| |  |  |

续　表

| 编号 | 图 4 | 图 5 |
|---|---|---|
| 92 | A、B、C、D、E、F、G 代表的是 CNKI 里面的各种各样的信息，它们相互联系，共同构成 CNKI。 | CNKI 也如同大自然一样，里面普通的、一般的论文或各种期刊较多，珍稀的资源，在别的地方不易找到的资源很少。 |
| | 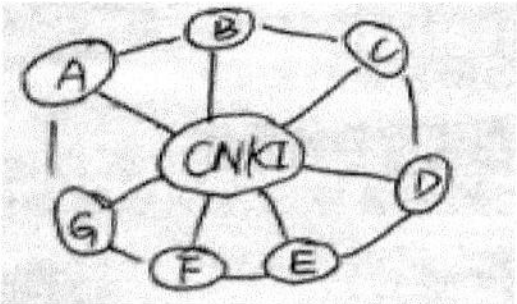 | 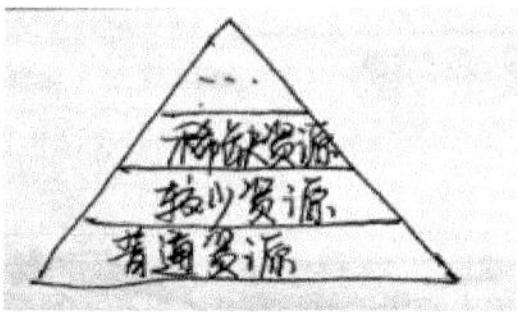 |
| 93 | 知网精确检索的各种方式。 | 分类、关键词搜索。 |
| | 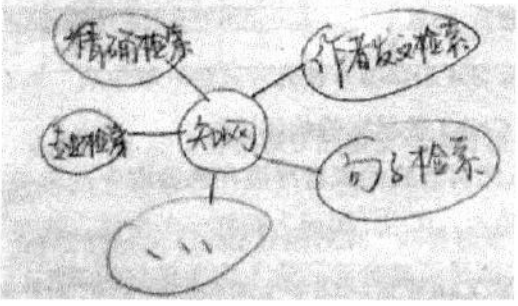 | 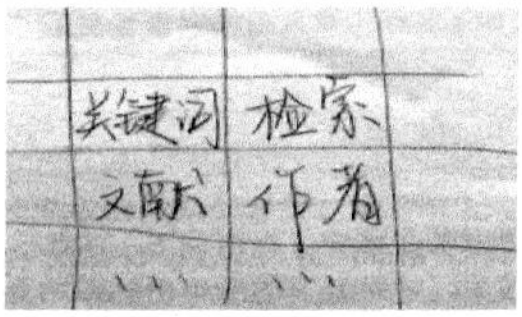 |
| 94 | 可以通过高级检索精确查找。 | 通过点连成线，线组成面，汇集成准确的检索系统。 |
| | 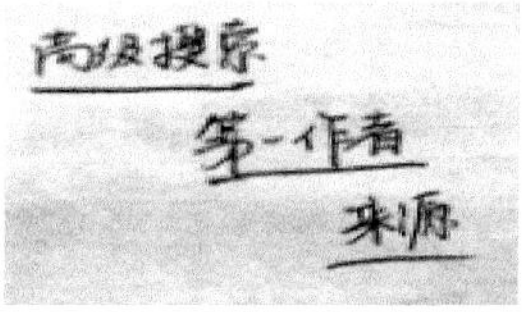 | 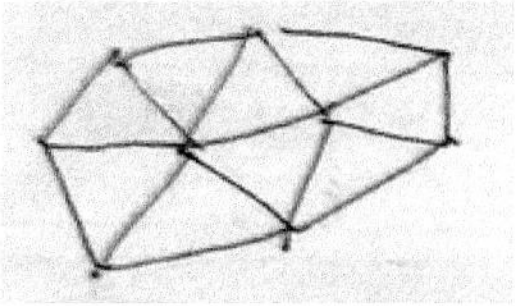 |
| 96 | 就像一道数学题，给的条件越多越完善，越容易检索。 | 集合关系、包罗万象，各种知识之间有重合，也有相互独立的信息。 |
| | 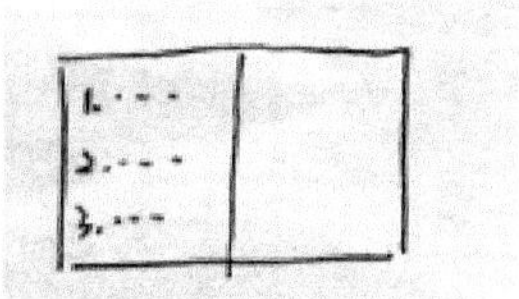 | 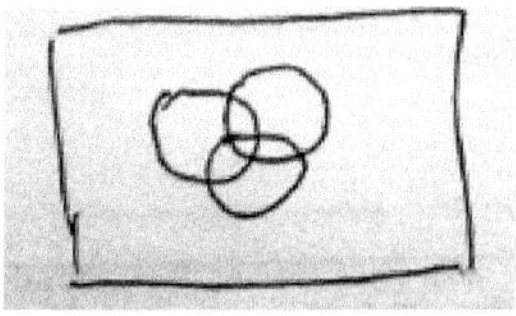 |
| 97 | 文章内容涉及广、作者也涉及广，更像一类学术期刊。 | 包含内容很多，总类为躯干，其余为绿叶或子树。 |
| | 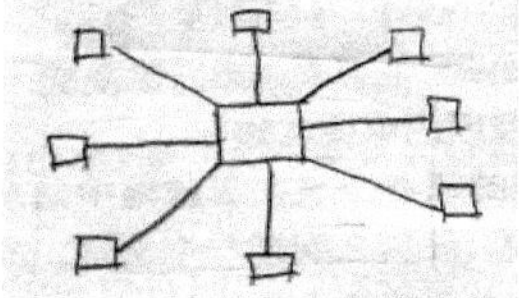 | 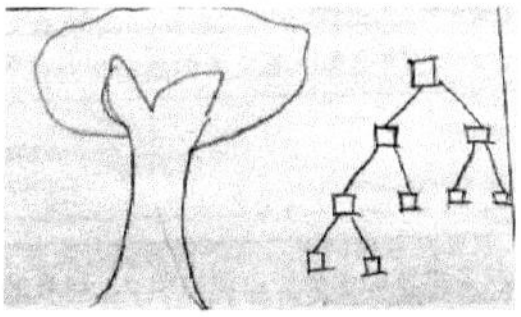 |

续 表

| 编号 | 图 4 | 图 5 |
| --- | --- | --- |
| 99 | 图中为一个具有多个颜色特征的球，在众多球中，按照任何一个特征描述它都能找到。和中国知网类似。 | 图中为百度的 LOGO(大)和 CNKI 的 LOGO(小)，代表着，如果不在一段时间经常使用的话，还是会多用百度而少用 CNKI。 |
| | 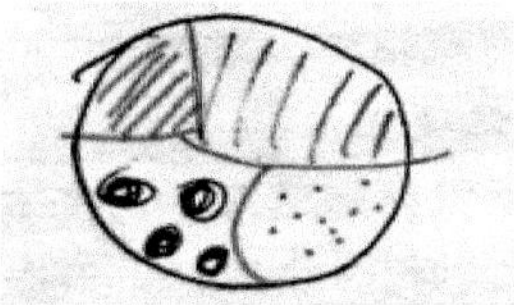 | 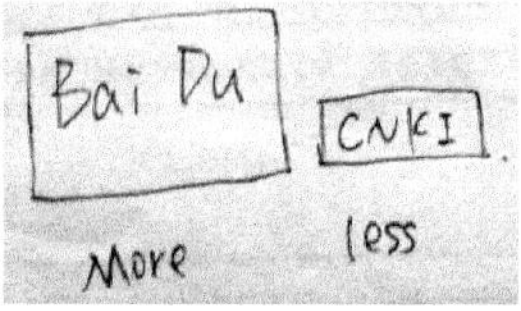 |
| 100 | 很学术很全面。表象为地球，方格是一种有模式、有规则的信息点的感觉。 | 一支笔，CNKI 是一个与知识密切相关的网站，笔代表学术、知识。 |
| | 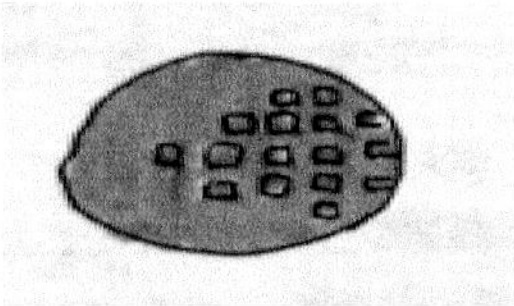 | 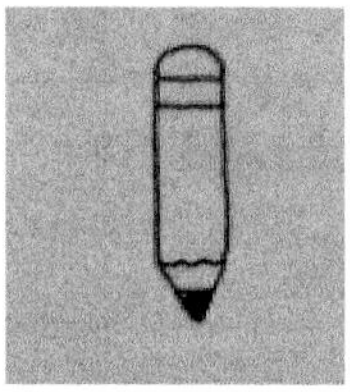 |

注：编号为 24、31、32、45、46、52、53、54、55、58、59、70、72、76、91、95、98 的被试为无效被试，未参与绘制心智图。

# 附录 G　基于用户心智模型演进视角的文献数据库评价调查问卷

尊敬的各位被调查人员：

您好！

首先非常感谢您抽出宝贵的时间参与该项调查，您的真实回答对于我们的研究具有非常重要的价值。本次调查需要花费您 7～10 分钟的宝贵时间。我们承诺，此次调查无任何商业目的，您的相关信息不会有任何泄露，我们对您提供的答案予以严格保密。如填写过程中有任何疑问请与我们联系。

提交方式：电子版问卷填写完整后，请您在 2017 年 10 月 1 日前返回上述的 e-mail。

纸面印刷问卷请邮寄到：(210095) 南京市卫岗 1 号南京农业大学信息科学技术学院

国家社科青年基金项目(14CTQ023)课题组

2017－6－25

**一、基本概念介绍**

文献数据库：主要指以信息用户为服务对象，通过网络向用户提供检索和提供文献服务的一类数据库，比传统的文献数据库和信息系统具有更好的交互性，服务的方式和内容也更加多样化和个性化。常见的有：CNKI 中国知网和万方数据知识服务平台等。**请依据您以往使用 CNKI 的实际经历和感受进行填写**。

**二、基本信息**

1. 您的性别是(　　) A. 男　B. 女

2. 您的年龄：__________(岁)

3. 您所在的专业领域为：________

4. 您所在的省：____________

5. 您所在的年级为(　　)

A. 大一　　B. 大二　　C. 大三　　D. 大四

E. 研一　　F. 研二　　G. 研三　　H. 博一

I. 博二　　J. 博三　　K. 高校科研人员　　L. 研究所科研人员

6. 您是否学过信息检索课程(　　)

A. 学过　　B. 没有

7. 您是否参加过图书馆相关文献数据库检索的培训(　　)

A. 有　　B. 没有

8. 您使用文献数据库的时间为:______(年)

9. 您使用数据库查找资料的频率为(　　)

A. 每天至少一次　　B. 每周至少一次

C. 半个月一次　　D. 最多一个月一次

**三、具体问题及选项**

请根据您对问题的理解并结合您的真实情况填写。您只需将程度指标下的数字以红色字体标注即可。(1 **代表非常不同意**;2 **代表不同意**;3 **代表没意见**;4 **代表同意**;5 **代表非常同意**)

| 题项 | 问　　题 | 非常不同意↔非常同意 | | | | |
|---|---|---|---|---|---|---|
| 1 | 您认为 CNKI 平台本身具有**权威性**。 | 1 | 2 | 3 | 4 | 5 |
| 2 | 您认为 CNKI 是**搜索文献资源的平台**。 | 1 | 2 | 3 | 4 | 5 |
| 3 | 您认为 CNKI 是您的**学习助手**。 | 1 | 2 | 3 | 4 | 5 |
| 4 | 您认为 CNKI 具有**易用性**(即使用较为便捷,不会有无从下手的情况发生)。 | 1 | 2 | 3 | 4 | 5 |
| 5 | 您认为 CNKI 的**响应性好**(即系统运行流畅,能够快速提供检索结果)。 | 1 | 2 | 3 | 4 | 5 |
| 6 | 您认为 CNKI 具有**智能性**(即能够发现您想要的文献资源)。 | 1 | 2 | 3 | 4 | 5 |
| 7 | 您认为 CNKI 存在**功能多样**的性质。 | 1 | 2 | 3 | 4 | 5 |
| 8 | 您认为 CNKI **限制下载量**的功能不会影响您日常的使用。 | 1 | 2 | 3 | 4 | 5 |